餐厅

多维子材质

U0352272

客厅

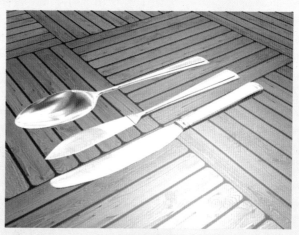

不锈钢餐具

多角度观察室内灯光 1

多角度观察室内灯光 2

多角度观察室内灯光 3

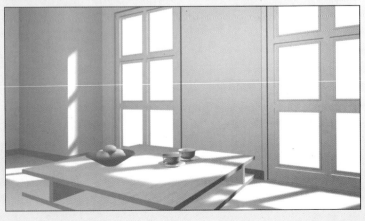

简单室内灯光

客厅

银行

卫生间

天鹅绒沙发

柜子

花蕊

苹果

长廊

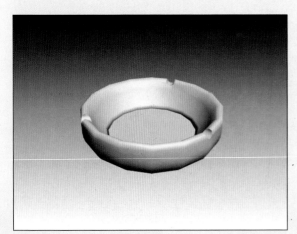

烟灰缸

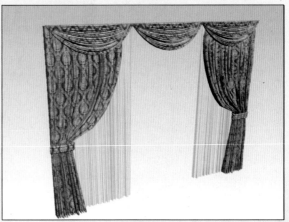

双层窗帘

21 世纪高等院校计算机辅助设计规划教材

3ds Max 室内设计基础与实例教程

董　青　王奎东　林乐彬　等编著

机械工业出版社

本书着眼于 3ds Max 在室内设计效果图制作中的应用。第一篇着重介绍了室内设计的相关知识，并简单介绍了建筑识图和美术常识，及室内效果图制作涉及的相关软件。第二篇着重从 3ds Max 的基本操作入手，依据绘制建筑室内效果图的流程，从创建标准基本体、编辑材质、设置灯光和摄影机等基本操作，到创建室内场景并渲染输出，循序渐进地讲解了 3ds Max 在制作室内效果图方面的应用。第三篇通过两个完整案例，帮助读者学以致用，从而能在设计工作中绘制出高品质的建筑室内效果图。

本书主要面向需要掌握绘制建筑室内外效果图技能的相关专业院校学生、相关专业培训班的学员，以及希望掌握一定技能的自学者。

本书配有电子教案，需要的教师可登录www.cmpedu.com免费注册、审核通过后下载，或联系编辑索取（QQ：2399929378，电话：010-88379753）。

图书在版编目（CIP）数据

3ds Max 室内设计基础与实例教程 / 董青等编著. —北京：机械工业出版社，2013. 10（2017. 6 重印）
21 世纪高等院校计算机辅助设计规划教材
ISBN 978-7- 111-43974-5

Ⅰ. ①3… Ⅱ. ①董… Ⅲ. ①室内装饰设计—计算机辅助设计—三维动画软件—高等学校—教材 Ⅳ. ①TU238-39

中国版本图书馆 CIP 数据核字（2013）第 212077 号

机械工业出版社（北京市百万庄大街22 号 邮政编码 100037）
责任编辑：和庆娣
责任印制：常天培

唐山三艺印务有限公司印刷

2017 年 6 月第 1 版·第 3 次印刷
184mm×260mm · 18.75 印张 · 2 插页 · 470 千字
4801—6000 册
标准书号：ISBN 978-7-111-43974-5
　　　　　ISBN 978-7-89405-168-4（光盘）
定价：55.00 元（含1DVD）

前　言

3ds Max 是一款功能强大的三维设计和动画制作软件，在建筑室内外设计、影视制作、游戏角色设计、广告设计和产品造型设计等领域都有广泛的应用，3ds Max 在三维造型方面也有卓越表现，因此成为建筑室内外效果图制作的利器。在使用 3ds Max 制作作品时，用户可以轻松地感受到软件所带来的无限创意和灵感，突破表达的障碍，自由地创作出精美的作品。

本书面向初级读者，突出基本功能和基本知识，深入浅出地介绍了在建筑室内效果图制作中使用 3ds Max 软件的方法和创作技巧，对读者快速入门、深入提高有较强的指导作用。本书分为三篇，第一篇为室内设计基础知识，从室内设计简述、建筑识图基础、相关美术基础以及在室内设计领域应用较为广泛的软件这几个方面进行了介绍。第二篇为 3ds Max 常用操作，从 3ds Max 建模、对象的编辑修改、灯光和摄影机、材质到外挂的 V-Ray 渲染器，都做了比较详细的讲解。第三篇为综合应用，以午后阳光下的客厅和温馨的银行营业厅两个实例为线索，详细讲解了从设计到制作整个过程中，各环节的要点。

本书具有如下特点。

1）对相关专业知识进行介绍，让不同知识背景的读者都能补齐自己的知识短板，为使用软件进行设计创作打好基础。

2）以教学中明确的知识点和建筑室内表现图的绘制流程划分章节，强调逻辑性和循序渐进，符合读者的思维习惯。

3）体现讲练结合，使读者学习知识后能够在实例中尽快消化理解。

4）应用实例与综合性实例结合，每个应用实例中还包含一般操作和使用技巧两个方面。

每一章都有一个实训操作实例，综合应用每一章的知识，同时又具有很强的实用性，使读者能够将本章内容融会贯通、综合运用，并掌握相关类型作品的制作思路和技巧。

为了方便读者学习，本书配有多媒体教学光盘，收录了书中所有实例的素材以及最终的源文件，对于复杂的实训操作还配有视频操作演示及详细讲解。

本书主要由董青、王奎东、林乐彬编写，参加编写的还有王菊、褚德萍、李飒、苏春燕、管殿柱、李文秋、宋一兵、王献红、张洪信。

由于作者水平有限，书中难免存在疏漏之处，恳请专家和广大读者批评指正。

编　者

目 录

V

第一篇　室内设计基础知识

室内设计的成果，最终是以工程图样和表现图的形式呈现出来。具有良好的实用性并充满创意的设计是室内设计作品的灵魂。了解室内设计的设计原理、熟悉室内设计的风格和发展趋势，是室内设计从业人员的基本条件。室内设计师一方面要与使用者沟通，一方面要与施工人员一起在工程中贯彻设计思想，所以绘制表现图和建筑图是室内设计师不可或缺的基本技能。

第1章 室内设计简述

室内设计的基本目的是为人们创造一个良好的室内环境。广义上的环境指的是独立于人之外的客观条件。室内环境则是客观存在于室内并密切影响人们生产、工作、学习、生活的条件。环境条件可以分为自然环境条件和人工环境条件两大类，自然环境条件包括空气、阳光、地形地貌、山体、水流湖泊及林木花草等；人工环境条件包括人工构筑物所形成的内部空间的大小、形状、人工照明、设备及人工小气候等。

室内设计的任务就是综合运用技术手段和艺术手段，充分考虑自然环境的影响，利用有利条件，排除不利因素，创造符合生产和生活要求，符合生理和心理要求的室内环境，使这个环境舒适化、科学化和艺术化。

本章重点
- 室内空间设计
- 室内色彩设计
- 室内设计的原则
- 室内设计的发展趋势

1.1 室内设计的内容

室内设计的内容相当广泛，而且各种设计内容之间相互联系相互影响，在考虑某种因素的影响时必须权衡几个方面的利弊，这就要求室内设计师一定要有多方面的知识，有高度的艺术修养和解决实际问题的能力。

室内设计的内容主要包括：空间设计、色彩设计、照明设计、家具设计、陈设设计、物理环境设计等。

1. 空间设计

宇宙无边无际，在这个意义上的空间是无限的。但是，在这无限的空间中，又有许多人为的、具体的空间，对它们来说，范围则是明确和有限的。建筑空间是由地面、建筑物、建筑构件、家具、设备或绿化等限定的。这些建筑物、建筑构件等构成建筑空间的界面，其中地面、楼面等为底界面，墙与隔断等为侧界面，天花等为顶界面。

建筑空间有外部空间和内部空间之分。室内设计以内部空间为对象，内部空间又可以分为实体空间和虚拟空间两大类。实体空间的特点是空间范围较明确，各空间之间有比较明确的界限，私密性较强。用墙、隔墙做侧界面的空间就属于这一类。如图 1-1 所示的卧室空间。虚拟空间的特征是空间范围不太明确，私密性较差，处于实体空间内，因此，又叫"空间里的空间"。如图 1-2 所示的办公空间，会谈空间与办公位置相互独立又共处一室。

空间与空间感是两个不同的概念。空间是各种界面限定的范围，空间感是这个被限定的空间范围给人的感受。设计师对空间的设计规划，最终是通过使用者的空间感觉来实现的。

体量与形状是内部空间形式的重要标志，但是，体量与形状完全相同的内部空间由于空透程度不同，色彩处理不同，灯光、家具、设备配置不一样，给人的感受可能是完全不同的。正因为这样，室内设计师一定要具备空间处理的知识和技能，运用多种手段，改善空间效果，使空间具有预期的空间感。

图 1-1　私密性较强的卧室空间

图 1-2　办公空间中的虚拟空间

2．色彩设计

在诸多造型因素中，色彩是一个能够强烈而迅速地诉诸感觉的因素。人的视觉感知物体有一个过程，在这个过程中，色彩和形体具有同等重要的作用。多数情况下色彩比形体更容易引起人们的注意，所以，人们在选购布料时有"先看色，后看花"的俗语。

在室内设计中，色彩占有重要的地位。空间的色彩包括墙面、地面、天花的色彩以及家具、陈设、织物、灯光的色彩。某空间富丽堂皇、花哨艳丽，某空间淳朴无华、淡雅清新，首先与空间的整体色彩有关。这是因为室内设计涉及的空间处理、家具设备、照明灯具等各个方面，最终都要以形态和色彩为人们所感知。

人们早就认识到，室内色彩能够影响人们的情绪，如使人欢快兴奋或淡漠安静。中世纪的哥特式教堂就常常利用丰富多变的色彩制造圣洁神秘的气氛。色彩也是一种最实际的装饰因素，同样的家具、陈设、织物等，施以不同的色彩，可以产生不同的装饰效果。色彩可以使墙壁、地面、天花等表现得"突出"或"隐没"，也可以使其成为装饰的重点或其他器物的背景。图 1-3a 所示中顶棚是空间的主题，被突出出来，图 1-3b 中顶棚是背景，是被隐没的。

现代室内设计对色彩的研究已经从单纯的定性研究逐渐向更科学的定性定量研究转变，定量的评价环境中色彩的物理作用、生理作用和心理作用，从一般主观评价上升到主观与科学检测结合的评价，使室内色彩设计建立在更加科学的基础上。进行室内色彩设计应该遵循以下几个原则。

a)

b)

图 1-3　突出的顶棚与隐没的顶棚

a) 突出的顶棚　b) 隐没的顶棚

- 充分考虑功能要求原则。
- 力求符合构图原则。
- 密切结合建筑材料原则。
- 努力改善空间效果原则。
- 密切注意民族、地区特点和气候条件原则。

3．照明设计

室内照明的主要作用是提供良好的光照条件，获得最佳的视觉效果，使室内环境具有某种气氛和意境，增强室内环境的美感与舒适感。光分为天然光和人工光。"采光"研究的是如何利用自然光；"照明"研究的是如何利用人工光。室内照明设计对这两部分的内容都需要研究。

现代照明设计除了能够提供视觉所需要的光线外，还有组织空间、改善空间感、渲染气氛以及体现特点几个作用。尤其是在渲染气氛上，照明具有得天独厚的条件。如图 1-4 所示，光线是空间的主角，明确地控制着气氛。

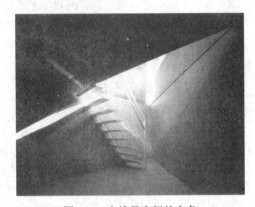

图 1-4　光线是空间的主角

室内照明设计应满足以下基本原则。

1）室内照明设计应该有利于人们在室内进行生产、工作、学习、生活和从事其他活动，也就是满足舒适性的原则。

2）室内照明应有助于丰富空间的深度和层次，明确显示家具、设备和各种陈设的轮廓，要表现材料纹理、质感的美，使色彩、图案更能体现设计的意图，也就是满足艺术性的原则。

3）照明设计要与空间的大小、形状、用途和性质相一致，要符合空间的总体要求，而不能孤立地考虑照明问题，满足统一性的原则。

4）现代照明一般都用电源，因此，线路、开关、灯具的设置都要采取可靠的安全措施，满足安全性原则。

室内照明设计的主要内容包括照度的高低、灯具的位置、投光范围以及灯具的选择四个方面。

4．家具设计

选择和布置家具是室内设计的重要内容。在诸如居室、客厅、办公室等房间中，家具的占地面积约为房间面积的 35%～40%。房间面积较小时，家具的占地面积甚至可达 55%～

60%。在餐厅、剧场、会堂这类空间中，整个厅堂大部分为桌椅所覆盖，厅堂的气氛在某种程度上是由家具的造型、色彩和质地控制的。

家具是一种既有使用功能又有精神功能的实用工艺品。家具的美学功能建立在使用功能的基础上，在此基础上，好的家具还可以作为艺术品，供人们欣赏，给人以美的享受。如图1-5 所示是具有雕塑感的座椅。家具的主要价值是实用，例如桌、台用于看书、写字，床、椅、沙发用于睡眠和休息，柜、橱、板、架用于储存衣物和杂品等。

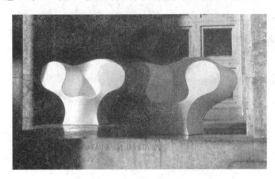

图 1-5　具有雕塑感的座椅

家具的种类相当多。按用途可分人体家具和贮存家具；按材料可分木、竹，藤、金属、塑料以及软垫家具；按结构形式可分板式家具、插接家具、折叠家具、充气家具和整浇家具；按使用特点可分单件配套家具、组合家具、多用家具和固定家具。

家具的风格，有的豪华富丽，有的端庄典雅，有的奇特新颖，有的则有浓郁的乡土气息。当前国际上流行的家具风格主要有：自然乡村风格、中式风格、北欧风格、东方风格、地中海风格和国际风格等。国际上流行的家具风格相当多，随着新材料、新工艺的不断出现，新的风格在形成，已有的风格也在变化和发展。作为一个室内设计工作者，有必要研究家具风格发展变化的总趋势，以空间的用途和性质为依据，以创造美好的室内环境为目的，借鉴已有的经验，在实践中不断创新。

5. 陈设设计

室内陈设是室内设计的一项十分重要的内容，近年来行业内涌现出大量的陈设设计师，专门从事室内陈设设计工作。室内陈设必须在满足生活、工作、学习、休息等要求的同时，符合形式美的原则，形成一定的气氛和意境，给人以美的享受。室内陈设主要包括家具、织物、家用电器、日用品和工艺品等，其中家具是室内陈设的重要组成部分，前面已专题阐述，本小节主要讨论除家具以外另外几大类的选择与配置。

室内陈设应与空间的用途和性质一致。从选择陈设内容，确定陈设格局，到形成陈设风格，都要充分考虑空间的用途和性质。空间的用途和性质是多种多样的，陈设的内容、格局、风格也是多种多样的。

室内陈设还与民族的文化传统和地区特点有关系。在空间处理日趋明快、简练的情况下，为使室内设计体现出民族特色和地区特点，搞好室内陈设是简便有效的手段。

总之，完美的室内陈设要求室内设计人员充分了解空间环境的要求，牢牢把握室内设计的基本思想，具有较高的艺术修养及熟练的技能技巧，还要求室内设计人员培养健康的审美情趣。如图 1-6 所示反应的是注重陈设的空间一角，灯具、雕塑、挂画、华贵的餐具以及具有设计感的家具，增加了空间的艺术氛围。

图 1-6　艺术化的陈设

6．物理环境设计

室内物理环境主要包括：室内光环境、室内声环境、室内温度湿度环境、室内空气环境和室内电磁环境等。随着社会生活发展和科技的进步，室内物理环境还会有许多新的内容。对于室内设计师来说，尽可能熟悉室内物理环境有关的基本内容，了解与设计项目关系密切、影响最大的物理环境因素，在设计时能主动和自觉地考虑诸项因素，有利于有效地提高室内环境设计的内在质量。

（1）室内光环境

对于人的视觉来说，没有光也就没有一切。在室内设计中，光不仅是为满足人们视觉的需要，而且是一个重要的美学因素。光可以形成空间、改变空间或者破坏空间，它直接影响到人对物体大小、形状、质地和色彩的感觉。研究表明，光还影响细胞的再生长、激素的产生、腺体的分泌，以及如体温、身体的活动和食物的消耗等的生理节奏。因此，室内光环境是室内物理环境设计的重要组成部分，在设计之初就应该加以考虑。

（2）室内声环境

我们生活在有声的世界里，人们的喜怒哀乐很大程度上是以声音的形式反映出来的，当然，不是所有的声音对人们都有好处。研究表明，悦耳动听的音乐旋律对人的身体健康十分有益。但是，如果是难听的声音（如噪声），将给人们的听觉带来危害，过强的声音会对人的听觉系统造成伤害。

（3）室内温度湿度环境

人是恒温动物，对室内环境理想温湿度的需求几乎是本能的，人们对温湿度要求很高，过冷或过热均对人的身心健康不利。人们生活的最佳室内温湿度环境一般为温度范围18～24℃，相对湿度范围 40%～60%。怎样使用被动或主动的方式努力创造室内理想的温湿度环境，是设计师在整个设计过程中都要考虑的。

（4）室内空气环境

人的生活需要新鲜空气，由于室内环境相对封闭，而生活在室内空间中的人时刻都在呼吸，室内的空气质量会越来越差。因此，随时更新室内环境中的空气，对改善室内环境中的空气质量是很有好处的。常用的方法是通过空气调节装置将室外的新鲜空气输入室内或打开门窗换气。

（5）室内电磁环境

电磁污染是近几年才被人们重视，电磁波为人类社会的发展带来了巨大的推动力，但同时也对人们的身体健康构成了潜在的威胁。随着人类经济社会的飞速发展，我们周围电磁波的能量及数量正在急剧增加，如大功率的无线电台、电视台、传呼台、移动电话、各种遥控装置，在室内环境中使用的各类家用电器均会不同程度地发射电磁波，因此，设计安全的室内电磁环境是设计师必须要考虑的内容。

1.2 室内设计的原则

室内设计的内容是庞大繁杂的，在设计中需要遵循一些原则，这些原则是设计工作顺利进行的保障。尽管室内设计作为独立学科的时间不长，但它对人类生活的影响伴随着人类发展史的始终。室内设计的原则具体如下。

1. 功能性原则

室内设计首先要满足使用功能的要求，通过设计改善室内空间的保温、隔热、隔声、采光等物理性能，为人们创造良好的生活环境；在不影响主体结构的前提下，运用各种处理手法、充分利用空间，提高空间使用率；有机地组织各种设备，使之有效工作并具有良好的装饰性和形式感。

2. 经济性原则

要根据建筑的实际性质不同及用途确定设计标准，不能盲目提高标准，单纯追求艺术效果，造成资金浪费，也不要片面降低标准而影响效果，重要的是在同样造价下，通过巧妙地构造设计达到良好的实用性与艺术效果。

3. 艺术性原则

室内设计必须注重审美上的追求，通过对空间的规划、对色彩与材料质感的推敲、对照明和阴影的仔细研究以及对室内陈设的慎重选择和精细安排，力求营造出具有艺术特色的空间环境，进而形成某种空间气氛，甚至创造引人联想、发人深省的空间感。

4. 个性化原则

建筑的类型是多种多样的，不同建筑类型的内部空间会呈现不同的个性；不同的地域会造就不同的建筑物来响应当地特有的自然环境，这使建筑物的内部空间也呈现显著的地域特点；不同的文化也会通过室内不同的陈设、不同的色彩反映出来，呈现明显的文化特点；使用者的年龄、阅历不同，对室内环境有不同的要求，反映出不同的特点。所以，个性化是室内设计的一个重要原则。

5. 舒适性原则

室内设计的基本目的是为人们创造一个良好的室内环境，舒适性也就成为室内设计的一个重要原则。舒适性主要体现在生理和心理两个方面，一是对环境的物理性能的改善，创造出使用者生理上的舒适感；二是致力于创造使人愉悦的环境氛围，从心理上影响使用者的舒适感。

6. 安全性原则

室内空间环境的安全是其存在的基本条件，安全性首先要求建筑物原有结构的安全可靠，在进行室内空间设计改造时对原有建筑结构要妥善保护，在进行必要改造时要有充分的技术支持，确保结构的安全可靠。其次，在对墙面、地面或天花进行装修处理时，其构造要求具有一定强度和刚度，符合计算要求，特别是各部分之间的连接节点更要安全可靠。

7. 方便性原则

建筑物的内部空间主要为人所用，与人类的活动密切相关，在室内设计中利用人体工程学的原理，为使用者最大可能的提供方便是室内设计方便性原则。在所有公共空间贯彻无障碍的通用设计是室内设计方便性原则的体现。

8. 地域性原则

在设计中考虑地域的特点和影响是室内设计的地域性原则，表现为以下三个方面。

1）不同地域特有的自然环境会造就不同的建筑物，长期的实践使这些当地的建筑可以很好的响应当地气候和地形地貌，设计应考虑这些影响，吸收本地建筑的方法来响应地域的自然条件；

2）设计应对当地的材料给予足够的关注，使用本地化的建筑材料可以对生态做出贡献。

3）设计要对当地的民风民俗进行研究，尊重当地的文化习俗。

1.3 室内设计风格及发展趋势

现代室内设计有多种风格流派，这是现代建筑思潮多样化的表现，也是室内设计发展过程中必然的现象。研究各种流派的目的不是为了照搬某个流派的理论和手法，而是并从比较与鉴别中探求和掌握室内设计的正确方向。

1. 室内设计风格

（1）古典风格

古典风格的室内设计是在室内布置、线形、色调以及家具、陈设的造型等方面，吸取传统装饰形式和神韵的特征。例如中式古典风格会吸取我国传统木构架建筑室内的藻井天棚、挂落、雀替的构成和装饰等。又如西式古典风格中仿罗马风、哥特式、文艺复兴式、巴洛克、洛可可、古典主义等古典风格常给人们以历史延续和地域文脉的感受，有利于在室内环境中突出民族文化渊源的形象特征。如图1-7所示为西式古典风格的餐厅。

（2）现代风格

现代风格起源于1919年形成的包豪斯学派，强调突破旧传统，创造新建筑，重视功能和空间组织，注意发挥结构构成本身的形式美，造型简洁，反对多余装饰，崇尚合理的构成工艺，尊重材料的性能，讲究材料自身的质地和色彩的配置效果，发展了非传统的以功能布局为依据的不对称的构图手法。包豪斯学派重视实际的工艺制作操作，强调设计与工业生产的联系。

广义的现代风格也可泛指造型简洁新颖，具有当今时代感的建筑形象和室内环境。

现代风格由于把功能置于首位，又称功能主义风格；又因为很快风靡世界各地，被称为国际风格；还因为创造简练、优雅不失亲切的生活环境，又被称为简约主义。现代风格是比较流行的一种风格，追求时尚与潮流，非常注重居室空间的布局与使用功能的完美结合。现代风格也可分为几种流派，而其中最具代表的是高技派和风格派。如图1-8所示为改建后的萨基诺美术馆，是典型的现代风格。

图 1-7　西式古典风格的餐厅　　　　　　　　　　图 1-8　改建后的萨基诺美术馆

（3）自然风格

自然风格倡导回归自然。在当今高科技、快节奏的社会生活中，设计上推崇自然、结合自然，有利于使人们能取得生理和心理的平衡，因此自然风格的室内设计多用木料、织物、石材等天然材料，显示材料的纹理，清新淡雅。此外，田园风格的宗旨和手法与自然风格类同，也可归入自然风格一类。田园风格在室内环境中力求表现悠闲、舒畅、自然的田园生活情趣，常运用天然木、石、藤、竹等材质质朴的纹理，巧妙设置室内绿化，创造自然、简朴、高雅的环境氛围。如图 1-9a 所示为典型的田园风格，落地窗使空间大尺度开放，室内的绿化与室外的自然景物相呼应。

20 世纪 70 年代有过反对千篇一律国际风格的风潮，那个时期的英国希灵顿市政中心和耶鲁大学教员俱乐部是这股风潮的典型作品。这类作品在室内采用木板和清水砖砌墙壁、传统地方门窗造型及坡屋顶等，后来被称为"乡土风格"或"地方风格"，也称"灰色派"，也属于一种自然风格。如图 1-9b 所示，手工的白色抹灰柱与裸露的砖砌拱形梁，显示地方色彩。

a)　　　　　　　　　　　　　　　　　b)

图 1-9　田园风格和地方风格

a) 田园风格　b) 地方风格

（4）混合风格

近年来，建筑设计和室内设计在总体上呈现多元化、兼容并蓄的状况。室内布置中也有既趋于现代实用，又吸取传统的特征，在装潢与陈设中溶古今中西于一体。如传统的屏风、摆设和茶几，配以现代风格的墙面及门窗装修、新型的沙发；欧式古典的琉璃灯具和壁面装饰，配以东方传统的家具和埃及的陈设、小品等。混合型风格虽然在设计中不拘一格，运用多种体例，但设计中仍然是匠心独具，深入推敲形体、色彩、材质等方面的总体构图和视觉效果。

如图 1-10a 所示，在放置现代家具的会议室中，顶棚和门饰采用了传统的石膏装饰纹样，但色彩上均采用高亮调子，两者取得很好的协调。图 1-10b 为某文化中心中庭，中式文字构成的主立面装饰在现代风格的空间中成为视觉焦点，两者互为补充，相得益彰。

a)   b)

图 1-10　混合风格

a) 会议室　b) 文化中心中庭

2．室内设计的发展趋势

随着社会的发展和时代的推移，现代室内设计具有以下的发展趋势：

1）从总体上看，室内设计学科的相对独立性日益增强；同时，与多学科、边缘学科的联系和结合趋势也日益明显。现代室内设计除了仍以建筑设计作为学科发展的基础外，工艺美术和工业设计的一些观念、思考和工作方法也日益在室内设计中显示其作用。

2）室内设计的发展适应于当今社会发展的特点，趋向于多层次、多风格，即室内设计由于使用对象的不同、建筑功能和投资标准的差异，明显地呈现出多层次、多风格的发展趋势。但需要着重指出的是，不同层次、不同风格的现代室内设计都将更为重视人们在室内空间中精神因素的需要和环境的文化内涵。

3）专业设计进一步深化和规范化的同时，使用者参与的势头也将有所加强。这是由于室内空间环境的创造总是离不开生活、生产活动于其间的使用者的切身需求，设计者倾听使用者的想法和要求，使设计构思更符合使用者的需求、贴近生活，能使使用功能更具实效，更为完善。

4）设计、施工、材料、设施、设备之间的协调和配套关系加强，上述各部分自身的规范化进程进一步完善。

5）由于室内环境具有周期更新的特点，且其更新周期相应较短，因此在设计、施工技术与工艺方面优先考虑干式作业、块件安装、预留措施（如设施、设备的预留位置，设施、设备及装饰材料的置换与更新）等的要求日益突出。

6）从可持续发展的宏观要求出发，室内设计将更为重视防止环境污染的"绿色装饰材料"的运用，考虑节能与节省室内空间，创造有利于身心健康的室内环境。

1.4 思考与习题

1. 室内设计的主要任务是什么?
2. 室内设计的主要内容有哪些?
3. 简述室内设计的原则。
4. 怎样认识室内设计的地域性原则?
5. 室内设计中的现代风格有什么特点?
6. 简述室内设计的发展趋势。

第2章 建筑识图基础

室内设计是建筑设计的有机组成部分，是建筑设计的继续和深化。我国还没有关于室内设计制图的国家规范，目前业内主要按照国家基本建设委员会颁布的《建筑制图标准》执行。室内设计师应该熟练地掌握这个标准，有两方面的原因：一是因为室内设计师在进行设计之初就需要在建筑设计图样的基础上进行，读懂建筑图样是基础工作；二是因为室内设计师的设计成果也需要以图样的形式表现出来，方便与使用者或施工人员交流。

本章重点
- 建筑图样的设计程序和分类
- 建筑图样的识读原则
- 识读建筑施工图
- 了解建筑制图规范

2.1 建筑工程的设计程序和建筑工程施工图的分类

建筑物一般由三大部分组成：即屋顶部分、墙身及楼地面部分、基础部分。屋顶按形式可分为地坡屋顶与平屋顶两类，构造上有结构层、隔热层、防水层三部分。墙身部分包括门窗、楼梯、楼板、踢脚、勒脚、散水等构件。基础是将房屋全部荷载传递至地下的，其形式有条式基础、独立式基础、筏式基础等。条式基础一般用在墙身下面，由基础墙、大放脚及其下面的地基组成。独立式基础则用于独立的柱下面。

建筑设计一般可分为民用建筑设计与工业建筑设计两大类。无论哪种设计都要经过设计与施工两个过程。一栋房屋的设计是由建筑、结构、给水排水、采暖通风、电气照明等设计组成的。设计过程中，一般由建筑专业人员作设计总负责人，负责建筑方案设计并协调各工种之间的设计工作。

在设计过程中，为研究设计方案和审批用的图称为方案设计图；指导施工用的图称为施工图；已经建成的房屋图称为竣工图。室内设计师接触的图样大多数情况下是已经完成建筑的施工图样或竣工图，但有些大型公建室内设计师需要在建筑设计阶段介入，这时室内设计师接触的图样应该是建筑方案设计图。

2.1.1 建筑工程的设计程序

一般建筑设计是按以下程序进行的。

（1）方案设计

建筑设计人员根据建设单位提出的设计任务书，经过周密的研究、分析以及合理的构思，用草图的形式设计出几种设计方案，称为方案设计，供建设单位分析、比较、选定方案之用。

（2）初步设计

将选定的方案设计成工程图，称为初步设计。其内容有房屋的总平面布置、房间的布置、房屋外形、基本构件选型、房屋的主要尺寸和经济指标等，供有关部门审批。

（3）技术设计

根据审批的初步设计，进一步解决建筑结构设备上的技术问题，使得工种协调与统一，为绘制施工图提供详细的资料。

（4）施工图设计

施工图是根据施工要求，提供的一套能反映房屋整体和细部全部内容的图样，它是房屋施工的主要依据。

中小型建筑设计时，一般把初步设计和技术设计合二为一，称为扩大初步设计。

2.1.2 建筑工程施工图的分类

施工图根据不同的专业内容可分为如下几种。

（1）建筑施工图（简称建施）

建筑施工图主要表示房屋的总体布局、内外形状、大小、构造等。其形式有总平面图、平面图、立面图、剖面图、详图等。

（2）结构施工图（简称结构）

结构施工图主要表示房屋的承重构件的布置、构件的形状、大小、材料、构造等。其形式有基础平面图、基础详图、结构平面图、构件详图等。

（3）设备施工图

设备施工图有给水排水、采暖通风、电气照明等各种施工图。

1）给水排水施工图（简称水施）：给水排水施工图主要有用水设备、给水管和排水管的平面布置图及上下水管的透视图和施工详图等。

2）采暖通风施工图（简称暖施）：采暖通风施工图主要有调节室内空气温度用的设备与管道平面布置图、系统图和施工详图等。

3）电气设备施工图（简称电施）：电气设备施工图主要包括电气系统图、平面布置图、安装接线图、大样图和标准图等。

室内设计师需要有阅读以上不同的专业内容施工图的能力，其中对建筑施工图的识读是室内设计师最基础和重要的能力。

2.2 建筑图样识图

识图的一般方法应是采用"总体了解，对口识读"。

1）进行总体了解。了解建设单位、设计单位、建筑物名称、建筑物的大小（面积和层数）与建筑物类型等内容。

2）分别进行对口识读，根据工种的不同，各工种的技术人员看本工种的图样。如电气工程人员看电气施工图，给排水工程人员看给排水施工图。

3）看图时一般按图样顺序一张一张地看。如看建筑施工图时，先看平面图，再看立面图、剖面图及详图。还应遵循"由外向里看，由大到小看，由粗到细看"的原则。

2.2.1 建筑施工图的组成

建筑施工图主要由建筑设计总说明、建筑总平面图、建筑平面图、建筑立面图、建筑剖面图及建筑详图组成。

1．建筑设计总说明

建筑设计总说明主要用来对图上未能详细标注的地方注写具体的作业文字说明。内容有设计依据、一般说明、工程做法等。如图 2-1 所示为某建筑设计总说明。

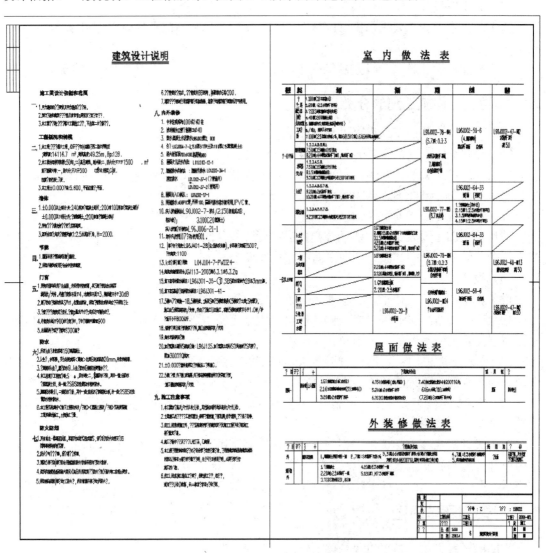

图 2-1　建筑设计总说明

2．建筑总平面图

建筑总平面图主要表示新建建筑物的实体位置，以及它与周围其他构筑物之间的关系。图中要求标出朝向、标高、原有建筑物、绿化地带、原有道路、风玫瑰等。如图 2-2 所示。

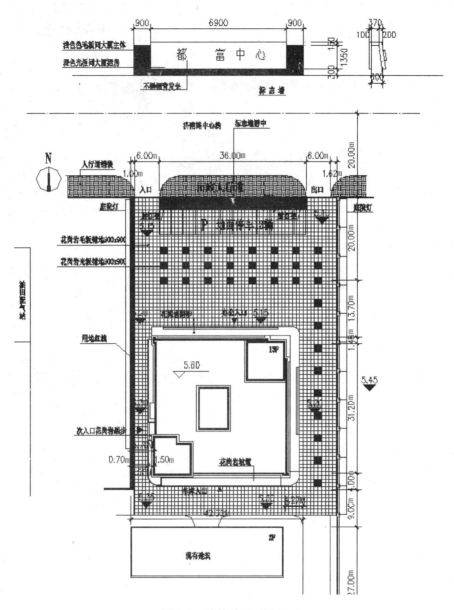

图 2-2　建筑总平面图

3．建筑平面图

建筑平面图是建筑施工图中最重要的部分，此图包含了大量的信息，如建筑流线的组织、空间的分布、细部做法的引出，都需要通过建筑平面图来表现，所以识读时需要有方法和技巧，这里进行重点的介绍。

（1）形式

用一个水平切面沿房屋窗台以上位置假想地将房屋切开，移开剖切平面以上的部分，绘出剩留部分的水平剖面图，称为建筑平面图。房屋如果是多层建筑则应绘出各层的平面图。中间各层平面图如果相同，则可绘制一张标准层平面图，如图 2-3 所示。

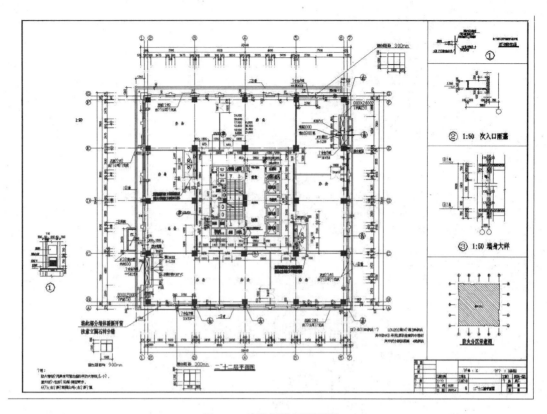

图 2-3 建筑标准层平面图

（2）图示内容

建筑平面图中应标明承重墙、柱的尺寸及定位轴线，房间的布局及其名称，室内外不同地面的标高，门窗图例及编号，图的名称和比例等。最后还应详尽地标出该建筑物各部分长和宽的尺寸。

（3）有关规定及习惯画法

1）比例：常用的比例有 1∶50、1∶100、1∶200，必要时也可用 1∶150、1∶300。

2）图线：剖切的主要建筑构造（如墙）的轮廓线用粗实线，其他图形线、图例线、尺寸线、尺寸界线等用细实线。绘制较简单的图样时，被剖切的轮廓线均用粗实线，其他图线可用细实线。

3）定位轴线与编号：承重的柱或墙体均应画出它们的轴线，称为定位轴线。轴线一般从柱或墙宽的中心引出。定位轴线采用细点画线表示。

4）门窗图例及编号：建筑平面图中的门窗均以图例表示，并在图例旁注上相应的代号及编号。门的代号为"M"，窗的代号为"C"。同一类型的门或窗，编号应相同，如 M-1、M-2、C-1、C-2 等。最后再将所有的门、窗列成"门窗表"，门窗表内容有门窗的规格、材料、代号、统计数量等，如图 2-4 所示。

5）尺寸的标注与标高：建筑平面图中一般应在图形的四周沿横向、竖向分别标注互相平行的三道尺寸。第一道尺寸为门窗定位尺寸及门窗洞口尺寸，与建筑物外形距离较近的一道尺寸，以定位轴为基准标注出墙垛的分段尺寸。第二道尺寸为轴线尺寸，标注轴线之间的距离

（开间或进深尺寸）。第三道尺寸为外包尺寸，即总长和总宽。除三道尺寸外还有台阶、花池、散水等尺寸，房间的净长和净宽、地面标高、内墙上门窗洞口的大小及其定位尺寸等。

名	门窗名称	洞口尺寸	选用图集	门窗数量 1B	1B半	2B13B	设备层	合计	备注
铝合金窗	LC1	3100x2200	详见门窗立面图	6				6	铝合金窗
	LC2	3400x2200	详见门窗立面图	6				6	铝合金窗
	LC3	1600x2200	详见门窗立面图	1				1	铝合金窗
	LC4	3100x1800	详见门窗立面图		14			14	铝合金窗
	LC5	3400x1800	详见门窗立面图		16			16	铝合金窗
	LC6	1600x1800	详见门窗立面图		1			1	铝合金窗
	LC7	2475x1900	详见门窗立面图			8×12=96		96	铝合金窗
	LC8	2650x1900	详见门窗立面图			8×12=96		96	铝合金窗
	LC9	2625x1900	详见门窗立面图			8×12=96		96	铝合金窗
	LC10	2475x2200	详见门窗立面图				4	4	铝合金窗
门	MLC1	3100x2800	详见门窗立面图	2				2	铝合金窗
	MLC2	7300x2800	详见门窗立面图	1				1	铝合金门
	LM1	1500x2100		2				2	甲防
	JLM1	6650x3250		1					甲防
	JLM2	7300x3250		2				2	甲防
	JLM3	6700x3250		1					甲防

图 2-4　门窗表

6）文字与索引：图样中无法用图形详细表达时，可在该处用文字说明或详图来表示。

4. 建筑立面图

建筑立面图反映建筑物外观几个竖向面的形态和做法，通过建筑立面图可以了解建筑物外立面各个形态构件标高，建筑物表面的材料以及建筑物表面的做法。

（1）形式

把房屋的立面用水平投影方法画出的图形称为建筑立面图。有定位轴线的建筑物，其立面图应根据定位轴线编排立面图名称，如图 2-5 所示。

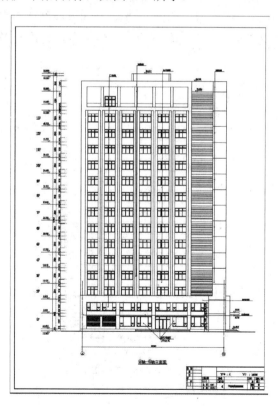

图 2-5　建筑立面图

（2）图示内容

建筑立面图是用来表示建筑物外形外貌的。图样应表明它的形状大小、门窗类型、表面的建筑材料与装饰作法等。

（3）有关规定及习惯画法

1）比例：常用 1:50、1:100、1:200。

2）图线：建筑立面图的要求有整体效果，富有立体感，图线要求有层次。一般表现为：外包轮廓线用粗实线，主要轮廓线用中粗线，细部图形轮廓线用细实线，房屋下方的室外地面线用 1.4 倍于外轮廓粗实线的粗实线。

3）标高：建筑立面图的标高是相对标高。应在室外地面、入口处地面、勒脚、窗台、门窗洞顶、檐口等注标高。标高符号应大小一致、排列整齐、数字清晰。

4）建筑材料与作法：图形上除用材料图例表示外，还可用文字进行较详细的说明或给出通用图做法的索引。

5. 建筑剖面图

要想反应建筑物内部的高度关系，需要利用建筑剖面图来表达。一般在平面图中通过剖切符号标示剖切位置，剖切位置应该选择需要反映建筑物内部高度关系的关键位置，如入口处剖切可以反映室内外高差以及处理高差的做法。

（1）形式

用剖切平面在建筑平面图的横向或纵向沿房屋的主要入口、窗洞口、楼梯等位置上将房屋假想垂直地剖开，然后移去不需要的部分，将剩余的部分按某一水平方向进行投影绘制成的图样称为"建筑剖面图"， 如图 2-6 所示。平行开间方向剖切称为"纵剖"；垂直于开间方向剖切称为"横剖"，必要时可用阶梯剖的方法，但一般只转折一次。

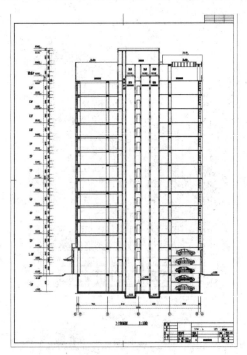

图 2-6　建筑剖面图

（2）图示方法与内容

1）建筑底层平面图中，需要剖切的位置处应标注出剖切符号及其编号，绘制的剖面图下方写上相应的剖面编号名称及比例，如图2-7所示。

建筑剖面图主要用来表达房屋内部空间的高度关系。详细构造关系的具体做法应以较大的比例绘制成建筑详图，如建筑规模不大、构造不复杂，建筑剖面图也可以用较大的比例（1:50），绘出较详细的构造关系图样，这样的图样称为"构造剖面图"。

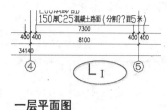

一层平面图

图2-7　底层平面中的剖切符号及其编号

2）标高：凡是剖面图上不同高度的部位（如各层楼面、顶棚、楼梯休息平台、地下室地面等）都应标注相对标高。在构造剖面图中，一些主要构件还必须标注其结构标高。

3）尺寸标注：主要标注高度尺寸，分外部尺寸与内部尺寸。

● 外部尺寸一般标注三道尺寸。

第一道尺寸：接近图形的一道尺寸，以层高为基准标注窗台、窗洞顶（或门）以及门窗洞口的高度尺寸。

第二道尺寸：标注两楼层间的高度尺寸（即层高）。

第三道尺寸：标注总高度尺寸。

● 内部尺寸主要标注内墙的门窗洞口尺寸及其定位尺寸、其他细部尺寸等。

6. 建筑详图

建筑详图是将房屋构造的局部用较大的比例绘制出大样图。详图常用的比例有 1:1、1:2、1:5、1:10、1:20、1:50。详图的内容有构造做法、尺寸、构配件的相互位置及建筑材料等。它是补充建筑平、立、剖面图的辅助图样，是建筑施工中的重要依据之一。建筑详图各个部位都有。有的可用标准图集代替，有的必须用图样画出，如图2-8所示。

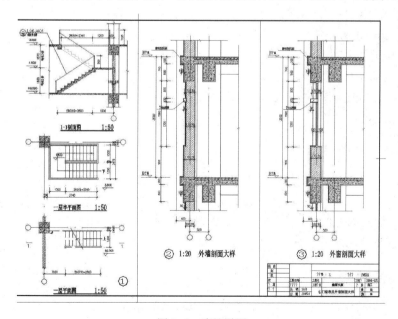

图2-8　建筑详图

为了表明详图绘制的部分在平面图和立面图的图号和位置，常用索引符号、详图符号把它们联系起来。

2.2.2 建筑施工图的识图方法

识读建筑施工图时，首先要了解建筑施工的制图方法及有关的标准，看图时应按一定的顺序进行。建筑施工图的图样一般较多，应该先看整体，再看局部；先宏观看图，再微观看图。具体步骤如下。

1. 初步识读建筑整体概况

1）看工程的名称、设计总说明：了解建筑物的大小、工程造价、建筑物的类型。

2）看总平面图：了解拟建建筑物的具体位置以及与四周的关系。具体的有周围的地形、道路、绿地率、建筑密度、容积率、日照间距或退缩间距等。

3）看立面图：初步了解建筑物的高度、层数及外装饰等。

4）看平面图：初步了解各层的平面布置、房间布置等。

5）看剖面图：初步了解建筑物各层的层高、室内外高差等。

2. 识读建筑图详细情况

1）识读底层平面图：了解轴线之间的尺寸、房间墙壁尺寸、门窗的位置等。明确各空间的功能，如房间的用途、楼梯间、电梯间、走道、门厅入口等。

2）识读标准层平面图：识读标准层平面图，可以看出本层和上下层之间是否有变化，具体内容和底层平面图相似。

3）识读屋顶平面图：了解屋顶的做法，如屋顶的保温材料、防水做法等。

4）识读剖面图：首先要了解剖切位置，剖面图的剖切位置一般都是房间布局比较复杂的地方，如门厅、楼梯等，可以看出各层的层高、总高、室内外高差以及了解空间关系。

5）识读立面图：了解建筑的外形、外墙装饰（如所用材料、色彩）、门窗、阳台、台阶、檐口等形状；了解建筑物的总高度和各部位的标高。

3. 深入掌握具体做法

经过对施工图的识读以后，还需对建筑图上的具体做法进行深入掌握。如卫生间详细分隔做法、装修做法、门厅的详细装修、细部构造等。

2.3 建筑制图规范

制图规范统一了建筑制图规则，可以保证制图质量，提高制图效率，图面清晰简明的建筑图样，能够符合设计、施工、存档的要求，适应工程建设的需要。我国现行的建筑制图规范有三个，分别是 GB/T 50104—2010《建筑制图标准》、GB/T 50001—2010《房屋建筑制图统一标准》、GB/T 50103—2010《总图制图标准》。

2.3.1 图纸幅面和比例

建筑制图使用的图纸幅面，应该符合表 2-1 所示的规定。

表 2-1　建筑图纸幅面和尺寸　　　　　　　　　　　　（单位：mm）

基本幅面代号	A0	A1	A2	A3	A4
$B \times L$	841×1189	594×841	420×594	297×420	210×297
c	10	10	10	5	5
a	25	25	25	25	25

其中 "B" 和 "L" 表示图纸的长和宽，"a" 和 "c" 表示边框的大小，如图 2-9 所示。其中图纸的长边允许加长，加长部分的尺寸应为边长的 1/8 或其倍数。

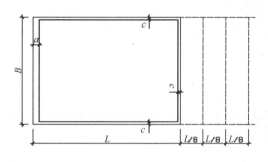

图 2-9　图纸示意

建筑物的形体庞大而复杂，绘图时需要用各种不同的比例，对于整座建筑物一般缩小绘制。常用比例的选用如表 2-2 所示。

表 2-2　建筑制图常用比例

图　名	常用比例
建筑总平面	1：500　1：1000　1：2000　1：5000
竖向布置图、管线综合图、断面图等	1：100　1：200　1：500　1：1000　1：2000
平面图、立面图、剖面图、结构布置图、设备布置图等	1：50　1：100　1：200
比较简单的平面图	1：200　1：400
详图	1：1　1：2　1：5　1：10　1：20　1：25　1：50

2.3.2　图线和轴网

为了使建筑图中图线所表示的不同内容有所区别，需要用不同的线型和粗度的图线来表达，一般来说，图中主要的线条用较粗的线，次要的线条用细线。常用图线宽度和使用部位如表 2-3 所示。

建筑施工图中的定位轴线是用来施工定位、放线的。承重墙、柱子等主要承重构件都应画上轴线。非承重的分隔墙、次要承重构件等，一般用分轴线。

定位轴线用细点画线表示在图上，并予编号。轴线的端部画细线圆圈（直径为 8～10 mm）。横向编号采用阿拉伯数字，从左至右顺序编写。竖向编号采用大写拉丁字母，自下至上顺序编写。

两个轴线之间的附加分轴线，编号可用分数表示，分母表示前一轴线的编号，分子表示附加轴线的编号，用阿拉伯数字顺序编写。如 2/A 线，表示 A 号轴后附加的第二条轴线。大写拉丁字母中的 I、O 及 Z 三个字母不得作为轴线编号，以免与数字混淆。

表 2-3 常用图线宽度和使用部位

名　称	线　型	线　宽	用　途	使 用 部 位
粗实线	■■■■■	b	平、立剖面图中主要构造的轮廓线	墙体，立面外轮廓，立面地平线 1.6b，剖切符号，剖切的主要部分轮廓线
中实线	■■■■■	0.5b	平、立剖面图中次要构造的轮廓线	一般轮廓线
细实线	——————	0.25b	一般构造的图形，尺寸线，符号等	如门、窗线、尺寸线、符号、引出线
超细实线	——————	0.15b	细部的润饰线	填充线，如地砖、玻璃
虚线	— — — —	0.5b	建筑构造及配件的不可见的轮廓线	如顶棚漫反射，拟扩建的建筑物的轮廓
细虚线	- - - - -	0.25b	不可见的轮廓线	小于 0.5b 的，如门的开启线
点画线	— · — · —	0.25b	中心线、对称线、定位轴线	
折断线	——∿——	0.25b	不需要画全的断开界线	

2.3.3　尺寸标注和标高

尺寸单位除标高及建筑总平面图以"米(m)"为单位，其余一律以"毫米(mm)"为单位。因此，建筑施工图上的尺寸数字都不再注写单位。图样上所注尺寸数值为施工依据，与图形的大小及绘图的准确度无关。图样上的尺寸包括尺寸界线、尺寸线、尺寸起止符号和尺寸数字。建筑施工图中的总尺寸、轴线尺寸和细部尺寸是必须标注的三道尺寸，如这三道尺寸互相平行，则从被标注的图样轮廓线由近向远整齐排列，小尺寸线应离轮廓线较近，大尺寸线应离轮廓线较远。图样的每一尺寸一般只标注一次，并应标注在反映该结构最清晰的图样上。

（1）标高的标注

标高是用来标注建筑物高度的。标高符号有如图 2-10 所示的几种形式。符号用细实线画出，短的横线为需注高度的界线，长的横线之上或之下注写标高数字。

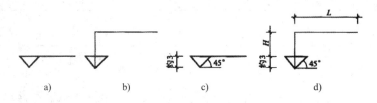

图 2-10　标高符号

总平面图和底层平面图中的室外平整地面标高用涂黑的倒三角形，如图 2-11a 所示。图 2-11b 所示标高数字注写在涂黑三角形右上方，也可以注写在黑三角形的右侧或上方。

图 2-11　室外平整地面标高符号

标高数字单位是 m，单体建筑工程施工图中的数字要注写到小数点后第三位，总平面图中注写到小数点后第二位。在单体建筑工程中，零点标高注写成±0.000；负数标高数字前必

22

须加注"-";正数标高前不写"+"。在总平面图中，标高数字的标注形式与上述相同。

（2）标高的分类

标高有绝对标高和相对标高两种。

1）绝对标高：在我国，绝对标高是把黄海平均海平面定为绝对标高的零点，其他各地标高以此为基准。

2）相对标高：除总平面图外，一般都应用相对标高。一般把室外地坪面定为相对标高的零点，其他的标高以此为基准来测量。

2.3.4 图例及代号

建筑工程制图规定有各种各样的图例，如表2-4所示。

表2-4 常用图例

名　称	图　例
书桌	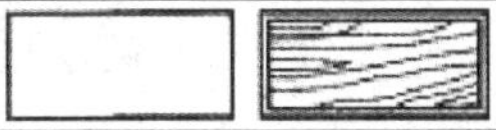
衣橱	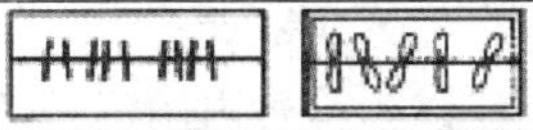
床（双人）	
床（单人）	
洗手池	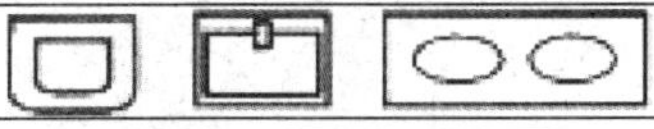
坐便器	
浴缸	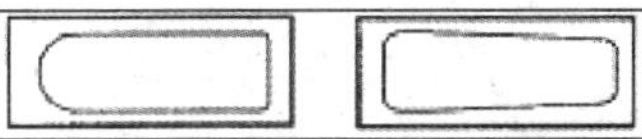
煤气灶	
椅凳	
沙发	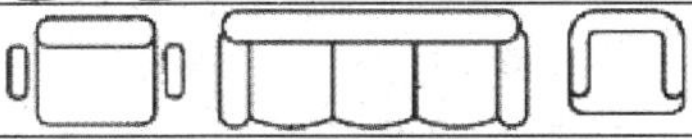
茶几	
灯具	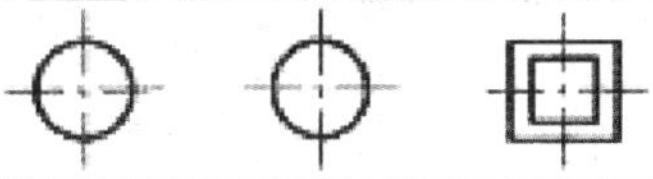
绿化	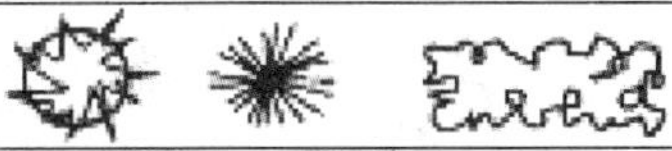
冰箱	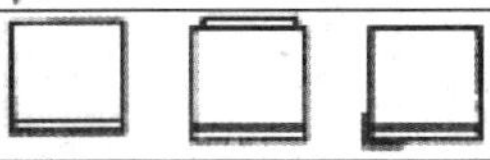
电视机	
计算机	

2.3.5 索引符号和详图符号

图样中的某一局部或构件，如另有详图，应以索引符号标出。索引符号是由 $\phi10mm$ 的圆和水平直径组成，圆及水平直径均应以细实线绘制，如图 2-12a 所示。

如索引出的详图与被索引的图样在同一张图纸内，在索引符号的上半圆内用阿拉伯数字注明该详图的编号，并在下半圆中间画一段水平细实线，如图 2-12b 所示。如索引出的详图与被索引的图样不在同一张图纸内，则在索引符号的下半圆中用阿拉伯数字注明所在图样的编号，如图 2-12c 所示。如索引的详图采用标准图时，应在索引符号水平直径的延长线加注该标准图册的编号，如图 2-12d 所示。

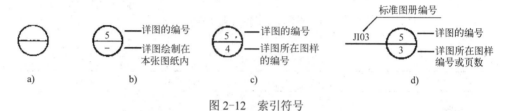

图 2-12 索引符号

详图符号的圆应以直径为 14mm 的粗实线绘制，如图 2-13a 所示。如详图与被索引的图样同在一张图纸内，应在详图符号内用阿拉伯数字注明详图的编号，如图 2-13b 所示。如详图与被索引的图样不在同一张图纸内，应用细实线在详图符号内画一水平直径，在上半圆中注明详图编号，下半圆中注明被索引的图样编号，如图 2-13c 所示。

图 2-13 详图符号

2.3.6 指北针及风向频率玫瑰图

指北针圆为 $\phi24mm$，用细实线绘制；指针尾部宽度为 3mm，指针头部应注"北"或"N"字。需用较大直径绘制指北针时，指针尾部宽度为直径的 1/8，如图 2-14 所示。标有指北针，即可知道其建筑朝向。

风玫瑰图是风向频率玫瑰图的简称，是总平面图上用来表示该地区常年风向频率的标志。它根据某地区多年平均统计的各个方向吹风次数的百分数值按一定比例绘制。图上所表示的风的吹向，是从外吹向该地区中心的。实线为全年风向，虚线为夏季风向。我国北京和上海风向频率玫瑰图如图 2-15 所示。

图 2-14 指北针

图 2-15 北京、上海风向频率玫瑰图
a) 北京 b) 上海

2.3.7 常用建筑材料图例

常用建筑材料图例,如表 2-5 所示。图例中的斜线、短线、交叉线等均为 45°。

表 2-5　常用建筑材料图例

序　号	名　称	图　例	备　注
1	自然土壤		包括各种自然土壤
2	夯实土壤		
3	砂、灰土		
4	砂砾石、碎砖三合土		
5	石材		
6	毛石		
7	普通砖		包括实心砖、多孔砖、砌块等,断面图形小时,可涂红
8	耐火砖		包括耐酸碱等的砌体
9	空心砖		非承重砖砌体
10	饰面砖		包括瓷砖、马赛克、人造理石
11	焦渣、矿渣		包括与水泥、石灰等混合而成的材料
12	混凝土		本图例指承重的混凝土和钢筋混凝土 包括各种强度等级的混凝土 图面上画出钢筋时不画斜线 断面图形小时可涂黑
13	钢筋混凝土		
14	多孔材料		包括水泥珍珠岩、沥青珍珠岩、泡沫混凝土、非承重加气混凝土、软木、蛭石制品等
15	纤维材料		包括矿棉、岩棉、玻璃棉、麻丝、纤维板、木丝板等
16	泡沫塑料材料		包括聚苯乙烯、聚乙烯、聚氨酯等多孔聚合物材料

序　号	名　称	图　例	备　注
17	木材		
18	胶合板		应注明几层胶合板
19	石膏板	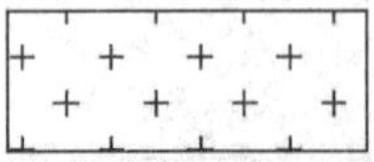	包括圆孔、方孔石膏板和防水石膏板
20	金属	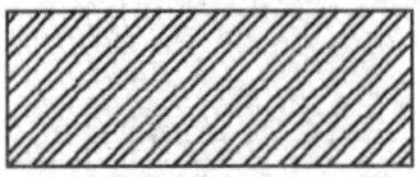	包括各种金属，断面小时可涂黑
21	网状材料		包括金属、塑料网状材料，应注明具体名称
22	液体	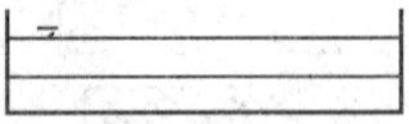	应注明具体名称
23	玻璃	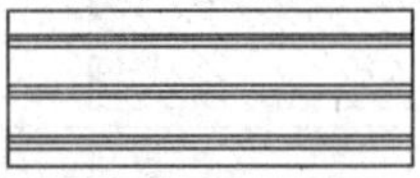	包括各种玻璃
24	橡胶		
25	塑料	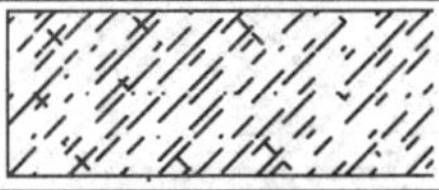	包括各种软硬塑料及有机玻璃
26	防水材料	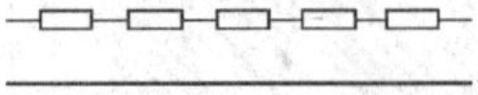	构造层次多或比例大，采用上面的图例
27	粉刷	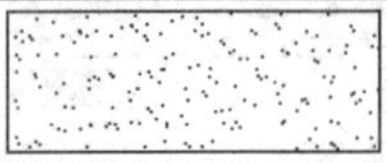	采用较稀的点

2.4　思考与习题

1．建筑施工图由哪些部分组成？

2．建筑施工图的识读原则是什么？

3．建筑施工图中轴线编号有什么规定？

4．建筑平面图的图示内容包含哪些？

5．简述图 2-16 索引符号的含义。

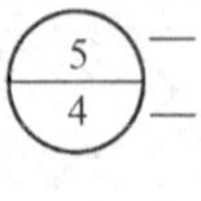

图 2-16　索引符号

6．绘制石材、钢筋混凝土、普通砖、防水材料的图例。

第3章 室内设计表现的美术基础

室内设计的成果以表现效果图的形式呈现，便于设计师与使用者和决策者沟通，这就意味着设计作品除了在设计上要有独到之处外，表现上也需要精益求精，因为只有好的表现效果图才能达到良好沟通的目的，才能充分反映设计师的意图，最终促成优秀设计作品的建设完成。

室内设计的表现图是用二维的方式表达三维的空间谋划，在表达方式上和美术作品是一样的。从这个意义上说，室内设计表现图也具有美术作品的某些特征。要绘制优秀的表现效果图，设计师需要一定的美术基础，主要包括素描基础、透视以及色彩知识。

本章重点

● 素描的三大面和五大调
● 形体的比例关系
● 透视的定义
● 一点透视和两点透视
● 色彩相关性原理在建筑设色中的应用

3.1 素描基础

素描是绘画的基础，它能提高人们全面地观察世界、准确而客观地表现对象的能力，是促进眼、脑、手协调一致的有效方法。素描的主要任务是培养人们对于形体要素的观察认识理解能力、对于形式要素的领悟及表现能力以及培养创造性造型的想象力。

3.1.1 素描的定义

素描是造型艺术的一种，属于绘画的范畴，泛指单色绘画。素描作为一切造型艺术的基础，是研究绘画艺术必须经过的一个阶段。它用单色线条来表现物体的轮廓、结构、质感和体积等。如图 3-1 所示为石膏头像素描。

素描是艺术专业的重要基础课，也是设计师必备的基本功。通过素描教学，可以培养学生的观察能力和造型能力，促进学生形象思维能力和审美能力的提高，增强学生设计创新的基本素质。画家的创作草图和作为素材搜集的速写、人物结构、动态、构图研究，也使用素描的形式。室内设计师在作品的构思阶段也是借助素描草图这种形式展开和深入设计的。

从目的和功能上说，素描一般可分为创作素描和习作素描两大类。从表现内容上，素描分为静物、动物、风景、人像及人体素描等。从使用工具上，素描分为铅笔、炭笔、钢笔、毛笔、水墨、粉笔或两种工具穿插使用的素描等。从作画时间概念上说，素描可分为长期素描、速写、默写等。从绘画传统的角度说，素描又可分为中国写意传统的素描（一般称为"白描"）和西方写实传统的素描两种。素描造型能力指的是人们在平面的物质（如纸张、墙壁等）上表现和刻画形象的能力，任何绘画形式都体现这一能力，所以素描造型能力是绘画艺术的基础。

素描是借助单色的点、线、面来塑造形象的绘画形式。当物体在光线的照射下，会呈现出一定的明暗关系，而表现出深浅不同的调。"调"就是指物体表面的反射光量，也叫明度。物体受光后，表面的调层次变化非常丰富，但概括起来基本上可以分为三大面、五大调。三大面为亮面、灰面、暗面。五大调为亮面、灰面、明暗交界线、暗面、反光，如图 3-2 所示。

图 3-1 石膏头像素描

图 3-2 素描的五大调

五大调是素描中最重要的基本元素。不仅素描如此，摄影和色彩也都离不开这些元素。在制作效果图时，把握好了三大面、五大调就可以把素描关系描述清楚了。

3.1.2 比例关系

形体比例主要是指长度比较和分割关系。古代人们把比例看做具有美学性质的关系，努力探求各种和谐的比例，以求达到造型的匀称。绘画中把握形体比例关系十分重要，一个形体的比例和分割关系变了，此形体的具体形态特征也就会随之变化。

比例包括整体比例、局部和整体的比例、局部与局部的比例。比例关系确定的方法首要是目测，即通过观察、分析、比较的方法，对物体进行测量。它的顺序是从整体比例开始，由大到小，由外向里，不断分割，随着绘画的过程逐渐落实和肯定。当物体的整体印象贯穿于素描的始终，在深入确定物象关系的过程中，始终把握住基本的脉络，达到准确描绘的目的，然后才能准确分析物体的比例，也是整体观察的意义所在。如图 3-3a 所示为陶罐与苹果最初的比例关系，随着观察的深入，如图 3-3b 所示，陶罐与苹果的比例关系不断分割，越来越准确。

a)   b)

图 3-3 不断分割的比例关系

a) 最初的比例关系   b) 分割后的比例关系

室内设计的一个重要任务就是调整空间与空间内部各种物体之间的比例关系，力求创造和谐的比例。设计师要培养自己对比例的高度敏感，自觉地将创造和谐比例关系这一活动融入每一次的设计创作中，使作品总能呈现美感。这种敏感可以通过长期的观察训练和素描绘画练习获得。

3.1.3　素描最常用的表现手法

素描的表现手法可谓千变万化，然而均离不开线条、色调这两个基本表现语言。以线条为主的素描称为线条素描，以明暗为主要表现手法的素描称为明暗素描。

线条素描运用富有变化与具有空间意义的线条，利用它的走向、长短、粗细、强弱、松紧、虚实等关系以及它们之间的组合关系，能够表现物象的形体结构、透视关系、空间关系及其物体的质感，同时能够表达绘图者的个性和对形象的独特感受。线条是极具说服力的绘画语言，它具有丰富的表现力和形式美感。如图 3-4 所示为两幅线条素描。

图 3-4　线条素描

线条素描中的线条包括形体外轮廓部位透视面视觉上的缩减所形成的细窄的边缘线（既轮廓线）；形体由于面与面之间的交接与联合产生的转折线（既结构线）；用以组织调子、表现体面的排线。应用浓淡、虚实的线条正确地表现形体的轮廓线与结构线，明确它们的穿插与连接，能够确定物象形体的主要特征与空间关系。运用生动多变的排线可以表现形体的体面转折、肌理质感、光影色调及空间深度。

明暗素描是素描基本的表现手段之一，是表现物象立体感、空间感的有效方法，对真实地表现物象具有重要作用。明暗素描适用于立体地表现光线照射下物象的形体结构、不同的质感和色度及物象的空间距离感等，使画面形象具有较强的直觉效果。

明暗色调是指物体对光照量的不同反射而造成的不同明度，并由此产生的色度上的层次变化。明暗是形体本质特征在一定光照下的特定表现。因此，能够正确描绘画面的明暗色调关系，能够正确地表现形体体面的起伏、形体的空间关系，体现物体的形体结构，从而在平面上创造富有立体感的视觉形象。在素描中，观察与刻画明暗色调的目的，是为了分析与表现处于特定光照下物体的形体本质特征，体现物体的结构、体面、空间、色调与质感等。如图 3-5 所示为两幅明暗素描。

图 3-5　明暗素描

3.1.4　素描与室内设计

从 1919 年德国包豪斯设计学校创立时起，人类首次把设计素描从传统素描中独立出来，成为设计专业基础课。包豪斯的艺术家们对传统的素描教程进行了重大改进。教学体系构筑者之一约翰·伊顿就认为除了传统的写实素描外，能充分表现出绘图者意图的造型——不管它是抽象的还是具体的，都应归于素描范畴。如图 3-6 所示为两幅结构素描。

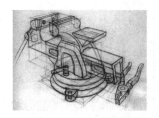

图 3-6　结构素描

设计是一种有明确目标的造型活动，设计素描就是表现这一造型活动的素描。设计素描写生是为这一造型提供有关的认识、观察、表现、创造性思维和创新能力的训练课题，是设计效果图和方案图等不可缺少的基础训练。通过这种训练，可以对客观物象进行深入观察、分析，研究物体的内部构造关系，并以所掌握的透视方法再现这种关系，准确而形象地反映客观事物和主观想象中未来的设计意向和产品。设计素描的工具简单、表现快捷，可以用于收集和记录设计素材。另外设计素描训练可以提高综合审美能力。

建筑风景素描也是素描经常表现的内容之一，同时也是与室内设计密切相关的内容。如图 3-7 所示为两幅建筑风景素描。

图 3-7　建筑风景素描

建筑风景素描的创作主要应注意以下几点。

1）构图中的提炼与取舍：根据绘图者的感受，加大主要部分，使其突出。缩小次要部分，使其作为陪衬出现。减去与主题无关的物体，将有关的东西移动到适当的位置上，使画面整体协调自然。

2）视平线在风景构图中的作用：根据绘图者想要营造的整体画面气氛，将视平线升高或降低，给人两种截然不同的感觉，产生极强烈的感染力。

3）视觉中心的选择与处理：根据景物给作者的第一印象，把主要部分放在画面中心，深入刻画重点部分，简单虚化次要部分，使视觉中心更加突出醒目。

3.2 透视知识

在室内表现效果图中，透视的运用是在画面上确定空间的深度，即物体及其各部分在画面中的空间位置，是表现物体的立体感和创造空间效果的基本因素。所以说，透视法则是写实造型的重要依据，掌握透视基本原则是准确观察、真实描绘物象空间关系的基础。

3.2.1 透视的定义

我们看到的自然界物象呈现"近大远小"的空间现象，就是透视现象。用科学的原理和方法把透视现象准确地表现在画面上，使其形象、位置、空间与实景感觉相同，这就是透视。室内表现图中使用的透视与绘画透视还有一些不同，要求更加忠实地反映空间关系，为室内工程建设提供科学可靠的依据。

3.2.2 室内设计应用透视知识

透视原理就是在二维平面上研究三维立体造型的原理。透视法就是在眼睛与对象之间的一个假设透明平面上研究如何将看到的物象投影成形的方法，这样的透视叫做线透视或几何透视。透视图是一种将三维空间的形体转化成具有立体感的二维空间画面的绘图技法，它能将设计师的预想真实地再现。常用的透视作图有平行透视（一点透视）、成角透视（二点透视）和三点透视三种。

1. 平行透视

以立方体为例，立方体有三个方向的主轴，当立方体两个方向的主轴与画面或视平线平行，第三个方向的主轴有一个消失点，称之为平行透视，也称为一点透视。如图 3-8a 所示，利用画法几何的方法，求一个立方体的平行透视。如图 3-8b 所示，为一个利用一点透视绘制出的室内的平行透视图。

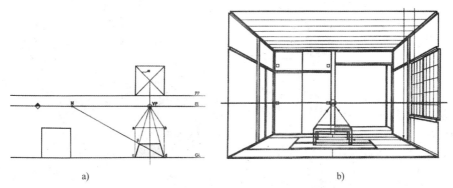

a)   b)

图 3-8　平行透视

a) 平行透视原理图　b) 室内的平行透视图

2．成角透视

当立方体一个方向的主轴与画面或视平线平行，另外两个方向的主轴产生两个消失点，称之为成角透视，也称为二点透视。如图 3-9a 所示，利用画法几何的方法，求一个立方体的成角透视。如图 3-9b 所示为一个利用成角透视绘制出的独立式住宅的成角透视图。

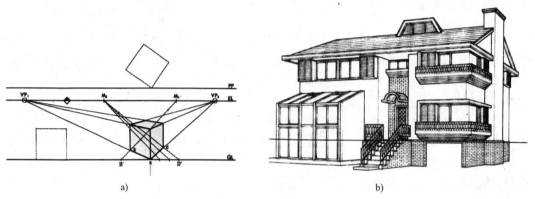

a)　　　　　　　　　　　　　　　　b)

图 3-9　成角透视

a) 成角透视原理图　　b) 住宅的成角透视图

3．三点透视

当立方体三个方向的主轴均与画面或视平线不平行，在画面上形成三个消失点，称之为三点透视。如图 3-10a 所示，利用画法几何的方法，求一个立方体的三点透视。如图 3-10b 所示为一个利用三点透视绘制出的高层建筑的外立面三点透视图。

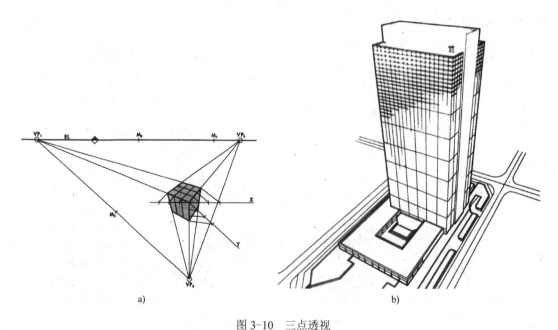

a)　　　　　　　　　　　　　　　　b)

图 3-10　三点透视

a) 三点透视原理图　　b) 高层建筑的三点透视图

3.3 色彩知识

熟练掌握色彩知识可以提高色彩塑造形体、表现空间的能力，分析物体在特定光源下的色彩变化及质感变化，提高对于画面的整体控制能力。通过研究画面色彩的组合构成关系、对比与协调的关系、色彩与情感的关系可以有效提升色彩运用的功力，创作出精彩的室内表现图。

3.3.1 色彩的基本理论

1. 色彩产生的原理

色彩是人的视觉元素之一，是人根据物体遇到并分解可见光所产生的一种视觉反应。

人产生视觉的主要条件是光，有光才有色，有色才有视觉可言。色彩产生的简图示意如图 3-11 所示。光是一切色彩的主宰。光给世界带来色彩，色彩依附于形，形由不同的色彩来区分，形和色彩是不可分割的整体。色彩的定义是：色彩是不同波长的光刺激眼睛的视觉反映，是光源中可见光在不同质的物体上的反映。

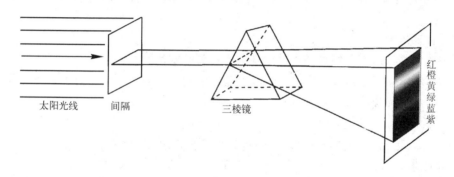

图 3-11 色彩的产生

色光与颜色是有着不同属性的两种物质。红、黄、蓝三色光相加成白色，如图 3-12a 所示；而红、黄、蓝三种颜色相加成黑色，如图 3-12b 所示。

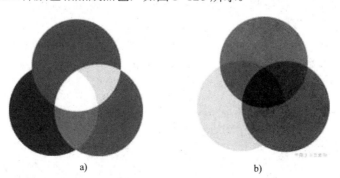

图 3-12 色光与颜色

a) 红、黄、蓝三色光 b) 红、黄、蓝三种颜色

2．色彩的分类

色彩的世界非常复杂，为了便于艺术创作，对生活中的色彩作大致的分类。

（1）写生色彩

写生色彩在色彩表现中是最为丰富、生动和直接的，它追求对自然物象的直观感受，并用色彩准确、生动、艺术地加以再现。它研究的是物体的光原色与固有色、环境色的关系，以及物象的明暗关系，客观地、写实地去描绘物象的形体、质感、空间感等，目的在于强调物象的真实存在性，是我们认识色彩，表现色彩的源泉和基础。

（2）装饰色彩

装饰色彩是不以仿真为满足，它不依附于客观物象，而是超越自然真实物象之外的纯色彩研究。它研究色彩的明度、纯度、色相之间的关系和色彩对比、调和规律以及生理、心理之间的关系。它探索色彩美的规律，是对自然界色彩的一种整理、归纳、概括、简约，使色彩成为反映设计者的审美观和设计意图的强有力的手段。

（3）设计色彩

设计色彩是指对各种产品运用的色彩和各种应用设计表现的色彩，主要针对应用性领域的实际需要。它强调色彩运用的功能性、品质性、商品性、审美性等。设计色彩与产品都是依靠社会经济力、材料、劳动力来完成，受社会的制约，并根据功能所需来满足美观要求，是人为的色彩。

（4）有彩色系

有彩色系是指包括可见光谱中的全部色彩，如基本色的红、橙、黄、绿、蓝、紫等以及由不同纯度和不同明度的红、橙、黄、绿、蓝、紫调和而成的成千上万个色彩都称为彩色。大约有 800 多万种颜色。

（5）无彩色系

无彩色系是指黑、白或由黑、白调和成的各种深浅不同的灰色。无彩色系只有一个特征即明度，它不具备色相和纯度。从物理学角度讲，它不包括可见光谱，所以称为无彩色。

（6）极色

极色就是极端对立的色。根据孟塞尔色相环的冷暖色图，橙色定为暖极，为最暖色。蓝色定为冷极，为最冷色。橙与蓝正好为一组互补色，在性格特征上是相对立的。凡是离暖极橙越近的色越暖，离冷极蓝越近的色越冷。

白色、黑色也是极端对立的两色，代表色彩世界的阴极和阳极。白色代表阴极，黑色代表阳极。有色彩加白色性偏冷，有色彩加黑色性偏暖。

（7）金属色

金属色是工业品材料特有的色彩，用于工业品、印刷等发光色。金属色不只是金色、银色，其色相也比较丰富。随着科学的进步，现在又研制出色彩更丰富的电化铝金属色，丰富了金属色的表现形式。

（8）色相环

将颜色按光谱的红、橙、黄、绿、青、蓝、紫色顺序排列成环状体，简称色相环，如图3-13 所示。色相环是认识色彩家谱的依据，为有效地使用色彩带来了方便。色相环明确指出了相关色彩世界连续性和循环性的奥秘，反映了自然现象中色彩现象的原形和色彩规律。色相环清楚地标出原色、间色、类似色、对比色、补色、冷色、暖色、调和色、对比色等色彩关系，是最基本的配色字典。

图 3-13　色相环

3. 色彩的三要素

色彩的色相、明度与纯度称为色彩的三要素，许多色彩原理都出自三要素之间或由此演变的关系。

（1）色相

色相是指色彩的名称或种类，是色彩的最大特征。如图 3-14 所示。自然中红、橙、黄、绿、青、蓝、紫是最基本的、纯度最高的色相，色彩名称复杂繁多，每种基本色相，按照不同的色彩倾向又可进一步区分。

| 柠檬黄 | 中黄 | 橘黄 | 朱红 | 大红 | 玫瑰红 | 紫罗兰 | 群青 | 钴蓝 | 湖蓝 | 翠绿 | 淡绿 |

图 3-14　色相

（2）明度

明度是指色彩的明暗差别，也是区别色彩的深浅程度。如图 3-15 所示。明度的差别包括两个含义，一是某一种色彩的深浅变化，如红色中的粉红、大红、深红，就是一种比一种深；二是不同色相间的明度差别，如无彩色中，白色明度最高，其次是灰色，黑色明度最低。有彩色中，黄色的明度较高，蓝、紫明度较低。

图 3-15　明度

（3）纯度

纯度是指色彩的纯净程度，又叫饱和度，也是指色彩的鲜艳程度。如图 3-16 所示。可见光谱中的各种单色光是最纯的颜色，它反映颜色中所含该色成分的比例，比例越大，纯度越高；比例越小，纯度越低。纯度越高，色相感越明确。色彩的纯度是以含灰色成分的多少来划分强弱的。当一种颜色中掺入其他色彩时，纯度就会降低。同类色中也有一定的纯度差。

高纯度 —————————————————————————→ 低纯度

图 3-16　纯度

掌握色彩三要素，对于认识色彩、表现色彩、创造色彩极为重要。色彩三要素是一种三位一体的互为共生的关系。它们中任何一个要素的改变，都将影响原来色的面貌。因此，在色彩应用中，它们是同时存在不可分割的整体，它们之间既互相区别、各自独立，又互为依存、互相制约。

3.3.2　人对色彩的感觉

（1）色彩与生理

不同的色彩会引发人的某些特定情感，不同色彩对人刺激的强度不同，刺激后人体的生理反应不同。如强光照射下的大面积红色给人强烈刺激，使人体产生扩张性反应，血液循环加快，体温升高，情绪兴奋；如较弱光线照射下蓝色给人的刺激较弱，使人体产生收缩性反应，血液循环趋缓，情绪安定。不同色彩给人的刺激与生理反应不同，随之人的情感反应也就不同。

（2）色彩与生活

自然界的不同色彩长期作用于人，产生了联想的作用，如人们看到白色就产生纯净的感觉，看到黑色就产生肮脏的感觉，看到绿色就感到自然、安全和有希望。这就是外界色彩与人的情感发生某些固定联系的原因。

正因为色彩与情感的联系是通过外在具有色彩的物质长期作用建立起来的，因此人们可以利用色彩来表示某些具体事物发生的氛围是一种非常巧妙的具有诗意的间接方法。如中国农业展览馆，采用绿色屋顶，橙色墙柱，因为绿色对应植物，橙色对应稻麦丰收，两种颜色结合，正好表现了农业丰收的氛围。

（3）色彩的冷暖感和大小感

人看到红橙黄等产生温暖感，看到青绿蓝等色会有清凉寒冷的感觉。这是因为不同色彩对人刺激的强弱不同，刺激后的生理反应不同，色光产生的条件不同，而使人产生不同冷暖的感觉。暖色打动知觉的能力较强，冷色打动知觉的能力较弱，中间色自然处在二者之间。这是因为暖色刺激人眼后使人产生膨胀的感觉，冷色使人产生收缩的感觉。因此人看到同样面积的暖色和冷色而感觉暖色面积大，冷色面积小。

（4）色彩的远近感

我们观看高明度的暖色系色彩感觉突出、扩大，观看低明度的冷色系色彩感觉后退、缩小。这是因为暖色光波长比冷色光波长要长一些，它透过人眼水晶体时的折射率小于冷色，由于冷暖色光波物理性能的不同而引起人脑感觉的不同，而造成远近感。暖色系的色彩称为突出色，冷色系的色彩称为后退色。远近感不但与色彩的冷暖感觉有关，也与色彩的明度有关。同色相，明度越高，突出感越强。

（5）色彩的轻重感

色彩的重量感觉主要是明度的影响，其次是色相与饱和度的影响。高明度的色彩如白色、黄色和橙色等色，使人感到轻、薄、浮。如果将这些纯色里加入些黑色，降低它们的明度，就会感觉到比原纯色沉重一些。相反，深暗的色彩如黑、蓝、紫、青紫等色，使人感到重、厚、沉。如果在这些色彩中逐渐加白色，重、厚、沉的感觉就会减轻。

（6）色彩的软硬感

色彩的明度与饱和度影响其软硬感觉。明度高、饱和度低的色彩有柔软感觉，如粉红、粉绿、米黄等粉色系列柔软感较强。明度低、饱和度高的色彩有坚硬感，如赤红、青蓝、墨绿等。色彩饱和的红色、金色偏硬，蓝色偏软。如北京故宫三大殿，为了表现皇权的威严与巩固，使用了大量硬朗的红色与金色。而士大夫隐居的江南园林，则选用了大量的灰色、白色和绿色偏软偏隐的色彩。

3.3.3 色彩相关性原理在建筑设色中的应用

建筑色彩是利用六个基本色相和非彩色衍发出来无数色彩，以它们不同饱和度、不同明度、不同性格类比与对比的方式在建筑内外表面组合起来，抽象地表达某种意图和情感，从而使建筑更加赏心悦目。

色彩的相关性问题包括色调、冷暖、明暗、大小、远近、轻重、软硬、鲜浊等。

（1）色调

色调就是色彩作品综合的色彩倾向。建筑色调有暖色调、冷色调、中间色调、灰色调、冷灰调、暖灰调等。这些色调还可以分为高、中、低不同明度的色调。一幢建筑、一群建筑一般都要保持一种统一的色调，一个小区可以保持同一色调，也可以有类似的色调。所有施色都要以不破坏统一协调为原则。

色调选择的原则首先要符合规划的色调要求；其次要根据建筑物所处环境的色彩情况，选定协调的色彩；再次要根据建筑物的功能性质，选定与其相适应的色调。如幼儿园等一般应选择明快的暖色调；而战争纪念馆等就可采用灰色或冷色调；休闲建筑可以采用中间色调或冷色调等。

像北京故宫这样中国古代帝王建筑的宫殿，选用的是红色、黄色为主的浓重、明丽的暖色调。红墙、红柱、黄色琉璃瓦、檐下青绿彩画互相映衬，使得整座建筑显得庄严、富丽、豪华。如图 3-17 所示。

如纪念性建筑中山纪念堂，设计师吕彦直先生用了红、黄、蓝三色，即红柱、红窗、黄墙、蓝瓦，色彩隆重。如图 3-18 所示。之所以采用红柱、蓝瓦是从孙中山先生创立的国民党党旗上取色的隐喻之为。纪念堂背景为葱郁的越秀山，堂周草地广阔，冷暖平衡，协调丰富，全局倾向于高暖色调，是具有浓烈中国色彩的建筑。

图 3-17　北京故宫

图 3-18　中山纪念堂

建筑的色彩选择要充分结合建筑的内容与环境，用色彩准确表现出建筑的目的和意思。这些建筑如果能与各地环境都有良好的结合，大多会成为珍贵的历史文化遗产。

（2）明暗并置、冷暖并置

在色彩对比并置中强调统一的色调与平衡，才能求得色彩的协调。把比较亮与比较暗的色彩，比较冷与比较暖的色彩，比较深与比较浅的色彩并置，是一种色彩对比关系。对比使各种色彩相应生辉，丰富而美丽。但是它们的范围、强度、轻重必须得到控制，不能超越总体色调的要求，不能让某种对比矛盾突出于整体、和谐、统一之上，对比必须寓于统一之中，做到既有精彩的对比又有统一的和谐。

（3）建筑立体色彩的平衡

建筑立面色彩平衡也是和谐的重要内容之一，不平衡就无和谐可言。所谓平衡是以均衡中心为轴，色彩在此轴上下左右视觉重量的平衡。色彩有明大暗小、暖大冷小、鲜大浊小、明轻暗重、暖轻冷重、鲜轻浊重等感觉，我们可以根据这些特性来配置色彩的面积。相对冷、浊、暗的色彩感觉重，所以它们的面积一般要配置小一些。而相对鲜、明、暖的色彩感觉轻，所以它们的面积一般可以配置的大一些。

（4）使用黑白颜色来取得色彩的协调

现代白色建筑是最多的，因为白色使人与纯洁、干净、纯真等美好事情相联系。很多纯白色的建筑在艺术上取得极好的效果，如美国的白宫、印度的泰姬陵、美国的林肯纪念堂等。

因为黑色与死亡、悲哀、冷漠等相联系，所以黑色建筑极少。但也不是绝对不能配置全黑色的建筑，只要环境允许，全黑色的建筑也可能设计得很美。在黑色建筑上适当作些鲜明色彩的对比是很可能成功的。

白色、黑色是非彩色，但它们几乎和所有色并置，都能取得调和的效果。如果黑白与其他色彩并置，还得到对比色效果，自然达到了既有对比又有调和的作用。所以白色和黑色是一种极受欢迎的色彩，可以利用黑白的这种特性来达到整个建筑立面施色调和的目的，用黑白做底色或网络色都能取得既对比鲜明又调和的效果。如图 3-19 所示的苏州博物馆是黑白灰调和的成功案例。

图 3-19　苏州博物馆

3.4　思考与习题

1. 什么是素描？
2. 简述素描的三大面、五大调。
3. 平行透视的定义。
4. 成角透视的定义。
5. 什么是色调？建筑的色调选择有哪些原则？
6. 色彩的相关性问题包括哪几个方面？

第4章 室内设计常用软件介绍

室内设计发展到今天，设计手法和表现手法也呈现出日新月异的态势。计算机技术在设计领域的广泛应用，对室内设计设计手法和表现手法起到了巨大的推动作用。在室内设计业内，目前有一定市场占有率的应用软件有 Autodesk 公司的 AutoCAD 和 3ds Max、Google SketchUp 以及 Adobe 公司的 Photoshop。这些软件各有特点，在设计的不同阶段承担不同的工作，在不同的方向发挥各自的专长。设计师配合使用这些软件，可以创造出完美的作品。

本章重点
- AutoCAD 的特点
- SketchUp 的特点
- 3ds Max 的特点
- 室内设计与 3ds Max
- Photoshop 的特点

4.1 AutoCAD

AutoCAD 是由美国 Autodesk 公司于 20 世纪 80 年代初为计算机上应用 CAD 技术而开发的绘图程序软件包，经过不断地完善，现已成为国际上广为流行的绘图工具。AutoCAD 具有良好的用户界面，通过交互菜单或命令行方式可以进行各种操作。AutoCAD 还具有广泛的适应性，支持各种操作系统，并支持不同分辨率的各种图形显示设备，以及数字仪和鼠标器，绘图仪和打印机等，这种适应性为 AutoCAD 的普及创造了条件。

4.1.1 AutoCAD 的特点

1992 年，Autodesk 公司推出的 AutoCAD R12 版本是 AutoCAD DOS 版的最高顶峰，具有成熟完备的功能，并提供完善的 AutoLisp 语言进行二次开发，许多机械、建筑和电路设计的专业 CAD 就是在这一版本上开发的。在国内室内设计领域使用 AutoCAD 就是从 R12 版本开始的。

1. AutoCAD 的特点

1）完善的图形绘制功能。

2）强大的图形编辑功能。

3）可以采用多种方式进行二次开发或用户定制。

4）可以进行多种图形格式的转换，具有较强的数据交换能力。

5）支持多种硬件设备。

6）支持多种操作平台。

7）具有通用性、易用性，适用于各类用户。

2．AutoCAD 的功能

1）平面绘图。能以多种方式创建直线、圆、椭圆、多边形、样条曲线等基本图形对象。

2）绘图辅助工具。提供了正交、对象捕捉、极轴追踪、捕捉追踪等绘图辅助工具。

3）编辑图形。AutoCAD 具有强大的编辑功能，可以移动、复制、旋转、阵列、拉伸、延长、修剪、缩放对象等。

4）标注尺寸。可以创建多种类型尺寸，标注外观可以自行设定。

5）书写文字。能轻易地在图形的任何位置、沿任何方向书写文字，可设定文字字体、倾斜角度及宽度缩放比例等属性。

6）图层管理功能。图形对象都位于某一图层上，可设定图层颜色、线型、线宽等特性。

7）三维建模。可创建三维实体及表面模型，能对实体本身进行编辑。

8）网络功能。可将图形在网络上发布，或是通过网络访问 AutoCAD 资源。

9）数据交换。AutoCAD 提供了多种图形图像数据交换格式及相应命令。

10）二次开发。AutoCAD 允许用户定制菜单和工具栏，并能利用内嵌语言 AutoLisp、Visual Lisp、VBA、ADS、ARX 等进行二次开发。

4.1.2 室内设计与 AutoCAD

AutoCAD 广泛应用于土木建筑、装饰装潢、城市规划、园林设计、电子电路、机械设计、服装鞋帽、航空航天、轻工化工等诸多领域。在不同的行业中，Autodesk 开发了各行业专用的版本和插件。

在国内室内设计领域，AutoCAD 绘制的室内设计工程制图已经是行业标准，AutoCAD 也成为设计师必须掌握的工具。室内设计的制图标准主要参照建筑制图标准和家具制图标准。在我国，建筑制图业内常用的软件是基于 AutoCAD 开发的天正系列软件，这个建筑业专用版本在 AutoCAD 的基础上增加了许多实用功能，如轴网布置、墙线绘制、插入门窗等，还可以方便的根据设定数值绘制各种楼梯、插入各种家具模块。室内设计师可以利用天正软件绘制工程图纸，还可以利用 AutoCAD 的二次开发功能，将自己绘制的有关图形嵌入到自己使用的软件中，打造自己专属的 AutoCAD 平台。如图 4-1 所示为使用 AutoCAD 绘制的建筑平面图。

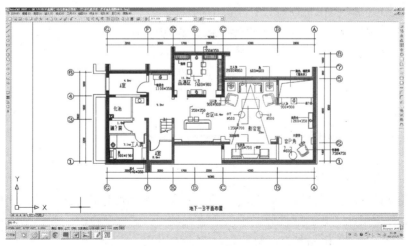

图 4-1　使用 AutoCAD 绘制的建筑平面图

AutoCAD 近期的几个版本加强了三维建模的功能，使用户可以更自由的在二维和三维的世界中转换，为用户提供了更大的创作空间。

4.2 SketchUp

Google SketchUp 是一套直接面向设计方案创作过程的设计工具，其创作过程不仅能够充分表达设计师的思想而且完全满足与客户即时交流的需要，它使得设计师可以直接在计算机上进行直观的构思，是三维设计方案创作的优秀工具。

Google SketchUp 有丰富的模型资源，在设计中可以直接调用、插入、复制这些模型资源。同时 Google 公司还建立了庞大的三维模型库，集合了来自全球各个国家的模型资源，形成了一个庞大的分享平台，现在设计师们已经将 SketchUp 及其组件资源广泛应用于室内、室外、建筑等多领域中。

4.2.1 SketchUp 的特点

在 SketchUp 中建立三维模型的过程模拟的是人们使用铅笔在图纸上作图的过程，SketchUp 本身能自动识别这些线条，加以自动捕捉。它的建模流程简单明了，就是画线成面，而后挤压成型，这也是建筑建模最常用的方法。SketchUp 是一款使设计师可以专注于设计本身的软件，因为它的操作不会成为障碍。SketchUp 的特点可以概括为以下几点：

1）独特简洁的界面，可以让设计师短期内掌握。

2）适用范围广阔，可以应用在建筑、规划、园林、景观、室内以及工业设计等领域。

3）方便的推拉功能，设计师通过一个图形就可以方便地生成三维几何体，无需进行复杂的三维建模。

4）快速生成任何位置的剖面，使设计者清楚地了解建筑的内部结构，可以随意生成二维剖面图并快速导入 AutoCAD 中进行处理。

5）与 AutoCAD、Revit、3DMax、PIRANESI 等软件结合使用，快速导入和导出 DWG、DXF、JPG、3DS 格式文件，实现方案构思、效果图与施工图绘制的完美结合，同时提供与 AutoCAD 和 ARCHICAD 等设计工具的插件。

6）自带大量门、窗、柱、家具等组件库和建筑肌理边线需要的材质库。

7）轻松制作方案演示视频动画，全方位表达设计师的创作思路。

8）具有草稿、线稿、透视、渲染等不同显示模式。

9）准确定位阴影和日照，设计师可以根据建筑物所在地区和时间实时进行阴影和日照分析。

10）简便的空间尺寸和文字的标注，并且标注部分始终面向设计者。

4.2.2 室内设计与 SketchUp

在针对设计过程的探究方面，SketchUp 已经在设计领域内有显著的地位，世界各地的许多公司与学校皆采用此工具进行设计工作。从业余设计、居家环境的改善到设计大型且复杂的住宅区、商业区、工业区与都会区等计划，都可使用 SketchUp 进行。

SketchUp 的独特性能与绘图方法，使设计者不需要学习种类繁多、功能复杂的指令集，让设计者专注于设计上。

　　室内设计相较于建筑设计、景观规划、工业设计等其他相关设计，有自己的特点，室内设计所针对的人群更具体、更个性化，并且与使用者的关系更密切，这就决定了室内设计师与使用者会有更深层、更频繁的沟通，设计过程会表现出更多的互动性和用户参与性。SketchUp 在这方面有独特的优势，这个软件的使用会使室内设计工作过程比较有弹性。另外，SketchUp 与 AutoCAD 和 3ds Max 之间文件的轻松互转，使设计师可以将方案构思阶段的成果快速转化成最终的表现效果图和与施工方沟通的施工图，使整个设计的过程和结果都趋于完美。如图 4-2 所示为使用 SketchUp 绘制的室内场景。

图 4-2　使用 SketchUp 绘制的室内场景

4.3　3ds Max

　　3D Studio Max，常简称为 3ds Max 或 MAX，是 Autodesk 公司开发的基于 PC 系统的三维动画渲染和制作软件。其前身是基于 DOS 操作系统的 3D Studio 系列软件，目前最新版本是 3ds Max 2012。

4.3.1　3ds Max 的特点

　　3ds Max 广泛应用于广告、影视、工业设计、建筑设计、多媒体制作、游戏、辅助教学以及工程可视化等领域。根据不同行业的应用特点对 3ds Max 的掌握程度和硬件配置也有不同的要求，片头动画和视频游戏应用中动画占的比例很大，特别是视频游戏对角色动画的要求要高一些；建筑方面的应用相对来要简单些，它只要求单帧的渲染效果和环境效果，只涉及比较简单的动画；影视特效方面的应用则把 3ds Max 的功能发挥到了极致。3ds Max 的特点可以概括为以下几点：

1）功能强大，扩展性好。3ds Max 建模功能强大，在角色动画方面具备很强的优势，另外丰富的插件也是其一大亮点。

2）操作简单，容易上手。与强大的功能相比，3ds Max 可以说是最容易上手的 3D 软件，它的界面友好，效果直观。

3）和其他相关软件配合流畅。3ds Max 可与上下游多款软件顺畅配合，具有良好的兼容性。

4）做出来的效果非常的逼真。

4.3.2 室内设计与 3ds Max

绘制建筑效果图和室内装修是 3ds Max 系列产品最早的应用之一。先前的版本由于技术不完善，制作完成后，经常需要用位图软件加以处理，而现在的 3ds Max 直接渲染输出的效果就能够达到现实生活场景中光影再现的水平，逼真自然。更由于动画技术和后期处理技术的提高，近期的建筑和室内设计作品经常采用动画的形式表现，与客户沟通更顺畅的同时也更能发挥设计师的想象力和创造力。

3ds Max 有强大的造型能力，利用它，设计师可以制作出精细准确的模型。3ds Max 强大的造型能力在影视动画中十分有利，可以模拟精妙的人体和自然景物。相对于制作模拟这些有机体的模型，室内设计的场景模型要简单得多，例如沙发模型、客厅模型、餐厅模型等。

3ds Max 软件的材质编辑功能也非常强大，结合渲染，3ds Max 可以生动地创造出有质感、有气氛、有感染力影视场景，如破旧的木地板、生锈的铁桶、有污水的街道以及阴霾的天气等。在室内设计中材质的编辑和场景的渲染也是相对简单的，物体的表面都是干净漂亮的理想状态，对于设计师想要的环境气氛，使用 3ds Max 软件可以轻松获得。

室内设计在用到 3ds Max 软件的动画功能时，也只需要比较简单的操作，这是因为相对于影视动画中复杂的情境和运动轨迹，室内设计的动画表现目的较单纯，情景也较为缓和。

在室内设计工作中使用 3ds Max 是有很大余地的，设计师可以尽情地发挥自己的想象。相对于 SketchUp 更多强调的是设计过程，3ds Max 可以提供设计师完美的表现机会，3ds Max 超强的造型能力和渲染能力给设计师的工作提供了无限的可能。如图 4-3 所示为使用 3ds Max 制作的室内表现图。

图 4-3　使用 3ds Max 制作的室内表现图

4.4 Photoshop

Photoshop 是 Adobe 公司旗下最为出名的图像处理软件之一。Adobe Photoshop 简称 "PS"，是一个由 Adobe Systems 开发和发行的图像处理软件。Photoshop 主要处理以像素所构成的数字图像。使用其众多的修改与绘图工具，可以更有效地进行图片编辑工作。2003 年，Adobe 将 Adobe Photoshop 8 更名为 Adobe Photoshop CS，最新版本 Adobe Photoshop CS6 是 Adobe Photoshop 中的第 13 个主要版本。

4.4.1 Photoshop 的特点

Photoshop 的专长在于图像处理，而不是图形创作。图像处理是对已有的位图图像进行编辑加工处理以及运用一些特殊效果，其重点在于对图像的处理加工。Photoshop 的应用在图像、图形、文字、视频、出版等各方面都有涉及。具体领域有平面设计、照片修复、广告摄影、包装设计、插画设计、影像创意、效果图后期修饰、艺术文字、网页制作、绘画、婚纱照片设计、视觉创意、图标制作、界面设计、处理三维贴图等。

Photoshop 的功能可分为图像编辑、图像合成、校色调色及特效制作几个部分。

（1）图像编辑

图像编辑是图像处理的基础，可以对图像做各种变换，如放大、缩小、旋转、倾斜、镜像、透视等，也可进行复制、去除斑点、修补、修饰图像的残损等。这在婚纱摄影、人像处理制作中有非常大的作用。

（2）图像合成

图像合成则是将几幅图像通过图层操作、工具应用合成完整的、传达明确意义的图像。Photoshop 提供的绘图工具可让外来图像与创意很好地融合在一起，使图像的合成天衣无缝。

（3）校色调色

校色调色是该软件中深具威力的功能之一，这一功能可方便快捷地对图像的颜色进行明暗、色偏的调整和校正，也可在不同颜色进行切换以满足图像在不同领域如网页设计、印刷、多媒体等方面应用。

（4）特效制作

特效制作主要由滤镜、通道及工具综合应用完成。包括图像的特效创意和特效字的制作，如油画、浮雕、石膏画、素描等常用的传统美术技巧都可藉由该软件特效完成。而各种特效字的制作更是很多美术设计师热衷于使用该软件的原因。

另外，Photoshop 还有一个重要的特点，即，具有广泛的群众基础。在数字传媒无限发达的今天，普通民众在对自身的数字形象进行个性化视觉创意时，Photoshop 因其易用性成为视觉创意的有力工具。

4.4.2 室内设计与 Photoshop

多数情况下室内设计的成果是以效果表现图的形式呈现的，这就注定室内设计与 Photoshop 的关系密切。这种关系主要表现在以下几个方面。

1）运用 Photoshop 进行效果图的后期修饰工作。利用三维软件进行建筑和室内效果图制作时，为了节省时间，提高工作效率，有些效果图中的配套环境和环境中的一些配景，是没有必要使用三维建模制作的。一是因为这部分内容不是主要的设计内容，二是因为这部分内容会消耗大量计算机资源，增加制作时间。这部分内容的添加和组织需要利用 Photoshop 软件，这方面 Photoshop 会提供强大的图像处理能力，通过后期修饰，使效果图更加精彩。

2）Photoshop 还承担为三维软件处理贴图的工作。在三维软件中，如果能够制作出精良的模型，而无法为模型应用逼真的贴图材质，也无法得到较好的渲染效果。在三维软件中制作材质时，除了要依靠软件本身具有材质功能外，很多情况下需要利用 Photoshop 制作适合的贴图，然后利用贴图在三维软件中编辑材质，来取得在三维软件中无法得到的材质，保障最终的渲染效果。

3）在室内设计中还有一部分平面的工作需要利用 Photoshop 完成。平面设计是 Photoshop 应用最为广泛的领域，无论是图书封面，还是招贴、海报等，这些具有丰富图像的平面印刷品，都需要 Photoshop 软件对其进行处理。在室内设计中最终形成的设计文本稿、设计展示稿都需要经过平面设计呈现给委托设计者。

4.5　思考与习题

1. 室内设计有哪些常用软件？
2. 简述 AutoCAD 的特点。
3. 简述 SketchUp 的特点。
4. 简述 3ds Max 的特点。
5. 简述 Photoshop 的特点。
6. 简述室内设计与 3ds Max 的关系。

第二篇　3ds Max 常用操作

　　3ds Max 作为一款具有良好群众基础的三维软件，已经成为我国室内设计表现图制作的业界标准软件。如果一名室内设计师在运用已有的美学知识和设计才能的同时，还能熟练掌握 3ds Max 的基本操作技能，那么，他就能自如地表达自己的设计思想，制作出精美的室内设计表现图，以直观的形式与客户进行有效的沟通，从而大大提高工作效率。

第5章　3ds Max 基础知识

3ds Max 2012 是一款非常优秀的软件，具有可扩展性、及时反馈、灵活性、总体动画及面向未来的设计功能，目前广泛应用于广告业、建筑业、影视业、计算机游戏的设计制作、工业产品的开发设计等领域，是引人入胜的视觉产品的最佳制作工具之一，也是这些行业从业者需要了解和掌握的行内金钥匙。

本章重点
- 室内效果图的制作过程
- 界面的简单介绍
- 熟悉 3ds Max 的工具栏
- 命令面板
- 熟练掌握视图控制

5.1 室内效果图制作过程

3ds Max 良好的造型能力和卓越的渲染能力使这款软件在室内效果图创作领域中有着无与伦比的优越性，这也是 3ds Max 成为室内设计领域通用工具软件的原因。一件精美的效果图作品，无论使用哪种三维软件制作一般都包括以下几个过程：创建模型、设置材质、创建灯光、调整画面、渲染合成输出。

1．创建模型

创建模型是一件三维作品的起点，起点的好坏直接影响以后效果图的质量，所以创建模型对作品的制作效率起着至关重要的作用。

创建模型的方法多种多样，有基础建模、组合形体建模、NURBS 建模、网格建模、面片建模等方法。所有的模型都遵循点、线、面、体的基本几何组成规则。在创建模型时根据模型的特点选择恰当的建模方法，可以收到事半功倍的效果，如图 5-1 所示为已创建的古典家具三维模型图。

图 5-1　三维模型图

2．设置材质

材质是物体表面经过渲染之后所表现出来的特征，它包含的内容有物体的颜色、质感、光线、透明度和图案等。材质与贴图的应用主要是通过材质编辑器来完成的。贴图是指将图案附着在物体表面上，使物体表面出现花纹或色泽。贴图只是表现材质属性的一个基本的方式，一系列的贴图和其他参数才能构成一个完整的材质。

真实物体的外在材质特征是非常复杂的，由于时间、环境等种种因素，造就了物体上的灰尘、破损痕迹或锈蚀等。在计算机上创作的是一种数字的艺术，很多的作品表面非常光滑，而且异常干净，这难免会导致失真。建筑表现图是一种对设计思想的理想化图面反映，需要图面的光鲜漂亮，在这点上可以很好地利用数字艺术的优势，但单纯的干净会削弱作品的感染力，怎样恰当地表现材料质感是效果图表现中的关键环节。如图 5-2 所示是一幅追求真实感的效果图。

图 5-2　追求真实感的效果图

3．创建灯光

各种场景中往往都要配以各式各样的特色灯光，以达到渲染场景气氛的作用。灯光在很多场景中都是必不可少的，而灯光的应用几乎是场景中最重要也最难处理的问题。如果灯光没有处理好，再好的造型和材质也无法表现其应有的效果。在整个场景气氛的渲染上，灯光可以说处于决定性的地位。

除了照亮场景模型之外，灯光还有一个重要的作用就是能将材质统一起来，光线的色彩是对材质的重要补充，调节光线的色彩是一种快捷刻画物体的方式。在处理现实环境场景和商业效果图时也需要在设置光线的时候对色彩加以变化，如图 5-3 所示是一幅灯光处理得当的效果图。

图 5-3　灯光处理的效果图

4．调整画面

在场景建立之初，就应该对表现画面的大致方向有明确的判断，在此基础上才能在建模和布置灯光时将优势力量集中在最有利于表现的位置上。场景建立完成、灯光布置好以后，对于静帧的效果图来说调整画面需要进一步仔细推敲。视点应选择在能够清楚观察到设计中最精彩内容的位置，同时根据要表现场景的性质来选择透视角度和视野。如，要表现殿堂类宏大庄严的场景，中轴对称的一点透视加上稍低的视点和适当夸张一点的视野，就比较容易表现出与主题吻合的气氛；要表现家居环境，选择正常的视点可以使画面较为亲切，成交透视可以使画面比较活跃；要反映比较大的场景，选择高视点的鸟瞰比较有利于全面的表现。调整画面的工作强调艺术的感觉，需要长期在实践中不断体会和摸索。

5．渲染合成输出

渲染合成输出这一过程绝不是简单地单击"渲染"按钮那么简单，需要根据所作效果图未来应用的目的，选择合适的参数。毕竟，只有正确地输出才能反映前面所有的工作。除此之外，对大气环境的处理和滤镜特效的使用也是出色地表现作品不可或缺的要素，这些都是要在渲染合成输出时考虑的。

5.2 3ds Max 2012 系统界面

双击桌面上的 3ds Max 2012 图标，即可启动 3ds Max 2012 应用程序。3ds Max 2012 的启动需要初始化，初始化结束后，即显示 3ds Max 2012 的工作界面，如图 5-4 所示。

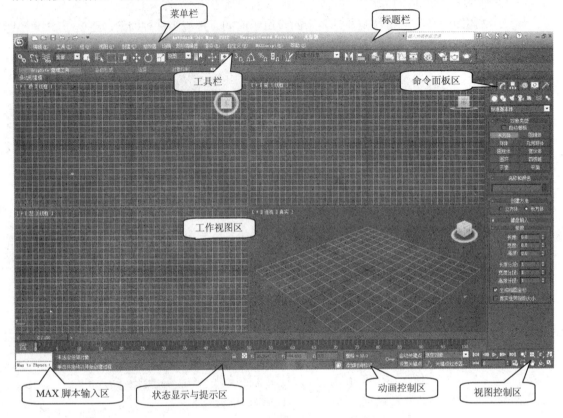

图 5-4　3ds Max 2012 的工作界面

5.2.1 标题栏和菜单栏

1. 标题栏

3ds Max 2012 工作界面最上方是标题栏，显示当前项目的文件夹、版本信息、显示模式，右侧有控制主界面的显示方式的按钮 ，退出界面按钮 ，由此向左是一组按钮，可以执行还原、移动、关闭界面等命令，旁边的文字框可以输入信息，执行搜索、帮助等命令。如图 5-5 所示。

图 5-5　标题栏

2. 菜单栏

标题栏的下方是 3ds Max 2012 的菜单栏，选择某一菜单命令时即弹出子菜单，进而选择具体命令。

菜单栏包括"文件""编辑""工具""组"等共 13 个菜单,其中大部分的内容都可以用快捷键和工具栏的相应按钮来替代,3ds Max 2012 的"文件"菜单名被 ⑤ 按钮代替。如图 5-6 所示。

| ⑤ | 编辑(E) | 工具(T) | 组(G) | 视图(V) | 创建(C) | 修改器 | 动画 | 图形编辑器 | 渲染(R) | 自定义(U) | MAXScript(M) | 帮助(H) |

图 5-6　主菜单

（1）"文件"菜单

3ds Max 2012 的"文件"菜单如图 5-7 所示,单击"文件"按钮 ⑤ 会用图标的形式显示出一个图形化的菜单界面。此菜单中一部分是 Windows 应用程序中常见的文件管理命令,例如"新建"和"打开"等命令。另外,还包括一些针对 3ds Max 2012 的特有命令,例如,"重置"命令的功能是将 3ds Max 2012 系统恢复到默认状态,"参考"命令将外部参照加入到 3ds Max 中,"管理"命令用于 3ds Max 的资源管理,"属性"命令显示关于 3ds Max 文件的信息,"导入"和"导出"命令可以实现不同格式、不同版本之间场景文件的相互调用。

（2）"编辑"菜单

"编辑"菜单如图 5-8 所示,主要用于执行常规的编辑操作,"撤销"和"重做"命令分别用于撤销和恢复上一次的操作。"暂存"命令可以将当前的场景和物体保存到缓存之中,"取回"命令则可以将暂存命令保存的场景重新调出。"删除"和"克隆"命令分别用于删除和复制场景中选定的对象。"全选"、"全部不选"和"反选"命令用于对场景中的对象进行选择等。"变换输入"命令可以通过键盘输入数据来改变物体的位置,进行旋转和比例缩放。

（3）"工具"菜单

"工具"菜单如图 5-9 所示,主要用于提供各种常用的工具,它们中的绝大部分在工具栏中也有相应的按钮,如"镜像"、"阵列"、"对齐"、"法线对齐"、"放置高光"、"对齐摄影机"和"层管理器"工具等。"孤立当前选择"命令能使物体进入孤立编辑模式,此模式下,除了被选中的物体之外,其他物体都被自动隐藏。

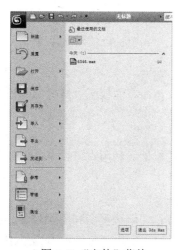

图 5-7　"文件"菜单

图 5-8　"编辑"菜单

图 5-9　"工具"菜单

（4）"组"菜单

"组"菜单如图 5-10 所示，可以根据需要将对象"成组"或"解组"，成组后选定的两个或两个以上的对象将合并为一个整体，组等同于一个对象，并具有一个特定的名字，为各种操作提供方便。"集合"的概念和"成组"基本相同。集合的物体可以看做一个物体进行相应的操作，不同的是它由一个父对象进行控制。

（5）"视图"菜单

"视图"菜单如图 5-11 所示，主要用来控制视图区和视图窗口的显示方式，熟悉这些命令可以显著地提高工作效率。"撤销视图更改"命令是撤销已进行的视图操作。"保存活动顶视图"命令是将当前激活的视图状态保存到一个缓冲区中，以便改变观察状态后再回到当前的状态；与之相对应，"还原活动顶视图"命令是将保存到缓冲区中的视图状态载入，以恢复到保存视图前的状态。"视口背景"命令可以为被激活的视图设置背景图片。

（6）"创建"菜单

"创建"菜单如图 5-12 所示，用于创建标准基本体、图形、灯光和辅助对象等，与命令面板区的"创建"面板中的命令相对应。

图 5-10　"组"菜单　　　图 5-11　"视图"菜单　　　图 5-12　"创建"菜单

（7）"修改器"菜单

"修改器"菜单如图 5-13 所示，用于对物体进行调整，与命令面板区"修改"面板中的命令相对应。

（8）"动画"菜单

"动画"菜单如图 5-14 所示，对应整个动画控制面板的组件，利用它可以更方便地进行动画制作。

（9）"图形编辑器"菜单

"图形编辑器"菜单如图 5-15 所示，包含两个主要内容，即轨迹视图和图解视图。前者用来查看和控制对象运动轨迹、添加同步音轨等；后者可以使用户很容易地观察场景中所有对象的层级和链接关系。

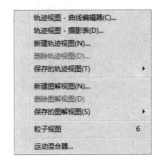

图 5-13 "修改器"菜单　　　　图 5-14 "动画"菜单　　　　图 5-15 "图形编辑器"菜单

（10）"渲染"菜单

"渲染"菜单如图 5-16 所示，提供着色渲染场景以及设定环境影响的功能。"环境"命令打开环境对话框，可以设置背景环境以及环境效果等。"效果"命令用来设置渲染场景的发光、模糊、颗粒等特殊效果。"材质编辑器"命令可打开材质编辑器，控制编辑 3ds Max 中的材质设定和属性。"Video Post"命令可以打开视频后期处理对话框，加入声效、片断整理、事件输入/输出等后期处理。

（11）"自定义"菜单

"自定义"菜单如图 5-17 所示，提供定制操作界面的相关命令。在这里可以设定快捷键、工具栏、右键快捷菜单等。"首选项"命令可以打开"首选项"对话框，进行 3ds Max 自定义参数设定。

图 5-16 "渲染"菜单　　　　　　　　图 5-17 "自定义"菜单

（12）"MAXScript"菜单

"MAXScript"菜单如图 5-18 所示，提供脚本操作的相关命令。脚本是用来完成一定功能的命令语句。"新建脚本"命令可以新建一个脚本文件；"运行脚本"命令可以执行一个脚本文件；"宏录制器"命令可以记录一段脚本，类似于 Word 中的宏概念。

（13）"帮助"菜单

"帮助"菜单如图 5-19 所示，提供 3ds Max 2012 中的一些帮助菜单命令。"Autodesk 3ds Max 帮助"命令可以联机打开 3ds Max 2012 的用户手册，"教程"命令可以打开 3ds Max 2012 的教程。

图 5-18　"MAXScript"菜单　　　　　图 5-19　"帮助"菜单

5.2.2　工具栏

菜单栏的下方是 3ds Max 2012 的工具栏，如图 5-20 所示，包括 3ds Max 2012 中使用频率最高的工具，如选择与操作类、选择集锁定、坐标类、着色类、连接关系类工具按钮和其他一些诸如帮助、对齐、阵列复制等按钮。每个按钮的功能在移动鼠标到此按钮上稍作停留后浮现的注释框中可以看到。

图 5-20　3ds Max 2012 的工具栏

3ds Max 2012 的工具栏具有很大的灵活性，用户可以将工具栏拖动到任何位置，也可以设置要显示的工具栏。默认情况下，命令面板和工具栏显示在界面中。如果在工具栏上的图标间右击，会弹出一个快捷菜单，如图 5-21 所示，通过选择该菜单中的相应命令可以打开相应的工具栏，调用更加详细的命令。

"渲染快捷方式"工具栏如图 5-22 所示，可以对各按钮进行不同渲染预先设置，然后通过按钮进行渲染方式的切换。

图 5-21　工具栏上的快捷菜单　　　　图 5-22　"渲染快捷方式"工具栏

"捕捉"工具栏如图 5-23 所示，包含一些捕捉工具，如捕捉边、线段、捕捉中点等。

"笔刷预设"工具栏如图 5-24 所示，用来设置笔刷的大小、衰减、压力等参数，设置自定义的不同类型的笔刷，并存放于此工具栏中。

图 5-23　"捕捉"工具栏　　　　　　　图 5-24　"笔刷预设"工具栏

说明：

通过打开的工具栏可以看出，工具栏是对菜单栏的一种扩充。但值得注意的是，和其他标准的 Windows 应用程序不同，大部分的工具仅能在工具栏中找到，在下拉菜单中不重复出现。同样的情况也发生在命令面板的各种卷展栏中，这意味着如果用户只是漫无目的地在 3ds max 2012 的工作界面上随便翻翻，有些命令和工具你可能永远看不到。

"动画层"工具栏如图 5-25 所示，提供了类似 CAT 的层工具，可使用户通过对原始动画进行多层调整来操纵动画，是调整动画不同部分重点的实用工具，可以用它更简单、更快捷地创建动画。

图 5-25　"动画层"工具栏

"层"工具栏如图 5-26 所示，显示了层管理器的常用工具。

"附加"工具栏如图 5-27 所示，提供了"阵列"和"自动格栅"两个工具。

图 5-26　"层"工具栏　　　　　　　　图 5-27　"附加"工具栏

5.2.3　命令面板区

命令面板区位于工作界面的最右侧，如图 5-28 所示。命令面板区共有 6 个命令面板，综合了一系列 3ds Max 最重要的功能，操作起来形象直观。6 个命令面板的内容如下。

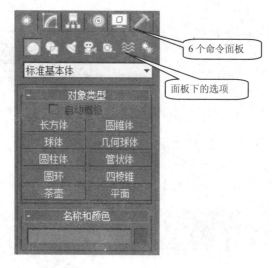

图 5-28　命令面板

![img] "创建"面板：创建各种图形、实体和粒子系统，外加灯光、摄影机等。

![img] "修改"面板：编辑各种物体的参数。

![img] "层次"面板：控制层次连接的对象，也可以设置反向动力学参数等。

![img] "运动"面板：控制物体的运动轨迹。

![img] "显示"面板：控制视图中对象的显示方式和显示状态。

![img] "工具"面板：调用 3ds Max 2012 的一般实用程序及外挂公用程序。

每个面板下又有不同的分支，有些分支还带有更细的分类，对应不同的卷展栏，通过控制面板各卷展栏中的选项和参数就可以实现需要的操作。由于命令面板访问方便快捷，因而今后各章的操作主要是以命令面板为主，而且该区命令最为复杂，在今后各章里面将通过大量的实例和知识要点来对该区的各功能模块进行介绍。

5.2.4　工作视图区

视图区是 3ds Max 的主要工作区，系统默认的视图划分为 4 个部分，即顶视图、前视图、左视图和透视图。在每个视图的左上角都有中文标识，如图 5-29 所示。

在 3ds Max 的系统中有 3 类视图：正交视图，透视视图和用户视图。3ds Max 2012 提供了 6 种正交视图：顶视图、前视图、后视图、底视图、左视图和右视图。它们和大多数工程图样一样，都采用正交投影方法。3ds Max 中的透视图有两种，一种是 3ds Max 默认的透视视图，另一种是制作的摄影机视图。它们都具有观察点、视觉中心、视线、视平线等基本元素。如果对正交视图进行旋转，那么正交视图将变为轴测视图。

5.2.5　动画控制区

动画控制区位于主界面底端，分为动画时间滑块（如图 5-30）、动画按钮和动画播放控件（如图 5-31）3 个部分。

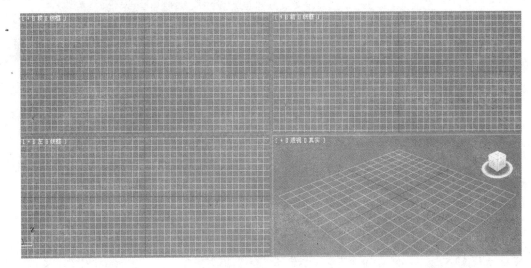

图 5-29　视图区

图 5-30　动画时间滑块

动画时间滑块可以标识动画的开始帧和结束帧，默认从 0 帧开始到 100 帧结束。将滑块固定在某一位置，单击动画按钮，变换场景中的对象，则记录变换，当前位置变成了关键帧，空白栏中也就出现了标识。

动画按钮用来录制动画，单击 自动关键点 或者 设置关键点 按钮，按钮变成了红色，当前激活视图的边框也变成了红色。在当前所在帧的场景中所进行的修改将存入动画，创建成一个关键帧。

图 5-31　动画按钮和动画播放控件

动画播放控件包含了动画播放最常用的一些按钮，可以用于控制动画的播放。

⏭：下一帧。

⏮：前一帧。

⏭：转至结尾。

⏮：转至开头。

▶：播放动画。

⬛：可以在文本框中输入要观察的帧数。

⬛：帧微调框，可以在动画的各帧之间逐帧地进行切换。

⬛：关键点模式切换，可以改变按钮的状态。

⬛：时间配置，详细设定关键帧以及动画的时间要求。

5.2.6　视图控制区

视图控制区位于主界面的右下角，由 8 个按钮组成，控制视图的缩放和切换。非摄影机镜头视图的控制区和摄影机镜头视图的控制区是不同的。默认的是非摄影机镜头视图控制区，如图 5-32 所示，摄影机镜头视图控制区如图 5-33 所示。

图 5-32　非摄影机镜头视图的控制区 　　　　图 5-33　摄影机镜头视图的控制区

对于非摄影机镜头视图，8 个按钮的功能如下。

："缩放"按钮，缩放当前视图，包括透视图。

："缩放所有视图"按钮，缩放所有视图区的视图。

："最大化显示"按钮，缩放当前视图到场景范围之内。

："所有视图最大化显示"按钮，全视图缩放，类似于"最大化显示"，应用于所有视图中。

："缩放区域"按钮，在正交视图内，由光标拖动指定一个区域，并缩放该区域。

："手移视图"按钮，控制视图平移。

："弧形旋转"按钮，以当前视图为中心，在三维方向旋转视图。常对透视图使用这个命令。

："最大化视口切换"按钮，当前视口最大化和恢复原貌的切换开关。

说明：
每个按钮的右下角都带有小三角，单击此小三角，即可得到其一系列的展开按钮。

对于摄影机镜头视图，8 个按钮的功能如下。

："推拉摄影机"按钮，推远或拉近摄影机。

："透视"按钮，调整摄影机透视视图。

："侧滚摄影机"按钮，单击并拖动鼠标以旋转摄影机。

："所有视图最大化显示"按钮，全视图缩放，应用于所有视图中。

："视野"按钮，调整摄影机视野。

："平移摄影机"按钮，单击并拖动鼠标以摇移摄影机。

："环游摄影机"按钮，单击并拖动鼠标以环游摄影机。

："最大化视口切换"按钮，当前视口最大化和恢复原貌的切换开关。

5.2.7　MAX 脚本输入区

MAX 脚本输入区位于主界面的左下角，它实际上是一个小的 MAXScript 即时编译器，一些简单的脚本语言可以在这里即时输入，并得以立即执行，复杂的脚本编译得通过 3ds Max 2012 的 MAXScript 菜单启动功能更强大的编译器来完成。利用 MAXScript 可以访问 3ds Max 2012 的所有命令，其更大的价值是可以实现一些其他工具无法实现的特殊功能，并扩展 3ds Max 2012 的功能。

5.2.8　状态显示与提示区

状态显示与提示区位于整个界面的底部，如图 5-34 所示。这个区域用来显示当前状态，并提示相关信息和下一步操作。上方的信息条用来显示当前选定对象的信息，激活后面的锁还可以锁定当前选定，通过 X、Y、Z 文本框前的按钮，可以切换使用绝对或者偏移的模式输入数据，精确当前选定对象的空间位置。下方的信息条用来显示接下来可以进行哪些操作的信息，其后的按钮可以切换显示模式。

图 5-34　状态显示与提示区

5.3　3ds Max 的基本概念

清晰的概念是正确操作的基础，本节主要介绍 3ds Max 2012 的基本核心概念，包括对象、层级结构、视图的种类、空间坐标系、轴心等。

5.3.1　对象

3ds Max 2012 是一个面向对象的软件。用户创建的每一个事物都是对象，如几何体、摄影机、光源、修改器、位图、材质贴图等。场景也是对象，是与其他事物不同的对象，它包括了光源、摄影机、空间变形和辅助对象。

1．面向对象的特征

用户在 3ds Max 2012 中创建一个对象时，与对象有关的一些选项会出现在工作界面上，这些选项表明可以对对象进行的操作，以及每个对象具有的属性。3ds Max 2012 可以基于当前应用程序查询对象，确定并显示有效的选择。这也是 3ds Max 2012 的智能化所在。

2．参数化对象

3ds Max 2012 的大多数对象都是参数化对象，即由参数集合或者设置来定义对象，而不是由对象的显示形式来定义对象。每一类型的对象具有不同的参数，创建的模型具有初始参数，施加的修改器也有其参数，创建的摄影机和灯光等也都是由参数来定义的。

例如，对于一个参数化球体，3ds Max 2012 用半径和线段数来定义。用户可以在任何时候改变参数，从而改变该球体的显示形式。用户甚至可以使参数连续变化，以制作动画。这也是 3ds Max 2012 的强大功能所在。用户只需变化一个参数，即可制作动画。

3．操作示例——参数化的长方体

创建简单的长方体，然后调整长方体的参数，体会在 3ds Max 2012 中对象的参数化。结果可以参见随书光盘中的"参数化对象.max"。

1）在命令面板上单击 ■■■长方体■■■ 按钮，然后在场景中拖曳，确定长方体的底面，释放鼠标左键，上下移动光标，确定长方体的高度，即可创建一个长方体。"参数"卷展栏显示在屏幕左侧，如图 5-35 所示。

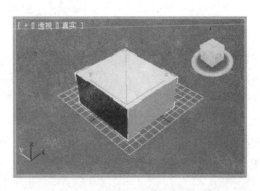

图 5-35　长方体及其"参数"卷展栏

2）调整"参数"卷展栏中的参数，长度 120、宽度 120、高度 60，观察长方体的变化，长方体发生了即时的变化。如图 5-36 所示。

图 5-36　参数化对象

4. 次对象

次对象是指可以被选择和操作物体的任何组成元素。例如线图形的节点、面的边以及放样对象的截面等。3ds Max 2012 中可操作的次对象有以下几种。

● 图形对象的顶点、线段和样条线。

● 网格和面片对象的顶点、边、面和元素。

● NURBS 对象的点、曲线和曲面。

● 放样对象的截面和路径。

● 布尔对象的运算对象。

● 变形对象的目标。

● 编辑修改器的范围框和中心。

● 动画关键帧的轨迹。

说明：

每个次对象仍可以有自己的次对象，所以次对象也是有层次结构的。

在 3ds Max 2012 中，经常通过给对象施加"编辑网格"或"编辑多边形"修改器，使对象产生更多的次对象，然后可以通过"修改"面板上的"选择"卷展栏中的命令来选择次对象，这样就可以进行较深入的编辑修改。

5.3.2　层级结构

在 3ds Max 2012 中，所有事物的组织是有层级结构的，就像 Windows 资源管理器中的文件夹一样。较高层代表一般的信息，较低层代表更详细的信息。

1．场景的层级结构

选择"图形编辑器"→"轨迹视图-曲线编辑器"命令，打开"轨迹视图-曲线编辑器"对话框，如图 5-37 所示。左侧呈现全部场景的层级结构图，最上面一层是"世界"，代表整个场景。用户可以通过改变它在"轨迹视图"中的轨迹来对场景中所有的事物进行全局性的改变。

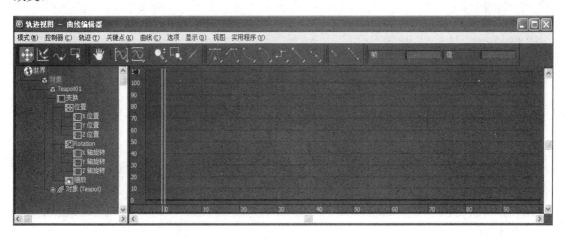

图 5-37　"轨迹视图-曲线编辑器"对话框

"世界"下面的选项分别代表场景中不同的事物。在这些选项层级下还有许多层次，用来支持场景中每个事物的细节。其中最下面的"对象"选项代表场景中所有的造型，下面一个层级中列出了场景中的所有造型。

2．材质/贴图的层级结构

3ds Max 2012 的材质和贴图也是由层级结构来组织的，最上面一层为材质名和材质类型，下面一级为子材质或者贴图分支，再下面还可有子材质或者贴图分支。

单击工具栏上的 按钮（有两个图标可以选择， 按钮为打开"精简材质编辑器"， 按钮为打开"Slate 材质编辑器"），打开如图 5-38 所示的"材质编辑器"对话框，单击对话框右侧的按钮，打开"材质/贴图导航器"对话框，在"材质/贴图导航器"中可查看材质和贴图的层级结构，如图 5-39 所示。

3．对象的层级结构

对象同样具有层级结构。使用链接对象的工具能够建立一个层级结构，从而使应用于一个对象的变换能够被链接于该对象的对象继承。层级结构的顶层称为根，在其下面有链接对象的对象称为父对象，父对象下面的对象称为子对象。这种层级结构广泛应用于动画制作中。例如，一个机器人的手是连接在胳膊上的，而胳膊是连接在身体上的。身体的移动会带动胳膊和手的运动，同样胳膊的运动也会带动手的运动。身体就是胳膊的父对象，而胳膊就是手的父对象。

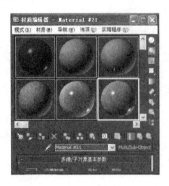

图 5-38　"材质编辑器"对话框

图 5-39　"材质/贴图导航器"对话框

5.3.3　视图

3ds Max 2012 的造型是在视图中进行的,当在一个视图中变换物体时,其余的视图也在更新。有时候,为了调整物体的位置或进行其他的操作,需要在几个视图中协调,因此了解视图的概念是非常重要的。

1.正投影视图

正投影视图表示主体与投影光呈 90°。工程图样常采用的是正投影视图。正投影视图中的物体不会变形和缩小,各部分的比例都相同,该视图准确地表明高度和宽度之间的关系。

3ds Max 2012 有 6 个正投影视图:前视图、后视图、顶视图、底视图、左视图、右视图。如图 5-40 所示为前视图。

2.用户视图

如果主体和投影光不呈 90°,那么在视图中就会不只显示物体的一个平面,而视图就变成了轴测视图,3ds Max 2012 中称为用户视图。

在这种视图中,所有的平行线都保持了平行的关系;不管物体处于何处,它所显示的比例都保持恒定。在用户视图中,物体各个部分的比例仍然是相同的,所以各部分之间的关系一目了然,视觉控制与正交投影相同,而且保持了平行线的平行关系。

3ds Max 2012 中任意一个正投影视图中使用视图导航中的旋转工具,可将正投影视图转变为用户视图。如图 5-41 所示为图 5-40 的用户视图。

图 5-40　前视图

图 5-41　用户视图

3.透视图

在日常生活中,透视是指人所接受的对象外形在深度方向上的投影。在观察周围的事物时，都是采用透视观点。

在观察物体时，物体就是视觉中心，人眼与视觉中心的连线称为视线，人所处的平面即为地平面。在 3ds Max 2012 中，地平面是透视图中的 XY 平面，如图 5-42 所示。

4．摄影机视图

当在场景中创建摄影机后，就会有摄影机视图。摄影机视图其实就是透视图，只不过是视觉中心和视线与透视图不同而已。

如图 5-43 所示是一个摄影机，右侧的白色物体即为摄影机，而左边的小方块为目标点，由摄影机到目标点的连线即为视线，摄影机和目标点之间形成的四棱锥的底面为摄影机的视口。

图 5-42　透视视图

图 5-43　视图中的摄影机

摄影机视图是通过摄影机观察到的视图。在 3ds Max 2012 中，它常用来制作动画。因为单纯通过变换场景中的物体来制作动画是很单调的，而通过摄影机的变换来制作动画，会更加逼真。

5．操作示例——改变工作视图区的布局

工作中为了观察方便经常需要改变工作视图区的布局，熟练掌握改变的方法可以为工作带来很多方便。为便于对透视图的观察，将布局改变为如图 5-44 所示。结果可以参见随书光盘中的"易拉罐.max"。

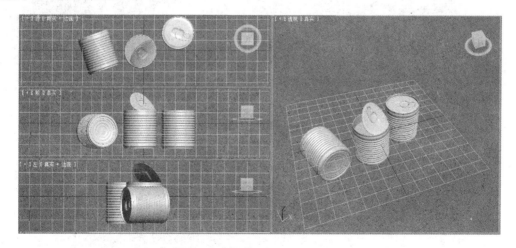

图 5-44　布局改变为放大透视图

1）重置场景。

2）打开随书光盘中的"易拉罐 01.max"，如图 5-45 所示。

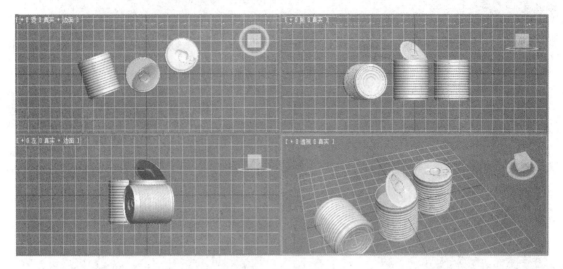

图 5-45　易拉罐 01.max

3）选择"视图"→"视口配置"命令，打开"视口配置"对话框。单击"布局"选项卡，如图 5-46 所示。

4）单击选择如图 5-47 所示的布局模式，单击 确定 按钮得到放大的透视图布局，如图 5-44 所示。

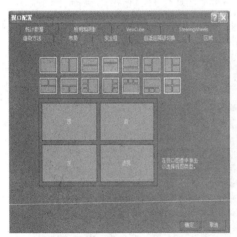

图 5-46　"布局"选项卡

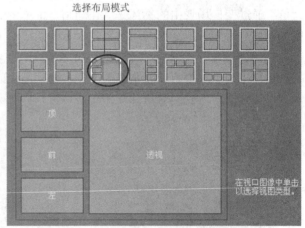

图 5-47　选择布局模式

5.3.4　空间坐标系统

在 3ds Max 2012 中，系统提供的工作环境是一个虚拟的三维空间，无论是创建物体、编辑物体，还是制作动画，都离不开空间系统坐标的变换。如果不熟悉空间坐标系统，则不能很好地利用坐标的变换，从而也就难以创作出优秀的作品。

1．空间坐标系统的类型

在 3ds Max 2012 中可以根据操作的需要设置参考坐标系，以便对对象进行精确的定位和旋转角度的确定。设定坐标系可以在工具栏中"参考坐标系"下拉菜单中进行，如图 5-48

所示。其中各选项功能如下。

（1）"视图"坐标系

设置视图参考坐标系，"视图"坐标系是 3ds Max 2012 中默认的坐标方式。在平面视图中，包括顶视图、前视图、左视图中，所有的 X、Y、Z 轴的方向都完全相同。"视图"坐标系统是一种相对坐标系统，没有绝对的坐标方向。但在透视图中，会自动转换成场景坐标系统。

图 5-48 "参考坐标系"
下拉菜单

（2）"屏幕"坐标系

设置屏幕参考坐标系，无论在平面视图，还是在透视图中，X、Y、Z 轴的方向完全相同。"屏幕"坐标系统较适于正交视图，在非正交视图中有时会发生问题。"屏幕"坐标系统将依所激活的视图来定义坐标轴的方向，当激活某一视图时，被激活的视图轴向维持不变，但却改变其在空间中的位置。

（3）"世界"坐标系

设置世界参考坐标系，坐标方位是以场景所在的实际坐标系系统为准的。坐标轴的方向将永远保持不变，改变视图时也是如此。

（4）"父对象"坐标系

设置父对象参考坐标系，若场景中的对象之间有连接关系，则子对象的参考坐标以父对象的坐标系统为准。若不存在连接关系的对象，则系统会采用默认的场景坐标系统。

（5）"局部"坐标系

设置局部参考坐标系，坐标的原点是对象本身的轴心，坐标是对象本身的坐标系。当采用此坐标系时，各对象的形变编辑各自独立。

（6）"万向"坐标系

设置万向参考坐标系，类似局部坐标系，但它旋转的三轴并不要求是互相垂直的。当用户旋转万向坐标系 X、Y、Z 任一轴时，只有被旋转的轴轨迹发生改变，其他两轴保持不变，这更有利于编辑功能曲线。

（7）"栅格"坐标系

设置栅格参考坐标系，操作对象时，坐标以格线为基准。

（8）"拾取"坐标系

设置拾取参考坐标系，所有对象的坐标以选择的对象本身的坐标为基准。

2．空间坐标系统的变换

空间坐标系统的变换在 3ds Max 中非常容易，变换主要有 3 种途径：

1）通过改变视图窗口类型改变坐标系统。在 3ds Max 2012 中，不同的视图类型所用的坐标系统并不都是相同的，视图类型的改变有时能改变坐标系。如用户视图与透视视图就有不同的坐标系。

2）通过工具栏上的"参考坐标系"下拉列表框进行选择，在下拉列表中显示出所有的空间坐标系，可根据需要进行选择。

3）执行某些操作时，系统会自动为用户调整坐标系。如对两物体进行连接，就会调用主物体坐标系，创建虚拟物体时就会使用网格坐标系等。

5.3.5 轴心

在 3ds Max 2012 中，对象产生的各种编辑操作的结果都是以轴心为坐标中心来操作的。"轴心"是指对象编辑时中心定位的位置，用户可以设定不同对象的轴心来控制对象的操作结果。3ds Max 2012 中，单击工具栏中的▓按钮下的黑色小三角，会打开下拉工具菜单，这里提供了 3 种轴心的定位方式。

▓："使用轴点中心"按钮，系统的默认设置，此时操作中心是对象的几何中心。

▓："使用选择中心"按钮，如果用户在场景中选中了某一个区域，系统会自动将操作中心点设在该区域的中点。

▓："使用变换坐标中心"按钮，设定操作中心为目前坐标的原点。

5.4 3ds Max 的基本操作

只有熟练掌握了 3ds Max 2012 基本的操作方法和技巧，才能快速有效地创建各种复杂的模型。本节将介绍 3ds Max 2012 的基本操作，为后面章节的学习打下坚实的基础。

5.4.1 选择对象

对任何对象进行操作首先要选择对象，所以对象的选择非常重要。在 3ds Max 2012 的主界面上提供了许多选择对象的工具。工具栏中可以作为选择对象的工具如图 5-49 所示。

图 5-49 可以作为选择对象的工具

1. 最基本的方法——单击选择

最基本的方法就是直接用鼠标来选择。工具栏中有 4 个按钮都可以执行单击选择的操作。

▓：标准选择工具，只执行选择命令。

▓：选择并移动工具，先执行选择命令，然后鼠标指针就显示为十字箭头的形状，可执行移动命令。

▓：选择并旋转工具，先执行选择命令，然后鼠标指针就显示为旋转方向指示圈的形状，可执行旋转命令。

▓：选择并缩放工具，先执行选择命令，然后鼠标指针就显示为三角缩放的形状，可执行缩放命令。

一般情况下，选择以上任意一种工具，在没有选择对象或处于界面上的非视图区域时。鼠标指针都以箭头的形式出现，称为系统光标。当光标移动到视图中的对象上时，视图中的鼠标指针变为可用来选择的十字形。使用十字形光标可以单击选择对象，要取消选择对象，在视图空白处单击就可以了。

说明：

选择以上任意一种工具，按住〈Ctrl〉键，同时用光标在视图中单击，可以连续选择多个对象。

66

2．区域选择

在 3ds Max 2012 中根据区域的不同形状，提供了多种区域选择的方法。这些方法可以通过单击工具栏上的 █ 按钮来选择。

█："矩形选择"按钮，选择该工具后单击并拖动光标可定义一个矩形选择区域，该区域中的对象都将被选择。

█："圆形选择"按钮，选择该工具后单击并拖动光标可以定义一个圆形选择区域，在该区域中的对象都将被选择。一般是在圆心处单击，拖动至合适半径距离处放开鼠标左键。

█："栅栏选择"按钮，选择该工具后单击并拖动光标可以定义一个栅栏式区域边界的第一段，然后继续拖动和单击，可以定义更多的边界段，双击或者在起点处单击可封闭该区域以完成选择。该方法适合于具有不规则区域边界的对象选择。

█："套索式选择"按钮，通过单击和拖动可以定义出任意复杂和不规则的区域曲线。这种区域选择方法提高了一次选择所有需要的对象的成功率，它使区域选择功能更加强大。

█："绘制选择区域"按钮，选择该工具后单击并拖动可以定义一个圆形，同时按住鼠标左键移动圆形到所要选择的对象上，即可选择该对象（按住鼠标左键移动可以连续选择）。

3．属性选择

当场景中的对象特别多而且又交错在一起时，单击选择对象或区域选择对象就显得力不从心，这时可以通过属性来选择对象，即可以通过对象名称进行选择或者通过某种颜色或材质来选择具有该属性的所有对象。通过单击"按名称选择"按钮 █，可以打开如图 5-50a 所示"拾取对象"对话框进行选择。如果再单击"配置高级过滤器"按钮 █，打开如图 5-50b 所示的"高级过滤器"对话框，可以通过对属性、条件、引用值等的过滤器设置进行精细选择。

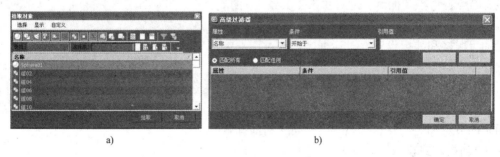

a)   b)

图 5-50　属性选择

a)"拾取对象"对话框　b)"高级过滤器"对话框

4．过滤选择集

过滤选择集可以在复杂的场景中只选择某一类对象。如只选择几何体、样条型、灯光和摄影机中的一种或数种等。单击工具栏中 █ "选择过滤器"的黑色小三角，打开如图 5-51 所示的选择过滤器列表，选择对象类型。如果选择"组合"选项，可以打开"过滤器组合"对话框，定义自己的过滤对象类型，如图 5-52 所示。

图 5-51　过滤器列表　　　　　　　　　图 5-52　"过滤器组合"对话框

5.4.2　捕捉

捕捉功能用以在建模的过程中精确地选择位置和放置对象，捕捉内容根据设置而定。例如设置的捕捉类型是线段端点，当光标移动到接近距某一段端点一定的距离范围内时，该线段的端点将自动以特殊的记号显示出来。这时单击，捕捉则该点便会准确地被选择。捕捉功能是精确作图的有力工具，3ds Max 包含了如下几种捕捉方式。

1．空间捕捉

空间捕捉是最常见的捕捉方式，通常用来捕捉视图中各种类型的点或者次对象。如捕捉栅格点、垂直点、中点、节点、边点和面等。通过单击工具条上的 🔲 按钮来激活空间捕捉功能。在该按钮上右击将弹出如图 5-53 所示的"栅格和捕捉设置"对话框，在该对话框中可以设置捕捉的类型。

空间捕捉包括 3D 捕捉 🔲、2D 捕捉 🔲 和 2.5D 捕捉 🔲 3 种方式。2D 捕捉和 2.5D 捕捉只能捕捉到位于绘图平面上的节点和边，要想实现三维空间上的捕捉就必须选择 3D 捕捉方式。

图 5-53　"栅格和捕捉设置"对话框

2．角度捕捉

角度捕捉对于旋转对象和视图非常重要。在"栅格和捕捉设置"对话框的"选项"选项卡中的"角度"文本框中输入数值，即可为旋转变换指定一个旋转角度增量。通常其默认值为5°。先单击"角度捕捉"按钮 🔲，当使用旋转功能时，对象将以 5°、10°、15° … 90°的方式旋转。

3．百分比捕捉

打开"栅格和捕捉设置"对话框中的"选项"选项卡，在其中百分比文本框中输入一个数值，即可指定交互缩放操作的百分比增量。通过单击 按钮来打开百分比捕捉功能，然后在执行缩放变换时将依据设置的百分比增量来进行缩放。

4．微调器捕捉

在工具栏中单击 按钮即可打开或关闭微调器捕捉方式。单击该微调框上下箭头，文本框中的数值随之改变。使用微调器捕捉可以控制所有微调值域的数值增量。右击"微调器捕捉"按钮将弹出"首选项设置"对话框，如图 5-54 所示，可以在此设置微调器捕捉的选项。

图 5-54　"首选项设置"对话框

5.4.3　变换对象

3ds Max 2012 可以通过变换来改变对象的位置和方向。变换一个对象，即改变了与场景有关的对象位置、方向和大小。描述全部场景的坐标系统称为世界空间。世界空间坐标系统定义场景的全局原点和始终不变的全局坐标轴。

1．变换对象的工具

3ds Max 2012 中变换对象的主要工具有 3 种，分别是"选择并移动"按钮 、"选择并旋转"按钮 、"选择并缩放"按钮 。

：改变的是对象在世界空间坐标系中的位置。位置定义对象的局部原点与世界空间原点的距离。例如，对象的原点位置被定义为距世界空间原点右 40(X-40)，上 25(Z-25)，后 15(Y-15)，对象的坐标为（40, 15, 25）。

：旋转定义对象的局部坐标轴与世界坐标轴之间的夹角。例如，旋转定义对象的局部坐标轴与世界坐标轴的角度关系为 Y 轴旋转 45°，X 轴不变，Z 轴旋转 15°。

：缩放定义对象局部坐标轴与世界坐标轴之间的相对比例。例如，缩放定义对象的局部空间测量值为世界空间中的一半。因此，一个立方体在对象空间中边长参数为 40，但因为立方体被缩小了一半，所以其在世界空间场景中的测量值为 80。

2．操作示例——变换对象

移动、旋转和缩放组合在一起称为对象的变换矩阵。注意，直接变换一个对象时，当处理一个完整的对象后，改变的正是这个矩阵。如图 5-55 所示，图中的茶壶已经被移动、旋转，并且非均匀地缩放。Z 轴放大到 1.25 倍，而 X 轴缩小到 3/4。结果可以参见随书光盘中的"变换对象.max"。

1）重置场景。

2）在"创建"命令面板的"对象类型"卷展栏中单击 ▊▊茶壶▊▊ 按钮，在透视图中拖动鼠标创建一个任意的茶壶，此时屏幕下方状态栏中坐标显示如图 5-56 所示。

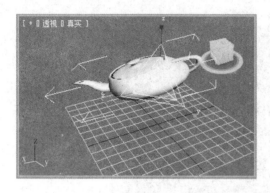

图 5-55　变化过的对象

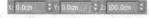

图 5-56　屏幕下方状态栏中坐标显示

3）单击工具栏中的 ✛ 按钮，移动对象，改变坐标文本框中输入数值，X：0.0、Y：0.0、Z：100.0，观察视图中的结果。如图 5-57 所示。

4）单击工具栏中的 ↻ 按钮，旋转对象，在视图中围绕茶壶出现 X/Y/Z 轴的旋转经纬线，此时屏幕下方状态栏中坐标变化为对象的旋转参数，为对象旋转做好准备，如图 5-58 所示。

图 5-57　移动对象

图 5-58　进入旋转状态

5）分别沿 Y 轴和 Z 轴旋转茶壶，坐标显示出茶壶旋转的角度，如图 5-59 所示。

6）单击工具栏中的 ▣ 按钮，缩放对象，沿 X 轴放大茶壶，沿 Z 轴缩小茶壶，坐标显示出茶壶缩放的比例，如图 5-60 所示。

说明：

在缩放茶壶时，缩放过程中坐标框显示的数据是相对于当前对象的缩放比例，操作完成后显示的数据是相对于世界坐标轴的比例。

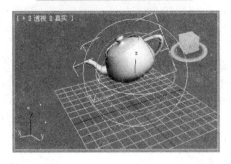

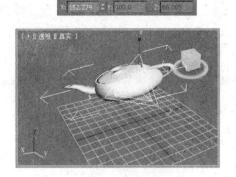

图 5-59　旋转茶壶　　　　　　　　　　图 5-60　缩放茶壶

5.4.4　复制

这里使用复制这一术语，其目的是用来描述创建复制、关联复制、参考复制的功能。许多对象，如几何体、编辑修改器和控制器都能够被复制和关联复制。场景对象，如摄影机、光源及几何体可以被参考复制。可以选择各种方法来复制。所选的方法随被操作对象的类型不同而变化。

重置场景后任意创建一个标准基本体，单击工具栏中的 ✥ 按钮，移动对象的同时按下〈Shift〉键，打开如图 5-61 所示的"克隆选项"对话框。

在"对象"选择区域有 3 个单选按钮，下面给出复制、实例和参考的定义。

1)"复制"：定义对象的任何事物都可以在 3ds Max 的任何地方被复制。一旦进行复制，则源对象和它的复制品就相互独立了。

图 5-61　"克隆选项"对话框

2)"实例"复制：是一种把单个对象定义用在多个地方的技术。几乎所有的事物都可以在 3ds Max 中实例复制。在场景中可以为达到多个目的使用单个对象、编辑修改器或控制器。也就是说，实例复制对象如果修改其中一个，则其他的也都发生变化。

3)"参考"复制：只适用于场景对象。参考复制在数据流分流之前，计算次对象的参数和选择编辑修改器的次数，形成两个包含各自编辑修改器集的对象。可以用参考复制来建立一组有相同基本定义的相似对象，但各个对象又有自己单独的特征。

5.4.5　对齐工具

单击工具栏中的 ▤ 按钮右下侧的黑色小三角，可以打开对齐工具的下拉菜单，包含 6 个对齐工具按钮。

▤："标准对齐"按钮，使用时打开如图 5-62 所示的"对齐当前选择"对话框，可以就"对其位置"、"对齐方向"、"匹配比例" 3 个选择区域进行设定。

▤："快速对齐"按钮，提供最直接快捷的对齐方式。

：“法线对齐”按钮，将当前选择对象的法线方向对齐到与指定对象相同。

：“放置高光”按钮，将当前选择对象放置到产生指定对象高光的位置。

：“对齐摄影机”按钮，将当前选择对象（摄影机）放置到指定对象透视视点的位置。

：“对齐到视图”按钮，使用时打开如图 5-63 所示的“对齐到视图”对话框，可以就对齐轴和是否翻转进行设定。

图 5-62 “对齐当前选择”对话框　　　　图 5-63 “对齐到视图”对话框

5.4.6 镜像与阵列

单击工具栏中的“镜像”按钮，弹出“镜像：屏幕坐标”对话框，如图 5-64a 所示。在“镜像轴”选项组选择“ZX”单选按钮，“偏移”为 150，在“克隆当前选择”选项组选择“复制”单选按钮，镜像复制一个茶壶，结果如图 5-64b 所示。

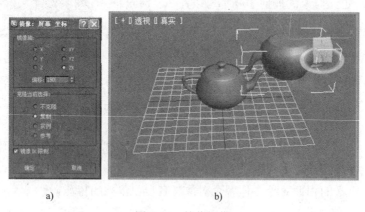

a)　　　　　　　　　　　　　　b)

图 5-64 镜像操作

a) “镜像：屏幕坐标对话框”　b) 镜像复制一个茶壶

选择 “工具”→“阵列”命令，弹出“阵列”对话框，设置阵列参数。如图 5-65 所示。通过预览功能，可以直接观察动态阵列复制的结果。单击 预览 按钮，阵列的结果就会在视图中实时显示，更改参数设置可以实时观察到更改后的结果。

同时利用“视图”→“对象显示消隐”命令，可以根据特定情况对不同部分进行简化显示，这在操作复杂的场景时很有用。

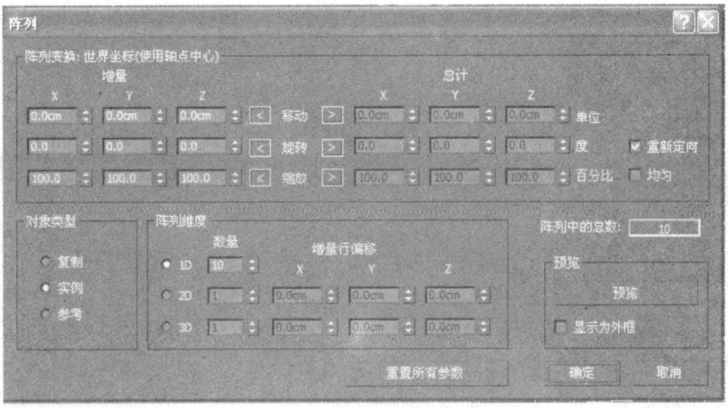

图 5-65 "阵列"对话框

5.5 创建模型前的准备工作

本节主要讲解创建模型的原则、建模单位的设置、将 AutoCAD 的平面导入 3ds Max 的方法。

5.5.1 创建模型的原则

设计表现图第一步就是创建模型，简称建模。建模在室内设计过程中是非常重要的，后续的工作如附加材质、设置灯光等环节都是以模型为依托的。如果模型创建有问题，后面的调节难度将会增大，需要经常调节影响灯光的模型，如果还要用到其他的模型来渲染，也将会带来一些不必要的麻烦。所以初学者应该养成一个严谨地创建模型的好习惯。

1）建模一定要注意模型的精确度。在 3ds Max 中建模尺寸要统一成米、分米、厘米或毫米。物体或是模型的对齐要用系统本身的捕捉器来捕捉。利用 AutoCAD 的精确捕捉，在 AutoCAD 中创建精确的模型场景，也是一个好方法。

2）在不影响模型渲染出图效果的情况下尽量减少模型的面，在渲染的时候就会减少渲染的时间，以便增加模型的渲染级别使图片的效果更好。

3）建模要便于修改和后期渲染，提高工作效率。

5.5.2 建模单位的设置

3ds Max 的系统单位和显示单位是进行 1:1 比例建模的尺寸依据。所以在创建场景之前首先应该进行单位设置。

进入 3ds Max 环境后，选择"自定义"→"单位设置"命令，在弹出的"单位设置"对话框中将单位设置成"毫米"，然后单击 确定 按钮，如图 5-66 所示。

5.5.3 导入 DWG 格式的 AutoCAD 文件

在 AutoCAD 中创建精确的模型场景，经常需要导入 3ds Max 中。建模在这两个软件中的格式是可以兼容的，DWG 格式的文件可以在 3ds Max 中打开。

通过下面的例子可以说明，怎样将使用 AutoCAD 软件绘制的厨房平面图导入到 3ds Max 2012 中，通过编辑成为可生成实体墙的样条线，进一步生成实体墙。生成的实体墙如图 5-67 所示。结果可以参见随书光盘中的"厨房.max"。

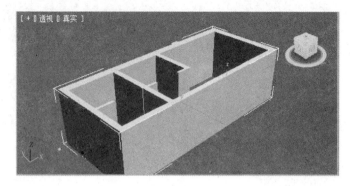

图 5-66　"单位设置"对话框　　　　　　　　　图 5-67　生成的实体墙

1）选择"文件"→"导入"命令，弹出"选择要导入的文件"对话框，在"文件类型"下拉列表框中选择"原有 AutoCAD"的文件类型，选择随书光盘中的"厨房.dwg"，如图 5-68 所示。

2）单击 打开(O) 按钮，弹出"AutoCAD DWG/DEF 导入选项"对话框，具体设置如图 5-69 所示。在"按以下项导出 AutoCAD 图元"下拉列表框中选择"层"，单击 确定 按钮，DWG 格式文件导入当前的场景中，如图 5-70 所示。

图 5-68　"选择要导入的文件"对话框　　　图 5-69　"AutoCAD DWG/DEF 导入选项"对话框

3）单击 按钮，进入"修改"面板，选择墙体线型，在"修改器列表"下拉列表框中选择"挤出"命令，在"参数"卷展栏的"数量"文本框中输入"2600"，如图 5-71 所示。结果如图 5-67 所示。

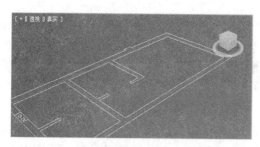

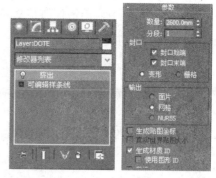

图 5-70 DWG 格式文件导入当前的场景中　　　　图 5-71 "参数"卷展栏

5.6 控制操作界面和快捷键

在 3ds Max 2012 的主操作界面上占据面积最大的就是工作视图区，默认状态是由 4 个相同大小的视口组成。视口是使对象可见的地方，所有操作都要通过视口观察结果。了解如何控制和使用视口对 3ds Max 2012 地使用会有很大地帮助，针对不同地操作选择最佳的观察视口可以起到事半功倍的效果。另外，了解和使用快捷键有助于提高工作效率。

5.6.1 视口

3ds Max 2012 中可用的正交视口有"前""后""顶""底""左"和"右"6 种，启动时可见的是"顶""前"和"左"正交视口。在视口的左上角显示视口名。第 4 个默认视口是"透视"视口。

如图 5-72 所示，在视口中显示了一组沙发的模型。在每个视口中可以从不同方向观察模型。如果要测量沙发的长度，可以使用"顶"或"左"视口得到精确的测量结果，同样，使用"前"或"左"视口可以精确测量其高度。使用这些不同的视口，就能够精确地控制对象的各个维度的大小。

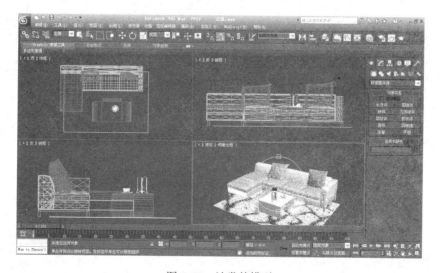

图 5-72 沙发的模型

3ds Max 2012 中，旋转任何正交视图即可创建一个"用户"视口。3ds Max 2012 中的"用户"视图是等积视图。

3ds Max 2012 中包括几个迅速切换活动视口中视图的快捷键，具体如顶视图为〈T〉、底视图为〈B〉、前视图为〈F〉、左视图为〈L〉、摄影机视图为〈C〉、透视图为〈P〉、用户视图为〈U〉，而〈V〉则用于选定一个新视图。

5.6.2 视图控制区的按钮和快捷键

标准视口显示了当前项目的几个不同视图，但默认视图可能不是用户真正需要的。要改变默认视图，需要使用视口导航控制按钮。这 8 个按钮位于主界面的右下角，利用这些按钮可以缩放、平移以及旋转活动视图。下面就控制按钮的使用方法及每个按钮的快捷键作进一步的介绍。

在场景中有几种途径可以进行视图缩小和放大。单击"缩放"按钮 🔍 或按〈Alt+Z〉组合键可以进入缩放模式，然后可以通过拖动鼠标缩放视口。这种方式可以在能够进行拖动的任何视口中使用。如图 5-73 所示为视图缩放（放大）的对比效果。

🔍："缩放"按钮，〈Alt+Z〉组合键或〈,〉键，利用〈,〉键可以进行逐步缩放。

◰："最大化显示"按钮，〈Ctrl+Alt+Z〉组合键。

⊞："所有视图最大化显示"按钮，〈Ctrl+Shift+Z〉组合键。

◳ ▷："缩放区域""视野"按钮，〈Ctrl+W〉组合键。

✋："手移视图"按钮，〈Ctrl+P〉组合键或〈I〉键。

⬓："最大化视口切换"按钮，〈Alt+W〉组合键。

说明：

单击了某个视图控制按钮后，该按钮会显示为亮黄色，在这种模式下不能选定、创建或变换对象，可以通过在活动视口内右击，从弹出的快捷菜单中选择相应命令，转换到选定对象模式。

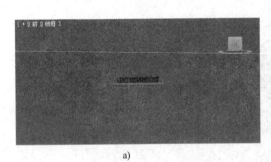
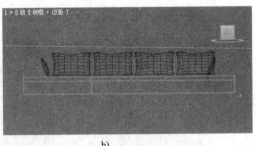

a)　　　　　　　　　　　　　　b)

图 5-73　视图缩放的对比效果

a) 原图　b) 缩放（放大）

控制视口最容易的方式不是单击按钮，而是使用鼠标。为了充分利用鼠标的优势，最好配备带滚动轮的鼠标。

在活动视口中转动滚动轮，可以逐步放大或缩小视口，就像使用方括号键。拖动滚动轮时按住〈Ctrl〉和〈Alt〉键即可精确地进行缩放。单击并拖动滚动轮按钮即可平移活动视口。按住〈Alt〉键单击并拖动滚动轮即可旋转活动视口。如果滚动轮无效，可以选择"自定义"→"首选项设置"→"视口"→"鼠标控制"命令，设置其选项。除可以选择使用滚动轮控制视口的扫视和缩放外，也可以定义并使用"笔画"。

5.6.3 控制摄影机视图

如果场景中存在摄影机，则可以把任何视口设置成摄影机视图（按〈C〉键）。当这些视图是活动视图时，视口导航控制项按钮会发生变化。在摄影机视图中可以控制摄影机的平推、摇摆、转向、平移和沿轨道移动，并且视图会成为活动的。当光标移动到任何一个视口左上角的文字 [+ 0 前 0 真实 + 边面] 处，分别单击视口左上角的 ＋ 、前 、真实 + 边面 按钮，弹出如图 5-74 所示菜单，可以进一步选择摄影机视图或其他想要切换的视图。

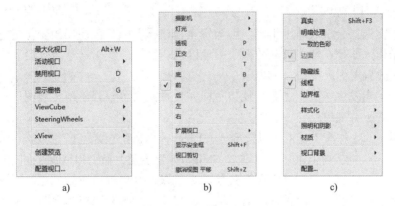

图 5-74 切换视图的菜单

a)"＋"下拉菜单　b)"前"下拉菜单　c)"真实＋边面"下拉菜单

5.6.4 关于视口的其他几项操作

对于确立三维空间中的方位，栅格非常有帮助。对于活动视口，按〈G〉键即可显示或隐藏栅格。"视图"菜单中"ViewCube"子菜单包括了几个操作栅格的命令，如图 5-75 所示。

图 5-75 "ViewCube"子菜单

当场景变得过于复杂时，视口的更新速度就会降低，此时可以通过以下几个选项加以改善。

1）禁用视口。在视口单击左上角 ＋ ，弹出下拉菜单，如图 5-74a 所示，选择"禁用视口"命令或按〈D〉键，可以禁用该视口。当禁用的视口是活动视口时，它可以照常更新，当该视口不是活动视口时，它不参与更新，直到其变成活动视口时才会进行更新。禁用的视口标以"已禁用"，显示在左上角的视口名旁边，如图 5-76 所示。

2）取消"视图"→"微调器拖动期间更新"命令的选择。如图 5-77 所示。

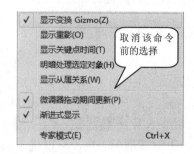

图 5-76　显示禁用标志　　　　　图 5-77　"微调器拖动期间更新"命令

更改参数微调器会造成速度下降，因为每个视口需要随着微调器的变化进行更新。如果微调器迅速变化，即使在性能很高的系统中速度也会很慢。禁用这个命令后系统会一直等到微调器停止更改后再更新视口。

有的时候，当发生了改变之后，视口不能完全刷新，可以强制用"视图"→"重画所有视图"命令刷新所有视口。

如果对视图的操作有错误，可以选择"视图"→"撤销视图更改"（或按〈Shift+Z〉组合键）和"视图"→"重做视图更改"（或按〈Shift+Y〉组合键）撤销和重做对视口的更改。

选择"视图"→"保存活动视图"菜单命令可以保存对视口所做的更改。这个命令可以保存视口导航设置以便于日后恢复。为了恢复这些设置，可以选择"视图"→"还原活动视图"命令。

5.6.5　最大化视口

用户有时会感觉视口有些小，此时可以通过以下 3 种方法来增大视口。

1）单击并拖动视口任一边界来改变视口大小，或拖动视口交叉点即可重定所有视口的大小。如图 5-78 所示显示的是动态重定大小之后的视口。

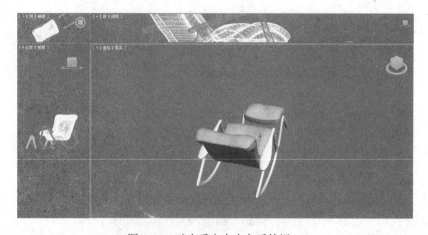

图 5-78　动态重定大小之后的视口

2）使用视图控制区"最大化视口切换"按钮 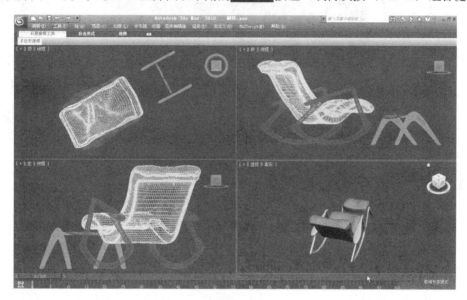（或按〈Alt+W〉组合键）扩展活动视口，使其填充为所有 4 个视口保留的空间。再次单击"最大化视口切换"按钮（或按〈A1t+W〉组合键）即可返回定义的布局。

3）选择"视图"→"专家模式"命令（或按〈Ctrl+X〉组合键）进入专家模式。专家模式中的界面如图 5-79 所示。这样可以通过去掉工具栏、命令面板和大多数底部界面栏将视口可用空间最大化。去掉了大多数界面元素，就需要依靠菜单、快捷键来执行命令了。为了重新启用默认界面，可以单击 Max 主界面右下角的 取消专家模式 按钮（或再次按〈Ctrl+X〉组合键）。

图 5-79　专家模式中的界面

5.6.6　配置视口

视口导航控制项可以辅助定义显示的内容，而"视口配置"对话框则可以辅助定义如何查看视口中的对象。使用这个对话框可以配置每个视口。

选择"视图"→"视口配置"命令，打开"视口配置"对话框，如图 5-80 所示。"视口配置"对话框包含"统计数据""ViewCube""SteeringWheels""视觉样式外观""布局"、"安全框""显示性能"和"区域"8 个选项卡。

- "统计数据"选项卡：设置要统计数据的种类。
- "ViewCube"选项卡：设置用于显示和使用ViewCube的选项。
- "SteeringWheels"选项卡：设置用怎样的方法查看和导航 3D 空间。分为大轮子和迷你轮子两类。
- "视觉样式外观"选项卡：显示和渲染复杂的场景需要更长的时间。可以对"仅活动视口"、"所有视口"和"除活动视口外所有视口"进行渲染设置，提高更新速度。
- "布局"选项卡：提供了几种布局，可用来替换默认布局。
- "安全框"选项卡：在视图中显示一些辅助线，用它们来标识这些剪切边缘的位置，以保证最终输出时画面不会被剪切。

- "显示性能"选项卡：强制视口以预先指定的每秒帧数显示。如果由于保持该显示速率而使更新用的时间过长，则会自动降低渲染等级以维持帧速率。如果没有处理动画，则启用和禁用自适应降级是无效的。
- "区域"选项卡：定义区域，并可以把渲染能力集中在一个更精确的范围内。

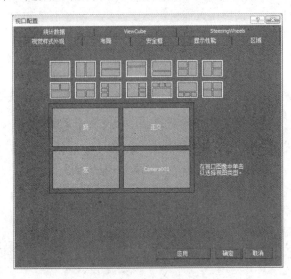

图 5-80　"视口配置"对话框

5.6.7　加载视口背景图像

把背景图像加载到视口中有助于创建和放置对象。选择"视图"→"视口背景"命令（或按〈Alt+B〉组合键），弹出如图 5-81 所示的"视口背景"对话框。单击"文件"按钮，弹出"选择背景图像"对话框，从中可以选择要加载的图像。

显示的背景图像有助于对齐场景中的对象，但是它只用于显示，不能被渲染。为了创建将被渲染的背景图像，需要选择"渲染"→"环境"命令（或使用快捷键〈8〉），弹出"环境和效果"对话框，从而指定背景。

图 5-81　"视口背景"对话框

建模物理对象时，可以通过放置照片的方式提高建模速度，用数码相机拍摄对象的正面、上面和左侧面照片，并将其加载到相应的视口中作为背景图像。这些背景图像即可作为工作时的参考。当需要进行精确地建模时，这种方法尤其有帮助。该方法甚至可以用于CAD绘图。

5.7 实训操作——花蕊

简单的标准基本体经过复制、变换、对齐，可以组合成有趣的场景模型，本例通过创建球体和圆柱体，经过复制、变换、对齐等操作组合成一个可爱的花蕊，如图 5-82 所示。结果可以参见随书光盘中的"花蕊.max"。

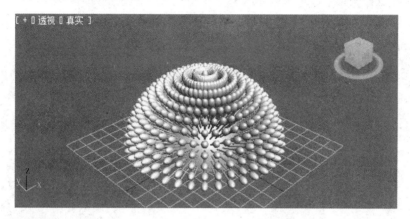

图 5-82　花蕊

1．创建半球作为花蕊的基座，创建圆柱体作为单支花蕊的杆

1）新建一个场景文件。

2）单击命令面板区的按钮 "创建" 面板，单击"新建几何体"按钮 ，选择"标准基本体"命令，单击 球体 按钮，新建一个半圆，如图 5-83 所示，调整半圆的参数。

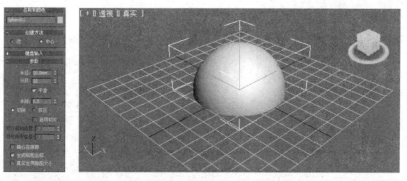

图 5-83　新建一个半圆

3）单击 圆柱体 按钮，新建一个圆柱体，如图 5-84 所示，调整圆柱体的参数。

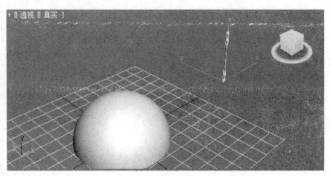

图 5-84　新建一个圆柱体

2. 创建球体作为单支花蕊的端部

1）单击　　球体　　按钮，新建一个球体，如图 5-85 所示，调整球体的参数。

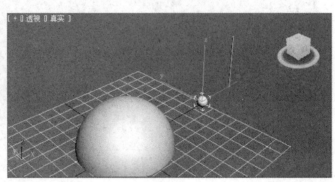

图 5-85　新建一个球体

2）选择球体，单击工具栏中的█按钮，在前视图中选择上一步创建的圆柱体，弹出"对齐"对话框，如图 5-86 设置对话框参数，将球体对齐到圆柱体顶端。

图 5-86　将球体对齐到圆柱体顶端

3）将球体的颜色改为淡黄色。单击"缩放"按钮，在顶视图中将小球体沿 X、Y 轴等比缩放，使小球体成为椭球体，如图 5-87 所示。

4）框选圆柱体和变形的球体，选择"组"→"成组"命令，将圆柱体和球体组成一支花蕊。

3．移动"花蕊"的轴心

1）单击工具栏中的 按钮，将"花蕊"对齐到基座，如图 5-88 所示。

图 5-87　小球体成为椭球体

2）单击命令面板区的"层次"按钮 ，选择 轴 按钮，在"调整轴"卷展栏中单击 仅影响轴 按钮，"花蕊"对象显示出轴心坐标，选择移动工具将"花蕊"的轴心移动到半球体的中心位置，如图 5-89 所示。

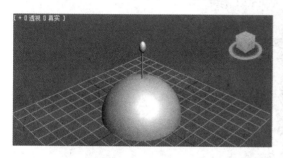

图 5-88　将花蕊对齐到基座

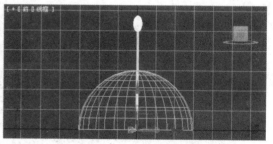

图 5-89　移动花蕊的轴心

4．"花蕊"绕基座做旋转阵列

1）选择"工具"→"阵列"命令，弹出"阵列"对话框，如图 5-90 所示设置阵列参数，将"花蕊"绕基座做旋转阵列，得到 13 支插在基座上的"花蕊"，效果如图 5-91 所示。

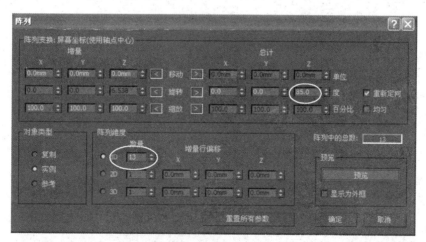

图 5-90　"阵列"对话框

2）选择除了中间一支的所有的"花蕊"，单击工具栏中的"镜像"按钮 ，在前视图中沿 Y 轴进行镜像复制，如图 5-92 所示。

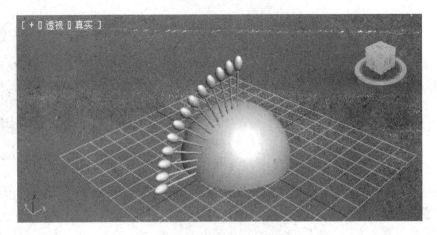

图 5-91 "花蕊"绕基座做旋转阵列

 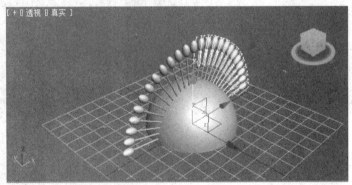

图 5-92 镜像复制"花蕊"

3）选择所有的花蕊，再次打开"阵列"对话框，如图 5-93 所示设置阵列参数，在顶视图中将"花蕊"绕基座做旋转阵列，如图 5-82 所示。

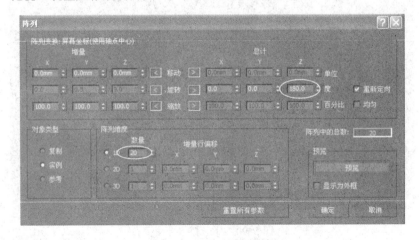

图 5-93 "阵列"对话框

5.8 思考与习题

1. 一般的效果图制作过程包括哪几部分？
2. 3ds Max 2012 的用户界面比较复杂，整个界面分为哪几个部分？
3. 列举工具栏中最常用的 4 个 3ds Max 2012 工具。
4. 在 3ds Max 中有几类视图？
5. 简述视图控制区非摄影机镜头视图控制中"最大化视口切换"按钮█的作用。
6. 命令面板区共有几个命令模块？分别是什么？
7. 简述 3ds Max 2012 中的 3 种层级结构。
8. 3ds Max 2012 有几种正投影视图？分别是什么视图？
9. 简述用户视图的特点。
10. 3ds Max 2012 中空间坐标系统的类型有哪些？
11. 3ds Max 2012 中变换对象的主要工具有几种？分别是什么？
12. 简述复制、实例和参考的定义。
13. 怎样最大化视口？

第 6 章　3ds Max 建模

利用 3ds Max 制作三维作品，模型的创建和编辑是一个基础环节，建立模型的好坏直接影响后面的处理过程。3ds Max 中很多对象都有现成的模型，如球体、圆柱体、茶壶等。只要选择了要创建对象的模型，通过简单的鼠标拖动或参数键入即可完成对象的创建，这就是利用 3ds Max 中标准基本体的创建。

在 3ds Max 中还可以创建二维样条线，通过编辑二维样条线、对其施加修改器来建模。但在实际创作中，简单建模并不能满足要求。3ds Max 系统还提供了几种高级建模功能，如网格建模、面片建模、多边形建模等。

本章重点
- 创建几何体
- 创建二维样条线
- "布尔运算"的概念及基本操作原理
- 掌握放样对象的概念及简单放样功能的使用方法
- 了解高级建模功能

6.1　三维模型的创建

3ds Max 2012 能创建的标准基本体有 10 种，本节重点以具有代表性的长方体对象为例，详细讲述标准基本体的制作方法以及命令面板中各常用参数的意义。

6.1.1　创建标准基本体

在"创建"命令面板中单击 长方体 按钮，命令面板的下方多了"创建方法""键盘输入"和"参数"3个卷展栏，同时"对象类型"卷展栏中的"长方体"按钮变为被选中状态，显示深灰色，如图 6-1 所示。

所有的卷展栏前面都有一个减号或加号，单击卷展栏前的符号可以隐藏卷展栏里面的内容或使之展开。

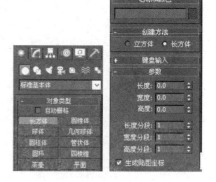

图 6-1　创建长方体的命令面板

1. "对象类型"卷展栏

"对象类型"卷展栏下有 10 个按钮，分别对应 3ds Max 中可以创建的 10 种标准基本体，单击其中任意按钮，该按钮即变为被选中状态，其余几个卷展栏会随选中对象类型的不同发生相应的变化。

2．"名称和颜色"卷展栏

"名称和颜色"卷展栏用于设定、修改对象的名称和颜色。

系统会对新创建的对象自动命名，这个名字一般是该对象类型的名字加上创建的序号，例如，要创建一个长方体，那么系统自动将它命名为 box01，第 2 个长方体自动命名为 box02，依此类推。

在"名称"文本框的右面有一个颜色栏，单击该颜色栏会弹出图 6-2 所示的"对象颜色"对话框，利用这个对话框可进行颜色设定。如果调色板中已有所需要的颜色，那么直接单击该颜色框即可，此时调色板下方的"当前颜色"框内就会变为所选中的颜色；如果调色板中没有需要的颜色，可以单击"当前颜色"框，这时会弹出一个"颜色选择器：添加颜色"对话框，采用"红"、"绿"、"蓝"颜色模式及"色调"、"饱和度"、"亮度"模式进行精确地颜色设定，如图 6-3 所示。

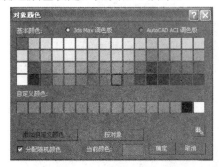

图 6-2 "对象颜色"对话框

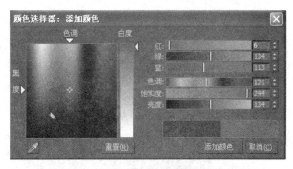

图 6-3 "颜色选择器：添加颜色"对话框

"对象颜色"对话框的 ■ 按钮，可用来选择物体并把选定的颜色赋予该物体。这样当视图中有多个对象时，单击该按钮，会弹出图 6-4 所示的"选择对象"对话框，在此对话框中可以选择要把颜色赋予哪个物体或哪些物体。如果视图中只有一个对象且已被选中，直接单击"选择对象"对话框下面的 选择 按钮即可。

3．"创建方法"卷展栏

"创建方法"卷展栏确定创建对象的方式。"立方体"和"长方体"单选按钮决定了长方体的创建方法。如果选择"立方体"方式，创建会以某个面的中心点作为起点，向外延伸一定长度之后结束；如果选择"长方体"方式，由长方体的一个顶点开始，分别确定 3 个方向的长度。系统的默认值为"长方体"。

图 6-4 "选择对象"对话框

4．"键盘输入"卷展栏

"键盘输入"卷展栏通过从键盘输入数据的方式来创建对象，这样可以得到精确的立体对象。对于不同的对象，创建时需要输入的参数不同，因此该栏的内容也不同。"长方体"的键盘输入卷展栏如图 6-1 所示，包括 6 个选项，分别定义了长方体底面中心点的 X、Y、Z 坐标值和长方体的长度、宽度、高度值。填入后，只要单击 创建 按钮即可完成创建。

说明：

如果由于卷展栏太多太长，使得有一部分内容看不到，可以把光标放到某个卷展栏内，当光标变为手掌形时，单击并上下拖动面板，观察所有内容。也可以隐藏一些已展开但是暂时不用的栏目，使之合拢以节省空间。

5.“参数”卷展栏

“参数”卷展栏可以用来修改选定对象的参数。长方体的“参数”卷展栏如图 6-1 所示。用鼠标拖动的方式制作长方体，很难获得精确的参数值，可以通过“参数”卷展栏修改长方体的各项参数值。“长度分段”、“宽度分段”和“高度分段”几个选项的作用是对所建立的对象网格密度的设定，分别表示对象在长、宽和高 3 个维度上的网格数目，数目越多，构成对象的点和面就越细致，进行编辑操作的效果就越好，但所需要的资源也会相应增加，文件会因之变大。

（1）长方体

长方体是最常用到的模型，是建模的最基础部分。在“创建”命令面板的“对象类型”卷展栏中单击 长方体 按钮，“长方体”按钮变为被选中状态，显示深灰色 长方体 ，在顶视图中拖动鼠标创建一个任意的长方体，如图 6-5 所示。此时“创建方法”卷展栏中为默认选项“长方体”。

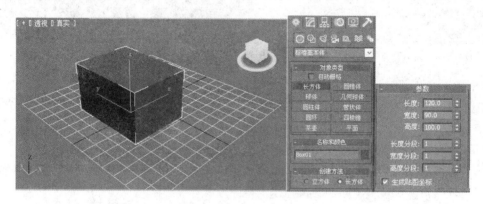

图 6-5　创建一个任意的长方体

“名称和颜色”卷展栏可以修改长方体的名称，设置长方体的颜色。

“参数”卷展栏可以修改长方体的长宽高值和长宽高的分段值。

（2）球体

球体表面的网格线是由纵横交错的经纬线组成的，也有“名称和颜色”“创建方法”“键盘输入”和“参数”4 个卷展栏，如图 6-6 所示。

● “分段”微调框可设定构成球体表面的网格线中经线的数目。图 6-7 左所示为“分段”值为 32 的球体，图 6-7 右所示为“分段”值为 0 的球体。

● “半球”微调框可以调整球体显示的范围，此栏可设定数值的范围是 0~1。数值越大，则球体的下面部分被一个水平平面截掉得越多。当数值为 0 时，对象是完整的球体；当数值为 0.5 时，对象成为一个标准的半球体；当数值为 1 时，对象在视图中完全消失。

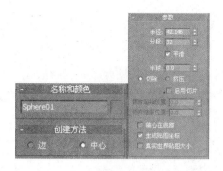
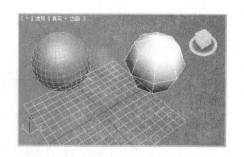

图 6-6 球体及"参数"卷展栏　　　　　图 6-7 "分段"微调框为 32 和 8 的球体

● "切除"和"挤压"单选按钮可以决定半球的生成方式。当选择"切除"方式时，生成的半球是从球体上直接切下一块，剩余半球的分段数减少，分段密度不变；当选择"挤压"方式时，只改变球体的外形，剩余半球的分段数不变，分段密度增加。

（3）几何球体

组成几何球体表面的网格是三角形的，在相同分段数的情况下，"几何球体"比"球体"渲染出的效果更光滑。如图 6-8 所示，左侧为球体，右侧为几何球体，分段数均为 10。

几何球体的"参数"卷展栏如图 6-9 所示。"分段"微调框可以与"基点面类型"配合，确定网格线中构成几何球体表面的小三角形的数目。如果"分段"值为 n，构成几何球体的基点面为 m 面体，那么该几何球体表面的小三角形数目为 n×n×m。

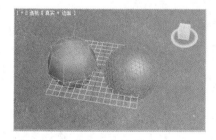
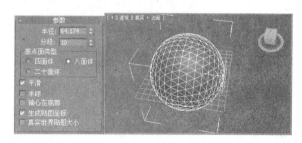

图 6-8 段数相同的球体和几何球体　　　　　图 6-9 几何球体及"参数"卷展栏

（4）圆柱体和管状物

圆柱体是 3ds Max 中很常用的几何体，圆柱体及"参数"卷展栏如图 6-10 所示。它的体积大小由"半径"和"高度"两个参数确定，"高度分段""端面分段"和"边数"来决定其细分网格的疏密程度。

图 6-10 圆柱体及 "参数"卷展栏

通过设置"边数"微调框和"平滑"复选框可以将圆柱变为正多边形棱柱。例如，设置"边数"的值为 5，并取消"平滑"复选框的选择，可得到如图 6-11 所示的正五棱柱。

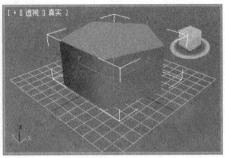

图 6-11　正五棱柱

管状物是一根中空的圆柱体，管状物及其"参数"卷展栏如图 6-12 所示。因其中空，和圆柱体相比其增加了一个半径参数，以便于控制中空圆的大小。

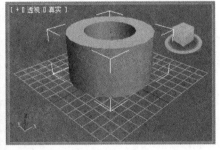

图 6-12　管状物及"参数"卷展栏

"启用切片"复选框在圆柱体和管状物"参数"卷展栏中都存在，通过此复选框可以选择是否对圆柱体和管状物进行纵向切割。如图 6-13 所示，图中的圆柱体和管状物均选择了"启用切片"复选框并设定了起始角度和终止角度。

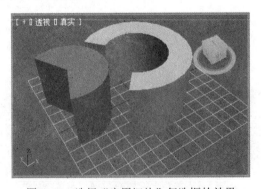

图 6-13　选择"启用切片"复选框的效果

（5）圆锥体

圆锥体是一种基本几何体，圆锥体的"参数"卷展栏包含了圆锥体的各项参数，如图 6-14 所示。

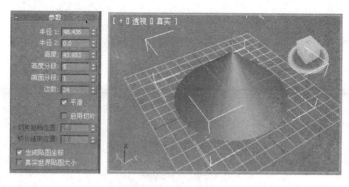

图 6-14　圆锥体及"参数"卷展栏

- "边数"微调框可以设定上下底面圆的边数。
- "平滑"复选框可以设定上下底面圆的平滑程度。图 6-15a 是"边数"值为 5、取消"平滑"复选框的圆锥体，图 6-15b 是"边数"值为 10、选中"平滑"复选框的圆锥体。

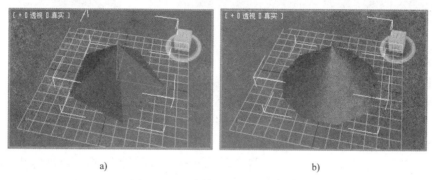

　　　　　　a)　　　　　　　　　　　　　　　　　b)

图 6-15　"边数"值不同的圆锥体

a)"边数"值为 5, 取消"平滑"复选框的圆锥体　b)"边数"值为 10, 选中"平滑"复选框的圆锥体

- "启用切片"复选框可以选择是否进行切割。当切割开启后，"切片起始位置"与"切片结束位置"两选项被激活。
- "切片起始位置"微调框用于设定切割的起始角度。
- "切片结束位置"微调框用于设定切割的终止角度。
- 设定"切片起始位置"为 120，"切片结束位置"为 150，将得到如图 6-16 所示的圆锥体模型。

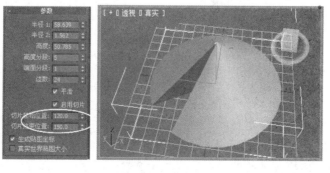

图 6-16　选择"启用切片"复选框并设定起始角度的效果

（6）圆环

圆环可以理解成由一个圆面围绕一根与该圆在同一平面内的直线旋转一周而成的几何体。圆环及"参数"卷展栏如图 6-17 所示。

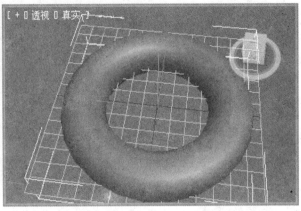

图 6-17　圆环及"参数"卷展栏

- "半径 1"为旋转半径，是旋转圆的圆心到旋转轴线的距离。
- "半径 2"为参与旋转的圆的半径，参与旋转的圆也可以是不平滑的多边形。
- "旋转"微调框可以旋转调整参与旋转的圆，当此圆选择不平滑选项显示为多边形时，旋转可以被清晰地观察到。如图 6-18 所示，当"边数"值为 4，其他参数值都保持不变时左边圆环的"旋转"值为 0，而右边圆环的"旋转"值为 30。
- "扭曲"微调框可以使起始的旋转圆在旋转的过程中逐渐扭曲，到旋转结束时完成设定的扭曲量，与起始圆扭曲相接。如图 6-19 所示，为其他参数值都保持不变时"扭曲"值为 360 时的圆环。

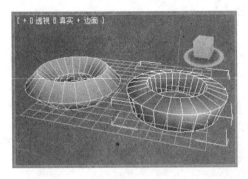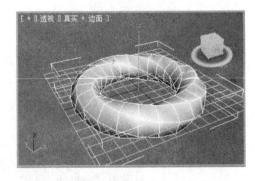

图 6-18　"旋转"值为 0 和 30 的效果　　　　图 6-19　"扭曲"值为 360 的效果

- "分段"微调框可以设定圆环体沿截面中心线方向的分段数。如果"分段"值为 m，则圆环体看起来是由 m 段柱体拼接而成，并产生 m 个节环。
- "边数"微调框可以设定圆环体沿旋转圆圆周方向的分段数。如果"边数"值为 n，则由"分段"值分解成的 m 个柱体都是 n 棱柱。
- "平滑"选项区域有 4 个单选按钮，用于选择采用哪种方式进行表面光滑处理。这 4

个选项是"全部"、"侧面"、"无"和"分段"。

（7）四棱锥

3ds Max 将四棱锥作为可以直接生成的简单模型，四棱锥及"参数"卷展栏如图 6-20 所示。

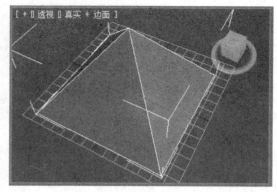

图 6-20　四棱锥及"参数"卷展栏

四棱锥的创建方法有两种，"基点/顶点"和"中心"，前一种方法以四棱锥的底面长方形的一个顶点为起始点开始，然后确定顶点位置；后一种方法从底面长方形的中心开始。

"宽度"、"深度"值为四棱锥的底面长方形的长和宽，"高度"值设定了四棱锥的顶点高度，"宽度分段"、"深度分段"、"高度分段"用来设定四棱锥的网格密度。

（8）茶壶

茶壶是一个结构很复杂的模型，但在 3ds Max 中却将它模板化了。这样创建一个茶壶只需要简单地拖动光标或输入几个参数即可。茶壶及"参数"卷展栏如图 6-21 所示。

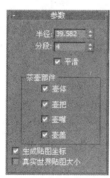

图 6-21　茶壶及"参数"卷展栏

● "半径"为壶体部分最大处圆的半径，其他部分按比例增减。
● "分段"值可以设置模型网格的密度，从而改变模型的精细程度。
● "茶壶部件"选项区域有"壶体"、"壶把"、"壶嘴"和"壶盖"4 个复选框，通过对 4 个复选框的操作，可以仅选择茶壶 4 个组成部分中的一部分或几部分。

（9）平面

平面被细分为很多的网格。创建方法有"矩形"和"正方形"两种。"参数"卷展栏如图 6-22 所示。

- "渲染倍增"选项区域控制渲染时的"缩放"和"密度"。
- "总面数"显示"平面"对象一共具有多少个网格面。例如长度分段数为 4、宽度分段数为 6 的网格平面，其网格面为 4×6×2 共 48 个，之所以乘 2 是因为网格平面有正反两面。

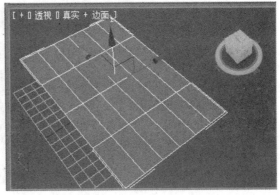

图 6-22 平面及"参数"卷展栏

6.1.2 创建扩展基本体

扩展基本体的建立方法和标准基本体是一样的，与标准基本体不同的是，扩展基本体各参数的意义往往比较复杂，应用也较少。3ds Max 2012 中有 13 种的扩展基本体"创建"面板和"对象类型"卷展栏如图 6-23 所示。

图 6-23 扩展基本体"创建"面板和"对象类型"卷展栏

（1）异面体

异面体是扩展基本体中比较简单的一种，也是典型的一种。它只有"参数"卷展栏，如图 6-24 所示。

异面体对象"参数"卷展栏中各参数的意义如下。

- "系列"选项区域提供了"异面体"家族的 5 个系列供用户选择，共 5 个单选按钮自上而下依次为：四面体、立方体/八面体、十二面体/二十面体、星形1、星形2。如图6-25 所示为"异面体"家族系列生成不同外形的模型。

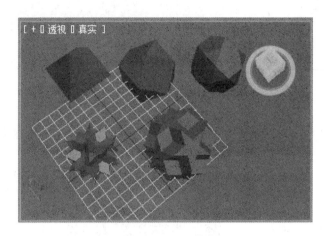

图 6-24　异面体及"参数"卷展栏　　　　图 6-25　"异面体"家族系列生成不同外形的模型

- "系列参数"选项区域下的"P"和"Q"用于控制多面体的基本参数，两者之和不能大于 1，调整"P"和"Q"的参数可以创建介于前面列出的 5 种系列之间的异面体。
- "轴向比率"选项区域下的"P""Q""R"用于控制多面体 3 个轴上的缩放比例。 **重置** 按钮可以重新设定轴的缩放比例。
- "顶点"选项区域提供了"基点""中心"和"中心和边"3 种顶点类型，选中不同的单选按钮，将显示出不同的顶点。
- "半径"微调框用于设置多面体的轮廓半径。

（2）环形结

"环形结"是由圆环通过打结得到的扩展基本体，其"创建方法"和"键盘输入"卷展栏与圆环差不多，环形结及"参数"卷展栏如图6-26所示。

环形结有"结"、"圆"两种类型，如果选择了"结"，创建的物体是打结的；如果选择"圆"，创建的物体不打结，此时环形结退化为普通的圆环体。系统默认值为"结"。

- "P"和"Q"参数设定两个方向上打结的数目，仅当用户选择了"结"单选按钮后有效。
- "横截面"选项区域内可以调整"偏心率"微调框的数值和"扭曲"微调框的数值，取得不同的效果。
- "块"参数设定整个环形结上肿块的数目。"块高度"设定环形结上肿块的高度。"块偏移"设定环形结上起始肿块偏离的距离。随着该值的增大，各肿块依次向后推进，但仍保持相同距离，好像环形结在旋转一样，由此可以构成动画。

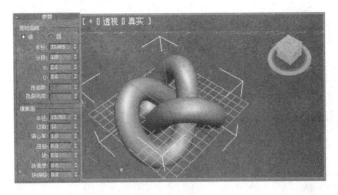

图 6-26　环形结及其"参数"卷展栏

（3）切角长方体

切角长方体是由长方体通过切角的方式得到的扩展基本体，因此可以通过长方体各参数的意义来理解切角长方体。实际上，切角长方体较之长方体只是多了"圆角"和"圆角分段"两个参数，如图 6-27 所示。

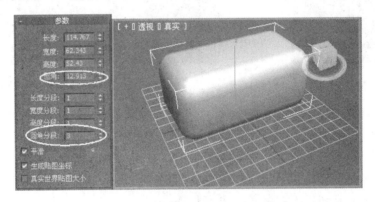

图 6-27　切角长方体及"参数"卷展栏

如果将长、宽、高的值设置为相同，圆角设置为 0，则可以创建一个立方体。如果将长、宽、高和圆角的值设置为相同，再适当增加分段数，即可创建一个球体。

"长度分段""宽度分段""高度分段""圆角分段"分别为切角长方体在长度、宽度、高度和圆角方向的分段数。分段数越多物体表面网格越密集，编辑网格时越细致。但如果分段数过多会影响运算速度。

（4）切角圆柱体

切角圆柱体及"参数"卷展栏如图 6-28 所示。切角圆柱体是由圆柱体通过切角的方式得到的扩展基本体，与标准圆柱体不同的是切角圆柱体没有尖锐的边，它的各条边都可以设置成光滑的弧边。

- "圆角分段"微调框可以设置切角的圆滑程度。
- "启用切片"复选框可以选择是否进行切割。当切割开启后，"切片起始位置"与"切片结束位置"两选项被激活。
- "切片起始位置"微调框用于设定切割的起始角度。
- "切片结束位置"微调框用于设定切割的终止角度。

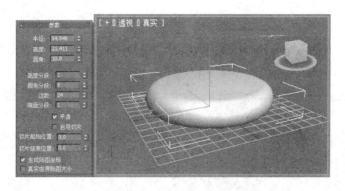

图 6-28　切角圆柱体及其"参数"卷展栏

（5）L-Ext 和 C-Ext

L-Ext 可看做是两个长方体的结合。其具体形状由两个长方体的长度、宽度等参数决定，相对其他扩展基本体来说，其参数比较简单。

重置场景，单击 L-Ext 按钮，在透视图中拖动鼠标，在适当位置单击，确定底面，上下移动鼠标，单击即可确定高度，再次上下移动鼠标，确定厚度，即可创建一个 L 形拉伸，如图 6-29 所示。其参数比较简单，含义和前面介绍的相同。

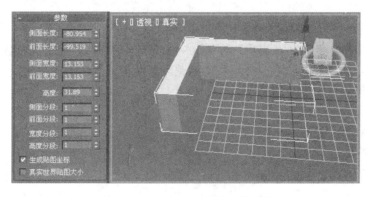

图 6-29　L-Ext 及"参数"卷展栏

C-Ext 的参数设置与 L-Ext 的类似，创建方法也基本相同，创建的模型是一个 C 形拉伸，如图 6-30 所示。

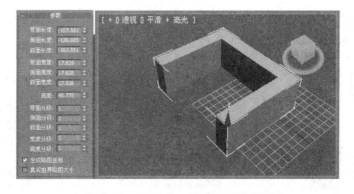

图 6-30　C-Ext 及 "参数"卷展栏

（6）环形波

环形波是扩展基本体中比较复杂的一种三维模型。它只有一个"参数"卷展栏，参数比较多，如图 6-31 所示。

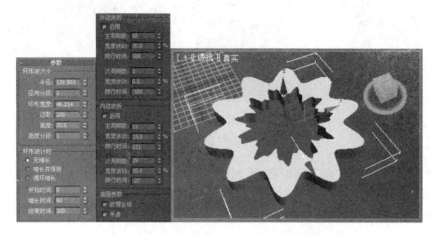

图 6-31　环形波及"参数"卷展栏

- "环形波大小"选项区域用于设置基本的几何参数。
- "环形波计时"选项区域用于选择是否播放环形波的生长过程。
- "外边波折"和"内边波折"选项区域通过选中"启用"复选框来激活两栏中的参数，可以通过修改两栏的参数值来调整环形波内外部的波齿形式及大小，以达到满意的效果。

（7）油罐、胶囊和纺锤

油罐、胶囊和纺锤这三种对象都是基于圆柱体的，可以理解成是在圆柱体的基础上将两端的封口作了不同的处理。油罐体将封口变化为局部的球面，"参数"卷展栏如图 6-32 所示；胶囊的封口是两个标准的半球，"参数"卷展栏如图 6-33 所示；纺锤的封口是两个椎体，"参数"卷展栏如图 6-34 所示。

油罐和纺锤都有一个"混合"微调框，可以控制封口与圆柱体交接的情况，值为 0 时交界处为直线，随着数值的变大，交界处变为逐渐柔和的曲面。其他参数可以参考圆柱体参数来理解。如图 6-35 所示，从左到右分别为半径和总高度均相同的油罐、胶囊和纺锤。

图 6-32　油罐"参数"卷展栏　　　图 6-33　胶囊"参数"卷展栏　　　图 6-34　纺锤"参数"卷展栏

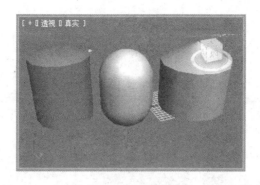

图 6-35　半径和总高度均相同的油罐、胶囊和纺锤

（8）球棱柱和棱柱

球棱柱和棱柱都是定义截面后设定高度而生成的柱体，只是定义截面的方法不同。球棱柱是通过"边数"、"半径"、"圆角" 3 个参数，以类似生成多边形的方式生成截面。球棱柱及其"参数"卷展栏如图 6-36 所示。

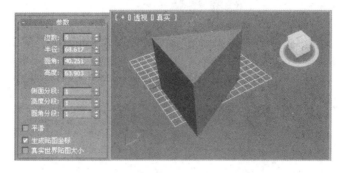

图 6-36　球棱柱及其"参数"卷展栏

棱柱是通过分别定义 3 个侧面的长度参数生成截面。棱柱及其"参数"卷展栏如图 6-37 所示。

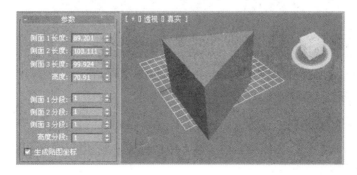

图 6-37　棱柱及其"参数"卷展栏

（9）软管

软管体外观像一条塑料水管，其"参数"卷展栏如图 6-38 所示。

● "端点方法"选项区域提供关于软管体尾端方式的设定。

● "公用软管参数"选项区域用来设定一般的参数。

图 6-38 软管"参数"卷展栏

● "软管形状"选项区域用于设定软管体的形状，由软管体两个端面的形状来定义。其中系统默认值为圆形，还可以根据需要选择长方形和 D 截面。如图 6-39 所示，从左到右分别为圆形、长方形、D 截面软管。

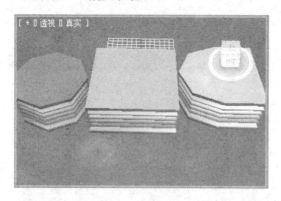

图 6-39 软管形状

6.1.3 操作示例——制作简易沙发模型

仅仅利用标准建模和扩展建模中的对象就可以创建多种多样的模型，在这个案例中，利用简单的长方体、切角长方体和胶囊体可以轻松地创建沙发，如图 6-40 所示，结果可以参见随书光盘中的"沙发.max"。

1. 利用长方体创建沙发基座

1）在"创建"面板中单击 按钮，在下拉列表框中选择"标准基本体"选项，进入标准基本体面板。

2）单击 长方体 按钮，在前视图中创建一个长方体，在"参数"卷展栏下修改长方体的参数，设置长、宽、高分别为 800、800、200，如图 6-41 所示。

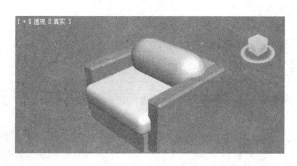

图 6-40 沙发

图 6-41 创建一个长方体

3）单击工具栏中的 按钮，按〈Shift〉键在顶视图中拖动创建的长方体，弹出"克隆选项"对话框，选择"复制"单选项复制一个长方体。

4）单击 按钮，进入"修改"命令面板，修改复制的长方体的参数，将宽度改为200，高度改为 550。在顶视图中调整两个长方体的位置，创建沙发的靠背，如图 6-42 所示。至此沙发的基座部分完成了。

图 6-42 创建沙发的靠背

2．利用不平滑切角长方体创建沙发扶手

1）在"创建"面板中单击 按钮，在下拉列表框中选择"扩展基本体"选项，进入扩展基本体面板。

2）单击 切角长方体 按钮，在前视图中创建一个切角长方体，在"参数"卷展栏下修改切角长方体的参数，首先取消"平滑"复选框的选择，然后设置长、宽、高分别为 550、950、150，将"圆角"微调框设置为 20，如图 6-43 左所示。

3）选择工具栏中的 按钮，按〈Shift〉键在顶视图中拖动创建的切角长方体，弹出

"克隆选项"对话框,选择"复制"单选项,复制一个切角长方体。

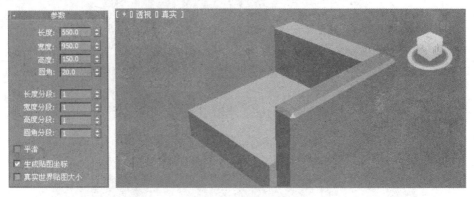

图 6-43 创建沙发扶手

4)移动复制的切角长方体到合适的位置,创建另一侧的沙发扶手,如图 6-44 所示。

图 6-44 两侧的扶手

3. 利用平滑切角长方体创建沙发坐垫

1)单击 切角长方体 按钮,在前视图中创建另一个切角长方体,在"参数"卷展栏下修改切角长方体的参数。

2)保持"平滑"复选框为选择状态,然后设置长、宽、高分别为 850、900、200,将"圆角"微调框设置为 70,圆角分段设置为 5。

3)移动修改好参数的切角长方体到合适的位置,创建的沙发坐垫如图 6-45 所示。

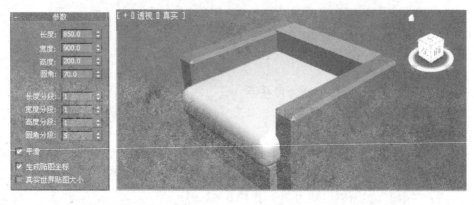

图 6-45 创建沙发坐垫

4．利用胶囊体创建沙发靠垫

1）单击 [胶囊] 按钮，在前视图中创建一个胶囊体，在"参数"卷展栏下修改胶囊体的参数。

2）保持"平滑"复选框为选择状态，选择"总体"单选按钮，设置半径为 200、高度为 900，如图 6-46 所示。

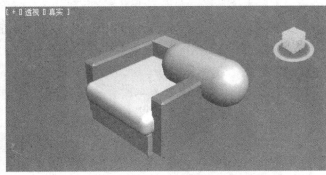

图 6-46　创建一个胶囊体

3）单击工具栏中的 ✛ 按钮，选择胶囊体，移动到合适的位置，完成沙发靠垫的创建，最终结果如图 6-40 所示。

6.2　二维线型的创建与编辑

在 3ds Max 中，除了可以利用创建标准基本体和扩展基本体来直接生成三维模型外，大多数的建模是从二维样条线开始的。从这个意义上讲，二维线型是建模最重要的基础之一。二维样条线可以通过几个次级对象进行精确的编辑控制，从而控制建模精准度。通过给二维样条线添加修改器可以生成三维模型。

6.2.1　创建二维线型

创建二维样条线的操作非常简单，参数也不复杂，准确地理解方法和参数的意义对建立精确模型很有好处。本节就来介绍一下二维样条线的创建方法。单击 ▓ 按钮，打开"创建面板"，单击 ▓ 按钮，在下拉列表框中选择"样条线"选项。二维样条线的"对象类型"卷展栏提供了 11 种二维样条线的创建按钮。"创建"面板和"对象类型"卷展栏如图 6-47 所示。

图 6-47　二维样条线"对象类型"卷展栏

"开始新图形"复选框用于控制建立样条线的独立性，当该复选框处于选择状态时，每建立一条样条线都是相互独立的，可以分别编辑。当该复选框处于不被选择状态时，建立的所有样条线自动附加在一起，做局部调整时需要进入次级对象模式进行。

1．线

线是由节点组成的，它是 3ds Max 2012 中最简单的对象。单击 [线] 按钮选择创建

"线"，在视图中单击，确定第一个节点，然后移动光标，再次单击确定第二个节点，创建一条直线，可继续单击生成第三、第四个节点，创建多条线段，最后右击完成线的创建。"线"对象命令面板中的卷展栏包括"名称和颜色"、"插值"、"渲染""创建方法"、"键盘的输入"。

（1）"名称和颜色"卷展栏

和创建三维标准基本体一样，在样条线的"名称和颜色"卷展栏中可以重新命名所创建样条线的名称和颜色，这一点在复杂场景非常有用，是对象的管理关键。"名称和颜色"卷展栏如图 6-48 所示。

（2）"插值"卷展栏

插值是二维对象所具有的一种优化方式，当二维对象为光滑曲线时，可以通过插补的方式使曲线更平滑。"插值"卷展栏如图 6-49 所示。

图 6-48 "名称和颜色"卷展栏

图 6-49 "插值"卷展栏

- "步数"微调框：设定生成线段的每段中间自动生成的折点数。如果"步数"值为 0，则"光滑"方式无效，即每段都是直线。
- "优化"复选框：选择是否允许系统自动地选择参数进行优化设置。
- "自适应"复选框：选择是否允许系统适应线段的不封闭或不规则。

（3）"渲染"卷展栏

二维样条线的渲染是比较特殊的，因为二维样条线只有形状，没有体积，系统默认情况下是不能被渲染着色而显示出来的。"渲染"卷展栏如图 6-50 所示。

- "在渲染中启用"：选择是否在渲染时使用渲染设置。可以选择"渲染"单选按钮进入渲染模式以修改其参数。
- "在视口中启用"：选择是否在视口中使用渲染设置。可以选择"视口"单选按钮进入视口模式以修改其参数。
- "生成贴图坐标"复选框：使可渲染的二维对象表面可以进行贴图处理。

图 6-50 "渲染"卷展栏

- "视口"/"渲染"单选按钮：选择两个之中任一个后，修改"厚度""边"和"角度"参数值得到不同模式下的参数。
- "厚度"微调框：厚度值大于零时，构成二维对象的线的截面是个正多边形，类似于正多边形的边长。
- "边"微调框：边数值用来设定正多边形的边数。边数值越大，截面就越接近圆形，这与圆环体的"边数"参数意义相同。

- "角度"微调框：设定构成二维对象的线的扭转角度，当"边"值足够大的时候，截面逼近圆形，"角度"的意义不明显；而当"边"值比较小时，增大"角度"值，可以明显看出此截面的旋转。

如果要对二维对象进行渲染着色，首先要选中"在渲染中启用"复选框，然后设定"厚度"值。"厚度"用来定义构成二维对象的线的宽度。

（4）"创建方法"卷展栏

"创建方法"卷展栏如图 6-51 所示。

- "初始类型"选项区域：设定单击方式下的线段形式，如果选择"角点"单选按钮，则生成的线段是直线；如果选择"平滑"单选按钮，则生成的线段是光滑曲线。
- "拖动类型"选项区域：设定拖动方式下的线段形式。如果选择"角点"单选按钮，则经过该点的曲线以该点为顶点组成一条折线；如果选择"平滑"单选按钮，则经过该点的曲线以该点为顶点组成一条光滑曲线；如果选择"Bezier"单选按钮，则经过该点的曲线以该点为顶点组成一条贝塞尔曲线。

（5）"键盘的输入"卷展栏

利用键盘输入的方式创建"线"对象，实际上等同于使用鼠标单击的方式，但取点更精确。当在"创建方法"卷展栏选择了创建方式后，只需要逐点输入"线"各拐点的 X、Y、Z 坐标值，并单击 添加点 按钮添加该点即可。单击 关闭 按钮可以使线段闭合，单击 完成 按钮则以刚添加过的一个点为线段的终点。"键盘的输入"卷展栏如图 6-52 所示。

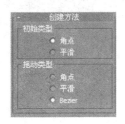

图 6-51 "创建方法"卷展栏

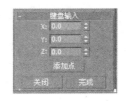

图 6-52 "键盘的输入"卷展栏

2. 矩形

矩形也是 3ds Max 2012 中最简单的对象之一。单击 矩形 按钮选择创建"矩形"，在"创建方法"卷展栏中选择"边"单选项，在视图中单击，确定第一个角点，然后移动鼠标，再次单击确定对角点，创建一个矩形。如果在"创建方法"卷展栏中选择"中心"单选项，则第一次单击确定矩形中心，第二次单击确定矩形的角点。

创建矩形比创建线多一个"参数"卷展栏，其中"长度"和"宽度"值分别用于确定矩形的长和宽，"角半径"的值用于调整矩形四角的圆滑半径。矩形及"参数"卷展栏如图 6-53 所示。

3. 圆和圆环

圆也是 3ds Max 2012 中最简单的对象之一。圆对象的参数设置比较简单，只有一个"半径"微调框。圆的"参数"卷展栏和圆对象如图 6-54 所示。

圆环对象与圆相比，只是多了一个同心圆，圆环对象的参数设置也很简单，有"半径1"、"半径2"两个微调框。圆环的"参数"卷展栏和圆环对象如图 6-55 所示。

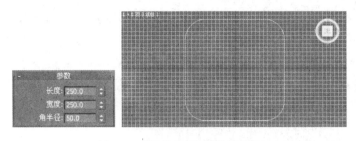

图 6-53　矩形及"参数"卷展栏

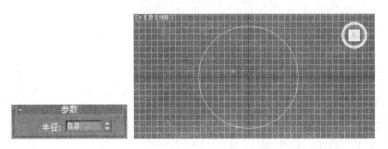

图 6-54　圆及"参数"卷展栏

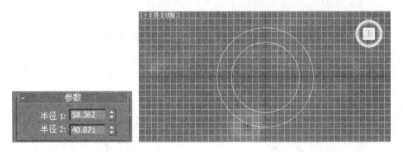

图 6-55　圆环及"参数"卷展栏

4．椭圆

3ds Max 通过椭圆的长度和宽度来定义椭圆，可以选择在"创建方法"卷展栏中选择"中心"单选按钮或"边"单选按钮来创建。椭圆和椭圆的"参数"卷展栏如图 6-56 所示。

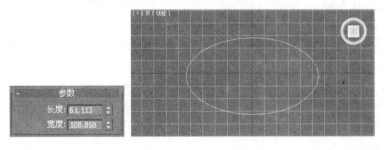

图 6-56　椭圆及"参数"卷展栏

5．弧

弧能够创建出各种各样的圆弧和扇形。弧有两种创建方式，"创建方法"卷展栏如图 6-57 所示。

- "端点-端点-中央"创建方式：首先确定圆弧的两个端点，然后生成圆弧的中间部分，即圆弧的弯曲方向和半径。
- "中间-端点-端点"创建方式：首先确定圆弧所在圆的圆心，然后依次确定圆弧的两个端点。

"参数"卷展栏如图 6-58 所示，可以调整的参数有圆弧的半径以及起止角度。除此之外，"饼形切片"复选框用来选择是否连接圆心和圆弧的两个端点，即选择要创建的是圆弧还是扇形。如图 6-59 所示，为同一弧对象"饼形切片"选择与取消复选框前后的对比情况。

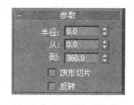

图 6-57 "创建方法"卷展栏　　　　图 6-58 "参数"卷展栏

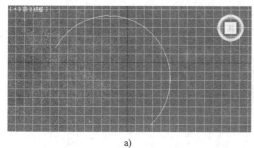

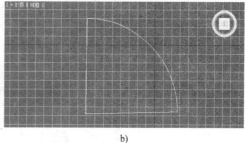

a)　　　　　　　　　　　　　　　　b)

图 6-59 选择与取消"饼形切片"复选框

a) 取消复选框的选择　b) 选择复选框

6. 多边形

多边形对象的参数也不复杂，使用键盘输入的方式创建一个正多边形，需要输入的参数有正多边形中心点的 X、Y、Z 坐标值、半径以及切角的半径。

"内接"和"外接"单选项可以决定创建的多边形半径是多边形内接圆的半径还是外切圆的半径。图 6-60 所示半径为 90、角半径为 10、边数为 5 的五边形及"参数"。

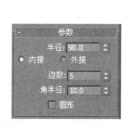

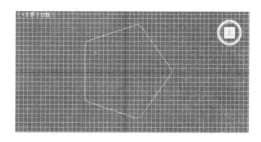

图 6-60 角半径为 10 的五边形及"参数"卷展栏

7. 星形

"星形"是参数较多的二维图形，因而它们的变化形式也比较多。星形及"参数"卷展栏如图 6-61 所示。

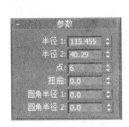
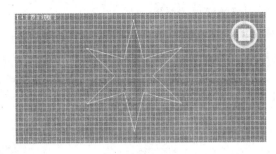

图 6-61 星形及"参数"卷展栏

通过修改"半径 1"和"半径 2"两个参数，可以改变星形的大小和形状，当两者参数值相等时，星形变为圆内接多边形。

● "点"的参数值决定了星形的角数，上面创建的星形使用的是系统默认值 6，输入其他数值时，星形的角数就变成输入的数值数。

● "扭曲"参数对星形起扭曲、变形的作用，其值的范围是 0~80。

● 更改"圆角半径 1"和"圆角半径 2"可以对星形进行进一步变形。如图 6-62 所示为变形的星形及"参数"卷展栏。

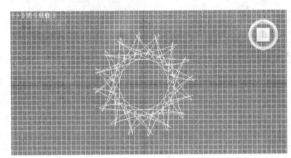

图 6-62 变形的星形及"参数"卷展栏

8. 文本

3ds Max 2012 允许用户在视图中直接加入文本，并提供了相应的文字编辑功能。文本及"参数"卷展栏如图 6-63 所示。

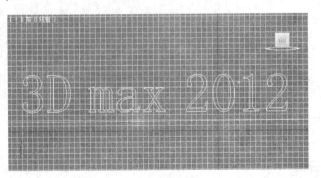

图 6-63 文本及"参数"卷展栏

"参数"下拉列表框用来选择字体类型。

- **I** 按钮：使文字变为斜体。
- **U** 按钮：为文字添加下划线。
- **≡** 按钮：用来设定文字的对齐方式为左对齐。
- **≡** 按钮：用来设定文字的对齐方式为居中。
- **≡** 按钮：用来设定文字的对齐方式为右对齐。
- **≡** 按钮：用来设定文字的对齐方式为分散对齐。
- "大小"微调框：用来设定文字的大小。
- "字间距"微调框：用来设定行内文字之间的间距。
- "行间距"微调框：用来设定不同行之间的间距。
- "文本"框：需要创建的文字内容在文本框输入。

9．螺旋线

螺旋线对象虽然属于"二维几何体"子菜单，却在 X、Y、Z 三个维度上都有分布，是"二维几何体"对象里面唯一的三维空间图形，螺旋线的外形和螺旋线及"参数"卷展栏如图 6-64 所示。

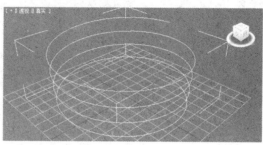

图 6-64　螺旋线及"参数"卷展栏

- "半径 1"微调框：设定螺旋线起始圆的半径。
- "半径 2"微调框：设定螺旋线终止圆的半径。
- "高度"微调框：设定螺旋线的总高度。
- "圈数"微调框：设定螺旋线的总圈数。
- "偏移"微调框：设定螺旋线各圈之间的间隔程度，使其疏密程度发生变化。该值的取值范围是 0～1，越接近 0，底部越密；越接近 1，顶部越密。系统默认值为 0。
- "顺时针"和"逆时针"单选按钮：设定螺旋线生成时的旋转方向。

如图 6-65 所示为设置了各种参数的螺旋线。

10．截面

3ds Max 2012 提供的截面工具可以通过截取三维造型的剖面来获得二维图形。用此工具创建一个平面，可以移动、旋转它，并缩放它的尺寸，当它穿过一个三维造型时，会显示出截获物剖面，单击"创建图形"按钮就可以将这个剖面制作成一条新的样条曲线。

该命令有"截面参数"和"截面大小"两个卷展栏。如图 6-66 所示为一个生成的茶壶截面及"截面"下两个卷展栏。

- **创建图形** 按钮：当界面与其他三维对象相交时此按钮变成可用状态，此时单击可生成截面。单击该按钮会弹出一个名称设置对话框，用以设定创建图形的名称，单击对话框中的 确定 按钮会生成一个剖面图形。

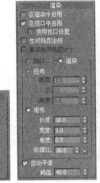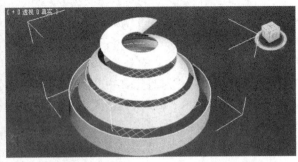

图 6-65　设置了各种参数的螺旋线

图 6-66　生成的茶壶截面及两个卷展栏

- "更新"选项区域：设置剖面物体改变时是否将结果即时更新。有 3 个单选按钮可供选择，当"手动"选项被选中时，更新截面 按钮变成可用状态。剖面物体移动了位置，单击下面的 更新截面 按钮，视图的剖面曲线才会同时更新，否则不会更新显示。
- "截面范围"选项区域：也提供了 3 个单选按钮供选择。"无限"单选按钮表示凡是经过剖面的物体都被截取，与剖面的尺寸无关；"截面边界"单选按钮表示以剖面所在的边界为限，凡是接触到边界的物体都被截取；"禁用"单选按钮表示关闭剖面的截取功能。
- "长度"和"宽度"微调框：控制截面的大小。

6.2.2　二维线型的编辑

二维线型的编辑是指对绘制完成的二维线型进行修改和编辑，可以改变线型形状、合并线型、打开线型等，操作包括点、线段和曲线 3 个级别。通过对参数的修改可以改变曲线的形状和粗细，并且在视图窗口和渲染视图中可以观察到所创建的线型，使线型成为可渲染的三维物体。

二维样条线编辑卷展栏主要有"渲染""插值""选择""几何体"，通过这些卷展栏下的参数设置，可以更加方便地对线型调控，创建出多样的图形。

1. 渲染

"渲染"卷展栏主要是对线型可视化的设置，通过对命令的勾选和对参数的设置使线型有体积感，还可通过参数变化进行动画设置，如图 6-67 所示。

- "在渲染中启用"：设置图形在渲染输出时的属性。如图 6-68 所示。
- "在视口中启用"：设置图形在视图窗口中的显示属性，如图 6-69 所示。

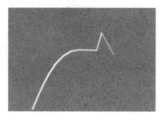

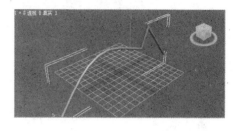

图 6-67　"渲染"卷展栏　　　图 6-68　在渲染中启用　　　图 6-69　在视口中启用

- "生成贴图坐标"：控制贴图位置。
- "径向"：设置线型圆的属性。
- "厚度"：控制线条的粗细程度。
- "边"：设置可渲染线型的边数。
- "角度"：调节横截面的旋转角度。
- "矩形"：设置线型方的属性。
- "长度"：控制线条的长。
- "宽度"：控制线条的宽。
- "角度"：调节横截面的旋转角度。
- "纵横比"：调节宽度的比例关系。
- "自动平滑"：控制图形的平滑度。

2. 插值

"插值"卷展栏主要是对曲线的光滑程度进行设置。如图 6-70 所示。

- "步数"：设置两点间有多少个直线段构成曲线，数值越高，曲线越光滑。
- "优化"：可去除曲线上多余的步数片段。
- "自适应"：根据曲度的大小可自动设置步数。

图 6-70　"插值"卷展栏

3. 选择

通过"选择"卷展栏可以进入样条线的次级对象。样条线共有 3 种次级对象，分别是顶点、线段和样条线。如图 6-71 所示。

● ▓▓▓：单击后，进入顶点的次物体编辑级别，这时可以对单个顶点进行编辑操作。在编辑顶点的层级时，在选择的顶点上右击，可出现快捷菜单，如图 6-72 所示，在"工具 1"中红圈标出的位置可对点进行 4 种不同的设置。

图 6-71 "选择"卷展栏

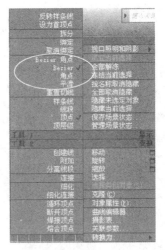

图 6-72 快捷菜单

Bezier 角点（贝兹角点）：两根不相关的调节杆，可以各自调节一侧的曲线。

Bezier（贝兹）：提供两根调节杆，两根调节杆处于同一直线并与曲线的顶点相切，可使两侧的曲线始终保持平滑。

角点：使两边的线段构成折角，顶点两侧的线段不可调节。

平滑：可使顶点两侧的线段强制形成圆滑的曲线，顶点两侧无调节杆。

● ▓▓▓：单击后，以线段为最小单位进行编辑。

● ▓▓▓：单击后，可对整个曲线进行编辑。

4. 几何体

"几何体"卷展栏主要是对二维图形进行结合编辑，大多数命令要进入样条线的次级对象使用。如图 6-73 所示。

图 6-73 "几何体"卷展栏

● 附加：单击后，在视图中选择其他样条曲线，使其结合成一整体，如图 6-74 所示。

图 6-74 "附加"的过程

● 焊接：主要是对二维图形断开两个点的连接，使其中任何一个点与另一个点重叠。全选重叠的两个点，单击 焊接 命令，完成操作。如图 6-75 所示。

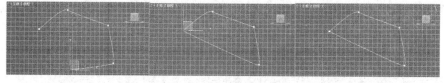

图 6-75 "焊接"的过程

● 连接：连接两个端点。单击 连接 命令，单击一点拖动至另一点，通过一条直线连接，如图 6-76 所示。

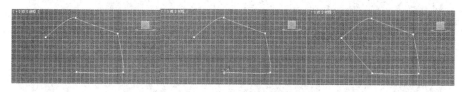

图 6-76 "连接"的过程

● 圆角：对角进行倒圆。选择多个角点也可同时对多角进行倒圆。如图 6-77 所示。

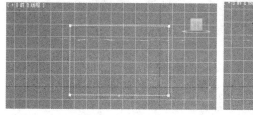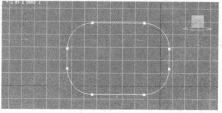

图 6-77 "圆角"的过程

● 切角：对角进行倒角。选择多个角点也可同时对多角进行倒角。如图 6-78 所示。

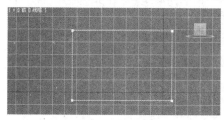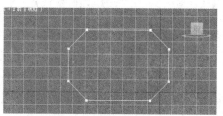

图 6-78 "切角"的过程

● 轮廓：在所选择的曲线上加一个双线勾边，可以直接在曲线上手动添加轮廓线，也可通过按钮右边的数值微调框加轮廓。如图 6-79 所示。

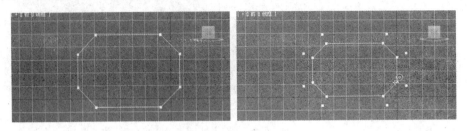

图 6-79 "轮廓"的过程

- ⬤ 布尔：提供并集、差集、交集 3 种运算方式。两条样条线进行"附加"后，选择第一条样条线，单击 布尔 命令，再选择第二条样条线，完成操作。如图 6-80 所示为并集的运算效果；如图 6-81 所示为差集的运算效果；如图 6-82 所示为交集的运算效果。

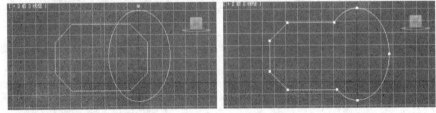

图 6-80 并集的运算效果

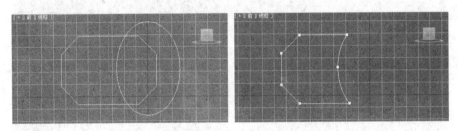

图 6-81 差集的运算效果

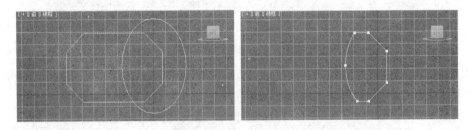

图 6-82 交集的运算效果

6.2.3 操作示例——制作门把手模型

使用二维线型命令制作门把手，模型简单。通过对二维线型编辑，利用"渲染"卷展栏中的参数和属性设置，将二维线型转化为可视化的图形，可以获得如图 6-83 所示的门把手。结果可以参见随书光盘中的 "门把手.max"。

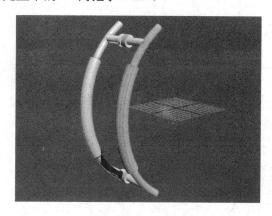

图 6-83　门把手

1．制作门把手的主体

1）单击 "创建" 面板中的图形命令，单击 弧 命令，在前视图中绘制弧形。如图 6-84 所示。"参数" 卷展栏中 "半径" 值为 200。

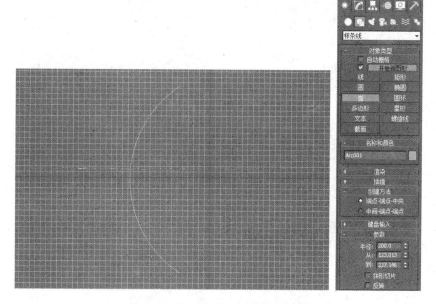

图 6-84　绘制弧形及 "参数" 卷展栏

2）单击 "修改" 命令面板，打开 "渲染" 卷展栏，选择 "渲染" 卷展中的 "在视口中启用" 和 "在渲染中启用" 两个复选框，并调整 "径向" 的 "厚度" 为 15，门把手主体如图 6-85 所示。

2．制作门把手的中间部分

1）使用移动工具复制已经制作好的主体部分，复制时注意不要产生位移，让两个对象重合在一起，复制对象处于选中状态。

2）调整 "径向" 的 "厚度" 为 25，弧线变粗了。调整弧线的起始位置和终止位置数值，弧线变短，如图 6-86 所示。

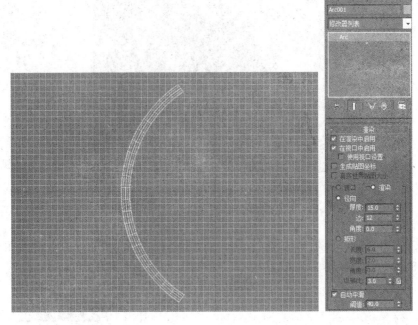

图 6-85　门把手主体

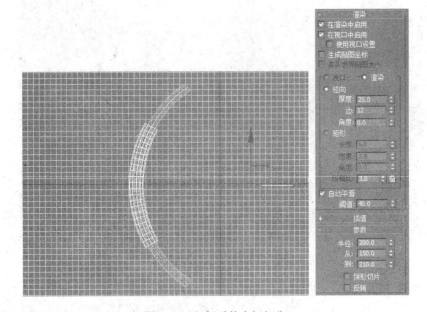

图 6-86　门把手的中间部分

3. 制作门把手的固定部件

1）单击 ▆▆▆线▆▆▆ 命令，在左视图中绘制直线。调整直线"径向"的"厚度"为 15，切换视图将直线移动到如图 6-87 所示的位置。

2）在顶视图中使用均匀缩放工具选择已绘制的直线，按〈Shift〉键的同时将直线复制并缩短，移动到直线远离把手的一端，调整缩短直线"径向"的"厚度"为25。如图6-88所示。

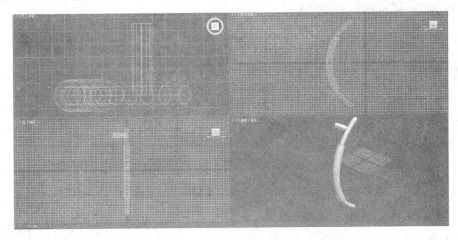

图6-87　绘制直线

3）在前视图中框选两段直线组成的固定件，使用移动工具复制一组。

4）切换到左视图中，框选所有对象，单击工具栏中的"镜像"按钮 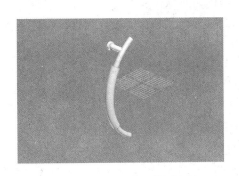，弹出"镜像"对话框，如图6-89所示。

5）选择"复制"单选按钮，以X轴为镜像轴，并设置"偏移"为-50。得到如图6-83所示的效果。

图6-88　直线组成的固定件

图6-89　"镜像"对话框

6.3　复合建模

复合建模是将两个以上的物体通过特定的合成方式结合到一起形成另一物体，即通过把两个或多个对象组合成一个对象来生成各种复杂的对象。对于合并的过程，合并后的物体可以进行反复调节，还可以动画的方式进行表现，使一些高难度的造型和动画（如毛皮、头发、点面差异物体的变形动画）制作成为可能，制作一些较复杂的模型。

复合建模的类型主要有"变形""散布""一致""连接""水滴网格""图形合并""布

尔""地形""放样""网格化""ProBoolean""ProCutter"等，通过这些命令可以创建出复杂的三维模型，并可以进行动画设置。

6.3.1 布尔运算

"布尔运算"是针对于三维物体进行编辑的命令，使用两个以上相交的对象来生成一个新的对象，可对两个以上的物体反复进行并集、差集、交集的运算，得到新的物体。但不能同时对多个对象执行布尔运算。"布尔运算"面板如图6-90所示。

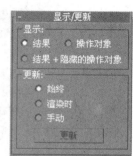

（1）"拾取布尔"选项区域

"拾取操作对象 B"主要用来选择用于布尔运算中的第2个物体。

- "参考"：表示将 B 对象作为所生成布尔对象的一个参考，改变 B 对象将同时改变布尔对象中B对象的对应部分。
- "复制"：复制原始物体将其作为运算物体B，不破坏原始物体。使用B对象在其他用途的情况，此时生成布尔对象后，改变 B 对象不会再对布尔对象产生影响。
- "移动"：默认选择，在拾取操作物体时，直接进行布尔运算。将原始物体直接作为

图6-90 "布尔运算"面板

运算物体B，布尔运算后B对象将转化为布尔对象的一部分，它本身将消失。

- "实例"：选择此项，在拾取操作物体时，复制一个实例物体进行布尔运算。

（2）"操作对象"选项区域

"操作对象"中列出所有的三维物体，可以在操作中进行选择。

- "名称"：显示运算物体的名称，允许进行名称修改。
- "提取操作对象"：当应用布尔运算的修改命令时，此按钮被激活。分为"实例"和"复制"两种方式。具体含义同"拾取操作对象 B"中的相同。

（3）"操作"选项区域

此选项区域提供5种运算方式可供选择。

- "并集"：两个相交的三维物体合并成为一体，如图6-91所示。
- "交集"：两个相交的三维物体重叠的部分，如图6-92所示。

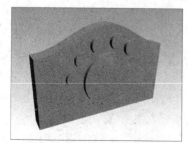

图6-91 "并集"效果

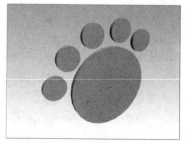

图6-92 "交集"效果

- "差集 A–B"：将两个三维物体相交的部分进行删除，同时也删除另一物体。就是从 A 物体中减去 B 物体，如图 6-93 所示。
- "差集 B–A"：将两个三维物体相交的部分进行删除，同时也删除另一物体。就是从 B 物体中减去 A 物体，如图 6-94 所示。
- "切割"：表示使用 B 对象切割 A 对象，但不从 B 对象上增加任何几何体给 A 对象的一种布尔操作类型，它包括优化、分割、移除内部、移除外部 4 种切割方式。

 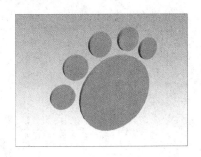

图 6-93 "差集 A–B"效果　　　　　　图 6-94 "差集 B–A"效果

6.3.2 放样

"放样"是通过使用一个路径（类似龙骨）组合各种截面型来创建对象。"放样"在 3ds Max 建模过程中简便、变化性强，通过使用放样能很容易创建出各种复杂的形体，因此放样对象已成为 3D 建模中一种非常重要的手段，受到了广泛的重视。

1. 放样概念

在放样对象中首先要面对的基本组成对象是"样条型"，样条型是一个很重要的概念。样条型是样条曲线的集合，在放样对象中，无论是作为放样对象中心的路径，还是截面曲线，都是以样条型的形式存在的，因此样条型的创建就是放样的基础。在放样对象中，路径是用来确定放样中心的一个样条型，而且它只能有一条样条曲线；截面型就是以路径为中心来最终生成放样对象的表面，截面型可以包含多个任意形状的样条曲线。

2. 放样操作

（1）放样前的准备

1）放样前需要先完成路径和截面图形的制作，它们必须是二维图形。任何一个放样物体只能有一个路径，路径可以是封闭、不封闭或是交叉的。截面图形则可以有一个或多个，可以封闭或不封闭。

2）在"创建"命令面板中完成放样指定工作板。一般只是在"创建"命令面板中指定初步放样，而在"修改"命令面板中进行具体的造型工作，因为"修改"命令面板拥有更稳定、更齐全的加工能力。

3）对于路径和截面图形的指定先后选择顺序，本质上对造型的形态没有影响，如果不想变动截面图形位置，那么就先指定它，再取入路径，反之亦然。

4）选择图形。

5）单击 ✷ "创建"命令面板中 ◯ 几何体按钮，再单击"标准基本体"右边的下拉菜单，在出现的列表中选择"复合对象"，单击　放样　按钮，如果未选择图形或者图形不符合要求，操作将不会进行。

6）单击 <u>放样</u> 按钮，弹出"参数"面板，现在要使用的只是上面一小部分，如图6-95所示。

（2）"参数"面板

1）"创建方法"：确定使用什么方式创建放样造型。

● "获取路径"：如果选择截面图形为原始样条型，单击此按钮，在视图中选择将要作为路径的图形来生成放样对象。

● "获取图形"：如果选择了路径，单击此按钮，在视图中选择将要作为截面的图形来生成放样对象。

图6-95 "放样"参数面板

● "移动"、"复制"、"实例"：这是3种复制属性，一般情况下默认为实例方式，原来的二维图形继续保留，进入放样系统的只是它们各自的关联物体，可以将其隐藏，当需要对放样后的造型进行修改时，可以直接修改它们关联的物体。

2）"路径参数"：要确定在路径上何处插入新的截面图形，通过路径参数项目进行控制。"路径"微调框用于控制插入点在路径上的位置。

3. 截面图形编辑

截面图形编辑主要是控制两个放样图形在路径上的位置关系，选取放样物体，在  "修改"命令面板的列表中单击"放样"前的⊞，显示放样物体的次物体，选择"图形"选项进入截面图形编辑层，如图6-96所示。

● "路径级别"：调节当前截面图形所在的路径位置默认为百分比。

● "比较"：单击此按钮，弹出对话框，可调节不同层上的截面进行起点的比对，如图6-97所示。

图6-96 图形命令

图6-97 "比较"命令

● "重置"：取消对截面图形的旋转操作。

● "删除"：删除当前路径上的截面图形。

● "对齐"：编辑截面图形和路径的位置关系。分为以下6种。

"居中"：使截面图形的中心对齐路径。

"默认"：恢复截面图形最初放置路径的位置。

"左"：截面图形左边对齐路径。

"右"：截面图形右边对齐路径。

"顶"：截面图形顶端对齐路径。

"底"：截面图形底端对齐路径。

● "输出"：单击此按钮后，在弹出的对话框中输入名称，使当前路径上的截面图形成为一个独立或关联的新图形。

4．操作示例——制作桌布

图6-98　制作桌布

桌布的制作过程除采用放样制作外，在出现错误的表面时，需要对所放样的截面图形进行调整，通过"工具栏"中的 ⟳ 旋转命令对截面图形旋转，使其对齐。结果参见随书光盘中的"桌布布褶.max"，如图6-98所示。

1）选择"顶视图"，单击 ✦ "创建"面板中的图形 ◌ 按钮，再单击 ▇圆▇ 创建桌子的截面图形，设置"半径"为1200。

2）选择"顶视图"，单击 ✦ "创建"面板中的图形 ◌ 按钮，再单击 ▇线▇ 创建桌布布褶的截面图形，如图6-99所示。

3）选择"前视图"，单击 ✦ "创建"面板中的图形 ◌ 按钮，再单击 ▇线▇ 创建路径，如图6-100所示。

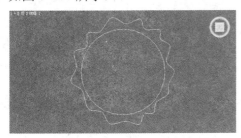

图6-99　绘制布褶

图6-100　绘制路径

4）选择"顶视图"中的圆，单击 ✦ "创建"面板中几何体 ◌ 按钮，再单击"标准基本体"右边的 ▾，在出现的列表中选择"复合对象"，单击 ▇放样▇ 按钮，单击 ▇获取路径▇ 按钮，在"透视图"中选择直线路径，如图6-101所示。

5）选择放样后的圆柱，单击 ⟋ "修改"命令面板，设置"路径"为100，单击 ▇获取图形▇ 按钮选择"透视图"中的曲线，如图6-102所示。

图6-101　圆形放样

图6-102　曲线放样

6）现在放样的物体出现错误，单击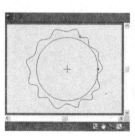"修改"命令面板，单击"修改堆栈"中"放样"前的█，单击"图形"命令，在"图形命令"卷展栏中单击 比较 按钮，弹出"比较"图框，单击"拾取图形命令" █ 按钮，分别选择物体上的圆和曲线，如图 6-103 所示。

7）单击"旋转" █ 按钮，在"透视图"中旋转曲线，使"比较"图框的截面图形的方块旋转对齐，如图 6-104 所示。

图 6-103 "比较"命令

图 6-104 调整后的桌布

6.3.3 放样变形

放样变形建模必须具备截面图形和路径，三维模型是不能进行放样变形的，也就是说放样变形必须是一个放样物体。放样变形有 5 种类型可进行编辑，有着各自独立的控制界面。相同参数的使用方法也有相同的意义，如图 6-105 所示。

- "缩放"：沿路径放样的截面图形在 X、Y 轴向上进行缩放变形。
- "扭曲"：沿路径放样的截面图形在 X、Y 轴向上进行扭曲变形。
- "倾斜"：沿路径放样的截面图形在 Z 轴向上进行旋转变形。
- "倒角"：沿路径放样的模型可以产生倒角变形。
- "拟合"：根据三视图进行拟合放样建模，可产生复杂的三维物体。

图 6-105 "变形"

选择任何一个变形命令，都会打开相应的变形命令界面，除 拟合 变形比较复杂以外，其余 4 个变形命令有着基本相同参数和使用方法，如图 6-106 所示。

- █：对 X、Y 轴的锁定，这样可以同时进行编辑和控制效果。
- █：显示 X 轴控制线，以红颜色显示。
- █：显示 Y 轴控制线，以绿颜色显示。
- █：显示 X、Y 轴控制线，可同时进行调节。
- █：用于移动控制点的位置，可对贝兹控制点两侧的滑竿进行调节。
- █：对控制点进行垂直移动。
- █：在控制线上增加一个贝兹控制点。
- █：删除所选择的控制点。
- █：单击此按钮恢复原始状态。

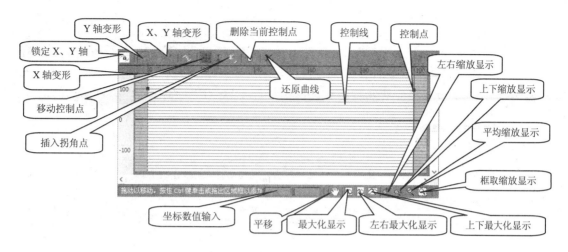

图 6-106　变形命令窗口

1. 缩放变形

缩放变形是一个很强大的变形方法，通过对截面在 X、Y 轴上的缩放关系，使放样的物体在 Z 轴上产生变化，可以制作多种模型。

首先通过创建圆形截面图形和直线路径来创建一个放样圆柱，然后通过放样变形中的缩放变形命令打开"缩放变形"窗口，如图 6-107 所示，再对控制线添加控制点，并使控制点转化为贝兹点，对其滑竿进行调节，可以得到如图 6-108 所示的保龄球瓶。

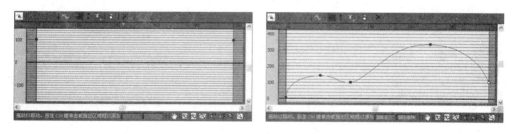

图 6-107　调节控制点

2. 扭曲变形

对放样物体进行扭曲变形可通过改变截面图形在 X、Y 轴上的旋转比例，从而使物体产生旋转变形。

3. 倾斜变形

倾斜变形通过改变截面图形在 Z 轴上的旋转比例，可以使放样物体发生倾斜变形。

4. 倒角变形

倒角变形通过缩放路径上的截面图形，使放样的物体形成中心对称的倒角变形。

图 6-108　制作保龄球瓶

● ：忽略路径曲率创建平行边倒角效果。

● ：通过路径曲率使用线性样条改变倒角效果。

● ：通过路径曲率使用立方曲线样条改变倒角效果。

5. 拟合变形

拟合变形是通过 4 个图形配合完成一个三维物体的制作。先利用路径图形和截面图形进行放样，在"修改"命令面板中运用拟合变形命令获取轮廓图线，在 X 轴和 Y 轴上修改三维物体。拟合变形命令功能强大，可以制作许多复杂的三维物体，拟合变形的面板如图 6-109 所示。

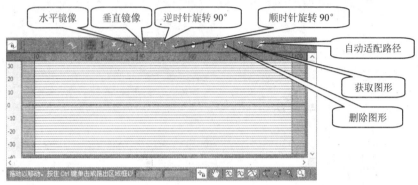

图 6-109　拟合变形

- ⬌：沿水平轴向镜像图形。
- ⬍：沿垂直轴向镜像图形。
- ↰：将图形逆时针旋转 90°。
- ↳：将图形顺时针旋转 90°。
- ▸：删除选择的图形。
- ↖：选择一个图形，作为指定轴向的图形。
- ✳：用新的直线路径代替原来的放样路径。

6. 操作示例——制作鼠标

创建较为复杂的模型时，可以用变形命令当中的拟合命令。拟合命令的使用是通过三视图中在不同轴向上的截面和图形共同完成的，参见光盘中的文件"拟合.max"，如图 6-110所示。

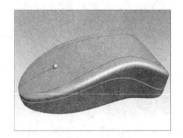

图 6-110　鼠标

1）单击"顶视图"，单击 "创建"面板中的 图形命令，再单击 矩形 创建在 X 轴上的截面图形，设置矩形的"长度"和"宽度"分别为 50 和 100，如图 6-111 所示。

图 6-111　绘制 X 轴上的截面图形

2）选择矩形，右击，在弹出的快捷菜单中选择"转换为"→"转换为可编辑样条线"命令，并对其进行 优化 加点，调整成如图 6-112 所示的图形。

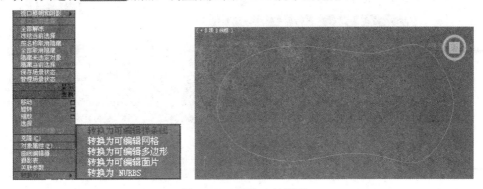

图 6-112　调整 X 轴图形

3）选择"前视图"，单击 "创建"面板中的"图形"按钮 ，再单击 矩形 创建在 Y 轴上的截面图形，设置矩形的"长度"和"宽度"分别为 35 和 100，如图 6-113 所示。

图 6-113　绘制 Y 轴上的截面图形

4）同步骤 2），对矩形进行调整，如图 6-114 所示。

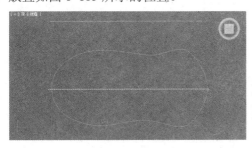

图 6-114　调整 Y 轴截面图形

5）选择"顶视图"，单击 "创建"面板中的"图形"按钮 ，再单击 线 创建路径，放置如图 6-115 所示的位置。

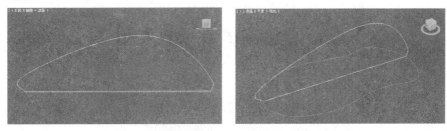

图 6-115　绘制路径

6）选择"左视图"，单击  "创建"面板中的"图形"按钮 ，再单击 矩形 创建轮廓线，设置矩形的"长度"和"宽度"分别为 35 和 50，如图 6-116 所示。

图 6-116　绘制矩形

7）选择矩形，右击，在弹出的快捷菜单中选择"转换为"→"转换为可编辑样条线"命令，在"几何体"卷展栏中单击 圆角 按钮，设置"圆角"数值为 3，如图 6-117 所示。

图 6-117　绘制轮廓线

8）选择"透视图"中的直线路径，单击 "创建"面板中"几何体"按钮 ，再单击"标准基本体"右边的 ，在出现的列表中选择"复合对象"，单击 放样 按钮，单击 获取图形 按钮，在"透视图"中选择轮廓线，如图 6-118 所示。

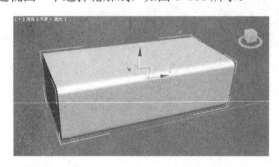

图 6-118　轮廓线的放样

9）单击放样后的物体，单击 "修改"命令面板，单击"变形"卷展栏中的 拟合 按钮，弹出"拟合变形"窗口，单击 按钮，再单击 按钮，然后单击 按钮，最后选择"透视图"中的 X 轴上的截面图形，如图 6-119 所示。

10）在"拟合变形"窗口中，单击 按钮，再单击 按钮，然后单击 按钮，最后选择"透视图"中的 Y 轴上的截面图形，如图 6-120 所示。

11）绘制鼠标上的结构缝隙，先绘制需要进行修剪的模型，在其中任意一个模型上右击，在弹出的快捷菜单中选择"转换为"→"转换为可编辑多边形"命令，单击"编辑几何体"卷展栏中的 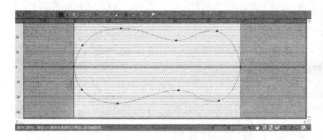 按钮，将其他模型进行"附加"，如图 6-121 所示。

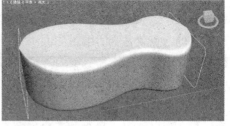

图 6-119　选择 X 轴截面图形

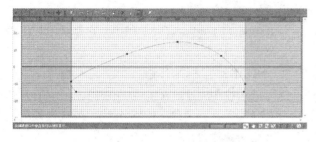
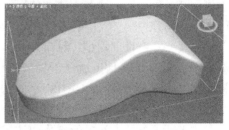

图 6-120　选择 Y 轴截面图形

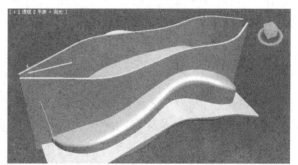

图 6-121　附加模型

12）最后通过 布尔 运算进行修剪，最终效果如图 6-110 所示。

6.4　高级建模简介

自然界中的物体总是呈现出多姿多彩的有机形态，如果只依靠几何体和复合对象等基础建模工具，就想模拟出丰富多彩的三维虚拟世界，是远远不够的，本节重点介绍网格建模、面片建模、多边形建模和 NURBS 建模等常见的高级建模工具。通过使用这些工具可以很容易地制作出花朵、飞机、汽车、人物等复杂的 3D 对象。

网格建模的基本过程就是通过在顶点、边和面等次对象层次进行移动、拉伸等编辑操作来生成复杂的对象，其思路比较简单。

多边形建模与网格建模的原理类似。网格建模是早期 3ds Max 版本的主要建模方式，而多边形建模则是最近 3ds Max 版本逐渐引进和增加的建模功能。尤其 3ds Max 增加了石墨建模工具后，为 3ds Max 的多变形建模提供了质的飞跃。它相对于网格建模有许多进步之处，最主要的一点就是它所编辑的面不受边数的限制，可以是任意边数的多边形面。因此网格建模可以完成的建模工作，多边形建模也都可以实现。多边形建模可以制作任何 3D 对象。

面片建模通常也是通过编辑顶点、边和面片等次对象来完成的，但它又有一些不同于网格建模和多边形建模的地方。因为面片是基于 Bezier 样条曲线来定义的，所以面片建模的主要过程是通过编辑顶点及其矢量手柄来完成的。相对于面片建模而言，更有优势的是曲面建模方式。因为它的建模思路主要是编辑更容易操作的样条型，然后再使用曲面编辑修改器来生成面片对象。通过这种方法，使得复杂建模更加简单方便。

非均匀理性的 B 样条曲线（Non-uniform Rational B-splines，NURBS）它非常擅长用复杂的曲线来建立曲面模型，精确度高，曲面光滑，而且可以交互地进行修改。它不仅擅长于创建光滑表面，而且也适合于创建尖锐的边。NURBS 建模尤其适用于创建人物的造型建模。与面片建模一样，NURBS 建模允许创建可被渲染但并不一定必须在视图上显示的复杂细节，这意味着 NURBS 表面的构造和编辑都相当简单，而且 NURBS 建模的最大好处就是它具有多边形建模方法编辑操作中的灵活性，又无需依赖复杂网格来细化表面。

6.4.1 网格建模

直接利用系统提供的简单三维造型或平面造型来建立模型，通过编辑修改器可以将建立的对象转换成可编辑网格，在可编辑网格的基础上进行更精细的网格建模。

把一个对象转换成可编辑网格并对其次对象进行操作，通常有以下两种方法。

1）通过"编辑网格"编辑修改器。

2）右击，在弹出的快捷菜单中选择"转换为"→"转换为可编辑网格"命令。

网格对象包括顶点、边、面、多边形和元素等次对象，编辑网格也是通过分别进入各个次对象层次进行编辑修改来完成的。

1. 公用属性

在"修改"面板的下方包含"选择"和"软选择"两个公用属性卷展栏。如图 6-122 和图 6-123 所示。这两个公用属性卷展栏总在每个次级对象的"修改"面板最前面。

图 6-122 "选择"卷展栏

图 6-123 "软选择"卷展栏

（1）"选择"卷展栏

"选择"卷展栏的主要功能是协助对各种次对象进行选择。位于最上面的一行按钮用来决定选择的次对象模式，单击不同的按钮将分别进入网格对象的顶点、边、面、多边形和元素等次对象层次。对应不同的次对象，3ds Max 提供不同的编辑操作方式。

"按顶点"、"忽略背面"和"忽略可见边" 3 个复选框是辅助次对象选择的 3 种方法。在"选择"卷展栏的最下方提供有选择次对象情况的信息栏，通过该信息可以确认是否多选或漏选了次对象。

（2）"软选择"卷展栏

"软选择"卷展栏也是各对象操作都共有的一个属性卷展栏，该卷展栏控制对选择的次对象的变换操作是否影响其邻近的次对象。当对选择的次对象进行几何变换时，3ds Max 2012 对周围未被选择的顶点应用一种样条曲线变形。就是说当变换所选的次对象时，周围的顶点也依照某种规律跟随变换。在卷展栏中"使用软选择"复选框就是决定是否使用这一功能的，只有在选中该复选框后，下面的各个选项才会被激活。

"软选择"卷展栏的底部图形窗口显示的就是跟随所选顶点变换的变形曲线，它主要受"衰减"、"收缩"和"膨胀"这 3 个参数的影响。在这 3 个因素中，"衰减"项最为重要，也最常用。

选中"使用软选择"复选框后，"衰减""收缩"和"膨胀" 3 个参数被激活，对所选顶点进行移动，效果如图 6-124 所示。

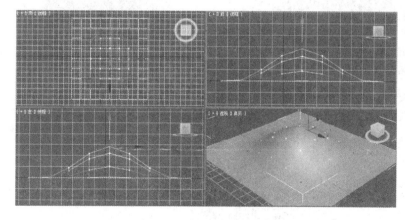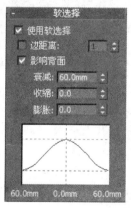

图 6-124 选中"使用软选择"复选框

在了解了以上两种公用属性卷展栏后，就可以具体地使用各种次对象模式了。在可编辑网格的这几种次对象模式中，每一种模式都有其使用的侧重点。

顶点模式重点在于改变各个顶点的相对位置来实现建模的需要，边模式重点在于满足网格建模的需要。在这些模式中，面模式是最重要的，也是功能最强大的，许多对象的建模都是通过对面进行拉伸和倒角生成的。用顶点模式和边模式来辅助面模式建模，这就是最常用的一种网格建模方法。

2．顶点模式

单击编辑修改器堆栈中"编辑网格"下的"顶点"或者单击"选择"卷展栏中的"顶点"按钮，都将进入网格对象的顶点模式。同时，在视图中，网格对象的所有顶点也会以蓝色显示，用户可以选择对象上的单个或多个点。

　　网格对象在顶点模式下，通过"编辑几何体"卷展栏中的命令可以完成对顶点次对象的编辑操作，如图 6-125 所示。

3．边模式

　　"边"作为网格对象的另一个次对象，在网格建模中并不占主要的地位，基本上是作为创建面的副产品存在。尽管如此，在 3ds Max 2012 中使用边来处理面对象也是建模中经常用到的手段，而且使用"边"来创建新面也是一种很有效的方式。单击编辑修改器堆栈中"编辑网格"下的"边"，如图 6-126 所示，或者单击"选择"卷展栏中的"边"按钮██，如图 6-127 所示，都将进入网格对象的边模式。

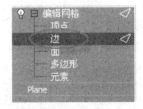

图 6-125　"编辑几何体"卷展栏　　　　　　　　　　　图 6-126　编辑修改器堆栈

　　"边"模式对应的"编辑几何体"卷展栏如图 6-128 所示。与顶点模式相比较，除了一些功能基本相同的选项外，它又增添了几个属于自己特性的选项。

图 6-127　"选择"卷展栏　　　　　　图 6-128　边模式对应的"编辑几何体"卷展栏

4．面模式

　　在面的层次网格对象中包括"三角形面""多边形面"和"元素"3 种情况。"三角形面"是面层次中的最低级别，它通过 3 个顶点确定，并且被作为多边形面和元素的基础。

在构成面层次的选择集中，"三角形面"的选择是最方便快捷的，而且它可以显示出被选面的所有边，包括不可见的边。在"多边形面"的情况下，选择的是没有被可见边分开的多边形。若要显示出被选择多边形的不可见边，则应对该多边形使用"三角形面"选择。使用元素模式进行选择时，可以通过单击一个面来选择所有的与该面共享顶点的相连面。因为所有的网格对象都是以面的形式存在的，所以在此对象层次使用面建模是网格建模中最重要的一部分。

面模式的"编辑几何体"卷展栏如图 6-129 所示，在面模式下通过对卷展栏中各选项的操作可以实现最终对网格对象的编辑修改。

5．操作示例——创建烟灰缸

下面通过创建一个烟灰缸模型来学习网格建模方式，结果如图 6-130 所示。网格建模方式建立的模型具有良好的编辑性能，在实际的工作中经常应用，通过不断的练习积累丰富的经验，多做多练是成为高手的必经之路。结果可以参见随书光盘中的"烟灰缸.max"。

图 6-129　面模式的"编辑几何体"卷展栏

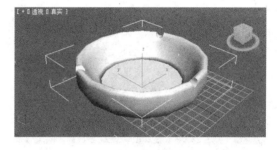
图 6-130　烟灰缸

1）创建一个圆柱体，设定"半径"为 80，"高度"为 40，将"高度分段"设为 4，"端面分段"设为 10，"边数"设为 8，取消"平滑"复选框的勾选，结果如图 6-131 所示。

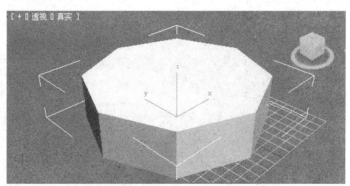
图 6-131　创建圆柱体

2）单击 ❂ 按钮进入"修改"面板，在"修改器列表"下拉列表框中选择"编辑网格"修改器。单击"选择"卷展栏中的▣按钮，在顶视图中选定圆柱体的上表面，如图 6-132 所示。

3）在"编辑网格"修改器中的"编辑几何体"卷展栏中，单击 挤出 按钮，将挤出量设为-20，单击 倒角 按钮，将倒角量设为-10，再次单击 挤出 按钮，将挤出量设为-5，再次单击 倒角 按钮，将倒角量设为-10，选定的表面将向内挤出并倒角，结果如图 6-133 所示。

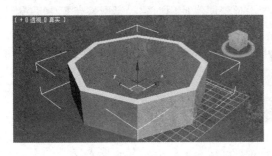

图 6-132　转化为可编辑网格并选择上表面　　　　图 6-133　挤出并倒角

4）单击"选择"卷展栏中的"顶点"按钮■，选择顶点模式，单击工具栏中的▣按钮，在左视图中选择最底层表面的点，然后在顶视图中对选择的点进行适当的比例缩放。再调整倒数第二层的点，取得柔和的外形，如图 6-134 和图 6-135 所示。

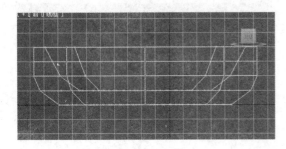 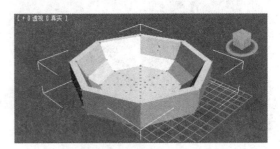

图 6-134　调整后的前视图　　　　　　　　图 6-135　调整后的外形

5）选择创建的烟灰缸模型，在"修改器列表"下拉列表框中选择"网格平滑"编辑器，然后在"细分量"卷展栏中将"迭代次数"设为 1，得到光滑后的烟灰缸效果。如图 6-136 所示。

图 6-136　光滑后的烟灰缸效果

6）创建一个半径为 50 的圆柱体，旋转 120°复制 2 份后与创建好的烟灰缸做布尔运算，效果如图 6-130 所示。

6.4.2　面片建模

面片即 Bezier 面片的简称。面片建模类似于缝制一件衣服，是用多块面片拼贴制作出光滑的表面。面片的制作主要是通过改变构成面片的边的形状和位置来实现的，因此面片建模中对边的把握非常重要。面片建模的最大优点在于它使用很少的细节就能制作出表面光滑且与对象轮廓相符的形状。

1．面片的类型

在 3ds Max 2012 中存在着"四边形面片"和"三角形面片"两种类型的面片。通过在"创建"面板的"几何体"下拉列表中选择"面片栅格"选项，将会在弹出的"对象类型"卷展栏中看到这两种面片类型。如图 6-137 所示。

从图 6-138 中可以看出，面片对象是由产生表面的栅格定义的。"四边形面片"由 4 边的栅格组成，而"三角形面片"则是由 3 边的栅格组成。对于面片对象，格子的主要作用是显示面片的表面效果，但不能对它直接编辑。最初工作的时候可以使用数量较少的格子，当编辑变得越来越细或渲染要求较密的格子时，可以增加格子的段数来提高面片表面的密度。

图 6-137　面片的标准创建方法

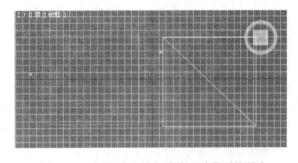

图 6-138　用标准方法创建这两种类型的面片

对"四边形面片"和"三角形面片"两种类型的面片进行基本编辑，都将其中的一角点提高一定的高度，结果如图 6-139 所示。可以看出"三角形面片"对象网格被均匀地弯曲，而"四边形面片"的弯曲不仅均匀且更富有弹性。这是因为影响连接控制点的四边形，对角的点也相互影响对方的面；而"三角形面片"只影响共享边的点，角顶点的表面不会受到影响。在实际工作中，使用"三角形面片"弯曲可以带来较好的褶皱效果，而使用"四边形面片"弯曲将得到更平滑的表面。

2．矢量手柄

无论是"三角形面片"还是"四边形面片"，都是基于 Bezier 样条曲线来定义的。一般情况下的 Bezier 样条曲线都是使用 4 个顶点来定义，即两个端点和中间的两个插值点。面片对象的顶点就是 Bezier 曲线的端点控制点，控制面片对象的矢量手柄为样条曲线的中间控制点。

矢量手柄类似于在介绍编辑样条线编辑修改器时样条顶点对应的切线手柄。单击面片上的任何一个顶点，将在该顶点的两侧显示出由线段和一个小方体组成的图形标记，这个小方体代表矢量手柄，它实际上就是定义面片边的 Bezier 样条曲线的中间控制点，连接小方体的线段即为代表该顶点处的矢量手柄。因此每个顶点都有两个矢量手柄，通过调整矢量手柄可以控制顶点两侧面片的边的形状。

图 6-139　对两种类型的面片进行基本编辑

3．创建面片的几种方法

除了使用标准的面片创建方法外，在 **3ds Max 2012** 中还包括很多常用的创建面片的方法。

● 对创建的线使用诸如"车削"和"挤出"一类的编辑修改器，然后把它们的生成对象输出为面片对象。

● 对创建的多个有规律的线先使用"横截面"编辑修改器把各条线连接起来。再使用"曲面"编辑修改器在连接型框架的基础上生成表面，然后使用"编辑面片"编辑修改器把生成的对象转换为面片对象，这是目前面片建模的一种最常用的思路。

● 直接对创建的几何体使用"编辑面片"编辑修改器，把网格对象转换为面片对象。

4．使用编辑面片修改器

无论通过哪一种方式创建面片，最终都不可避免地要通过使用"编辑面片"编辑修改器对面片进行编辑操作来完成复杂的面片建模。

编辑面片是对面片进行编辑来实现面片建模的主要工具，首先通过对场景创建的对象使用"编辑面片"编辑修改器以将其转变为面片对象，然后进入面片对象的各次对象层次来完成具体的编辑操作。

提供次对象选择的各种方式及提示信息的卷展栏是"编辑面片"编辑修改器的一个重要的公用参数卷展栏——"选择"卷展栏，如图 6-140 所示。

● 顶点：在顶点模式下，可以在面片对象上选择顶点的控制点及其矢量手柄，通过对控制点及矢量手柄的调整来改变面片的形状。

● 控制柄：在控制柄模式下，可以对面片的所有控制手柄进行调整来改变面片的形状。

● 边：在边模式下，可以对边再分和从边上增加新的面片。

图 6-140　"选择"卷展栏

- ◇面片：在面片模式下，可以选择所需的面片并且把它细分成更小的面片。
- ▣元素：在元素模式下可以选择和编辑整个面片的对象。
- "命名选择"选项组用来命名选择的次对象选择集进行操作，是可以通过单击
  [复制]按钮选择次对象选择集，然后单击[粘贴]按钮来创建新的顶点、边或面片的
  一种方式。
- 在任何一个次对象模式下，"过滤器"选项组都可以使用，而且在顶点模式下该选项
  组十分有用。"过滤器"选项组中包括"顶点"和"向量"两个复选框，当两个复选
  框都被选中时（默认状态），在视图中选择顶点，顶点和矢量手柄都会显示出来。不
  选中"顶点"复选框将过滤掉顶点，只能显示矢量手柄；同理，不选中"向量"复选
  框则只显示顶点。
- "锁定控制柄"复选框是针对"角点"顶点设置的项。选中该复选框时，顶点的两个
  矢量手柄会被锁在一起，移动其中的一个手柄将带动另一个手柄。
- "按顶点"复选框是通过选择顶点来快速地选择其他次对象（边或界面）的一种方
  式，单击一个顶点将选择所有的共享该顶点的边或面片。
- "忽略背面"复选框和[选择计数③]按钮与在网格建模中介绍的功能相同。

"编辑面片"编辑修改器对应的另一个公用卷展栏是"软选择"卷展栏，该卷展栏中的
选项和在网格建模中介绍的"软选择"卷展栏各个选项的原理完全相同。在通过调整顶点、
边或面片的相对位置来改变对象形态的过程中，该卷展栏会被经常使用。

5. 面片对象的次对象模式

单击"选择"卷展栏中各次对象模式的对应按钮，将会发现与"编辑网格"编辑修改器
一样，"编辑面片"修改器也使用了类似的"几何体"卷展栏来增强对各个次对象进行编辑
操作的功能。"几何体"卷展栏中的大部分选项与"编辑网格"修改器对应的选项的功能是
相同的，只是面向操作的对象发生了改变。下面在各个次对象模式中将重点介绍能反映面片
对象编辑操作特性的一些选项的功能。

（1）顶点模式

顶点层是面片建模的主要层，这是因为顶点层是唯一能访问顶点矢量手柄的层。与网格
顶点明显不同的是，通过调整面片上的顶点及其矢量手柄则会对面片的表面产生很大的影
响，这也正是面片建模的特色所在。

在面片建模中，几乎所有对面片的编辑都涉及变换顶点和它的矢量手柄。由于在一个顶
点处共享该顶点的每个边都有矢量手柄，所以移动、旋转或缩放面片顶点时也会对手柄产生
影响。在顶点模式下，矢量手柄是非常有价值的工具，通过变换它将直接影响共享该点所在
边的两个面片的曲线度。以下为一些选项的功能。

- 顶点模式"几何体"卷展栏中的[创建]按钮是通过单击顶点位置创建面片的一种方
  式。单击该按钮，然后在视图的不同位置单击 3 次，右击结束将创建一个三角形面
  片，单击 4 次将直接创建一个四边形面片。
- 在面片对象上焊接顶点将使面片结合在一起。与网格顶点地焊接不同，焊接面片的
  顶点要遵守一些规则。首先是不能焊接同一个面片面上的顶点，其次焊接也必须在边
  上进行。所以在面片建模中焊接顶点经常使用在制作对称结构的面片对象过程中，只
  要制作好其中的一半再镜像出另一半，最后通过焊接顶点就可以使它们结合为完整的

面片对象。

- 绑定顶点通常用于连接两个起不同作用的面片（例如通过绑定来连接动物的脖子和头），并在两个面片之间形成无缝连接。但是用于绑定的两个面片必须属于同一个面片对象。当绑定顶点时，单击 绑定 按钮，然后从要绑定的顶点（不能是角点顶点）位置拖出一条直线到要绑定的边上，当经过符合标准的边时鼠标就会转变成一个十字光标，然后释放鼠标即可完成绑定。
- "几何体"卷展栏中的"曲面"选项组存在于顶点、边、面片和元素的各个模式下，它主要控制对象的所有面片表面网格的显示效果。
- 选项组中的步数参数类似于样条曲线的步数设置，通过增加该数值可以使表面更加光滑。"视图步数"控制显示在视图中的表面效果。"渲染步数"控制在渲染时的表面效果。
- 选中"显示内部边"复选框可以看到面片对象中内部被遮盖的边，取消选中该复选框将只显示面片对象的外轮廓。

（2）边模式

以下为一些选项的功能。

- 使用"几何体"卷展栏中的"细分"按钮将对选择的边进行细分，其结果可使原来的面片细分为更多的面片。
- 选中"细分"按钮右侧的"传播"复选框，将使这种细分的倾向传递给相邻的面片，这样相邻的面片也将被细分。
- 增加面片是边模式操作的一项主要功能，卷展栏中的"添加三角形"和"添加四边形"按钮就是通过边来增加面片的方式。
- 选择边，单击"添加三角形"按钮，将沿着与选择边的面片相切的方向增加三角形面片。
- 单击"添加四边形"按钮将增加一个四边形面片。

（3）面片模式

面片模式主要用来完成细分和拉伸面片的操作。

- "细分"：在面片上是将每个被选的面片分为 4 个小面片。无论是三角形面片还是四边形面片，所有的新面片都有一个边的顶点在原始面片边的中点处。
- "传播"：该复选框用来根据需要传播细分面片的特性，使面片的分割影响到相邻的面片。
- "分离"：执行该操作，将分离出新的面片对象，新的面片不再属于原面片对象。对分离出的面片对象单独编辑操作后，还可以通过"附加"功能把它再合并到原来的面片对象中。
- "挤出"：该按钮用于对选择的面片进行挤出，"挤出"数值框用来控制精确的挤出数量。
- "倒角"：该按钮用于对选择的面片进行倒角。
- "轮廓"：该数值框用来设置倒角值，数值可正可负，正值将放大拉伸的面片，负值将缩小拉伸的面片。
- "法线"：右侧的两个单选按钮主要用于对选择的面片集进行拉伸的情况。

- "倒角平滑"：该选项组用来控制倒角操作生成的表面与其相邻面片之间相交部分的形状，这个形状由相交处顶点的矢量手柄来控制。
- "开始"：表示连接倒角生成面片的线段与被倒角面片相邻面片的相交部分。
- "结束"：表示倒角面片与连接线段的相交部分。
- "平滑"和"线性"：通过矢量手柄来控制相交部分形状的方式。选中"平滑"单选按钮则可通过矢量手柄调节，使倒角面片和相邻面片之间的角度变小，以产生光滑的效果。
- "线性"：该单选按钮用来在相交部分创建线性的过渡。
- "无"：选中该单选按钮则表示不会修改矢量手柄来改变相交部分的形状。

（4）元素模式

在元素模式下，主要是完成合并其他面片对象的过程，同时可以控制整个面片对象的网格密度来得到比较好的视图或渲染的效果。

合并面片对象可以通过"几何体"卷展栏中的 附加 按钮来完成，而且如果连接的不是面片对象，连接时将自动地把它转换为面片对象。当选中"重定向"复选框时，选定的所有面片对象都要重新定向，以便这些对象的变换与原来的面片对象相匹配。

6. 操作示例——创建陶罐

下面通过面片建模的方式来创建一个陶罐，然后通过简单地编辑调整陶罐的外形。结果如图6-141所示，可以参见随书光盘中的"面片-陶罐.max"。

图6-141　陶罐

1）单击 按钮进入"创建"面板，单击"图形"按钮 ，选择创建"样条线"选项，单击 圆 按钮，在顶视图中建立一个圆，设定"半径"为400，结果如图6-142所示。

2）单击工具栏中的 按钮，选中创建好的圆，在前视图中按住〈Shift〉键向上移动圆，在弹出的"克隆"对话框中输入5，复制5个圆，如图6-143所示。

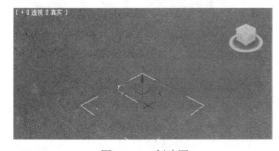

图6-142　创建圆

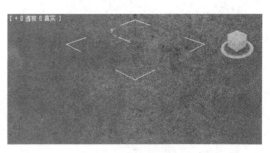

图6-143　附加多个

3）单击 按钮，逐个调整圆的大小，调整后如图 6-144 所示。

4）单击 按钮进入"修改"面板，在"修改器列表"下拉列表框中选择"编辑样条线"修改器。单击"选择"卷展栏中的 按钮，在"几何体"卷展栏中单击 附加多个 按钮，在弹出的"附加多个"对话框中选择所有的样条线，如图 6-145 所示。

图 6-144　调整圆的大小　　　　　　　图 6-145　"附加多个"对话框

5）在"几何体"卷展栏中单击 横截面 按钮，选中"平滑"单选按钮，依次选择样条线上的节点，如图 6-146 所示。

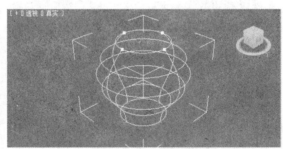

图 6-146　横截面选项

6）在"修改器列表"下拉列表框中选择"曲面"修改器，修改效果如图 6-147 所示。

7）在"修改器列表"下拉列表框中选择"编辑面片"修改器，将创建的陶罐转化为可编辑面片。单击"选择"卷展栏中的"顶点"按钮 ，选择顶点模式，利用"移动"和"缩放"工具调整顶点的位置。

8）单击"选择"卷展栏中的 按钮，选择控制柄模式，调整陶罐的外形，前视图如图 6-148 所示。

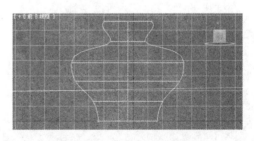

图 6-147　"曲面"修改器　　　　　　　图 6-148　调整陶罐的外形

6.4.3 多边形建模

多边形建模是 3ds Max 中除了线建模、网格建模和面片建模之外的又一种建模方式。和网格建模的过程类似，它首先使一个对象转换为可编辑的多边形对象，然后通过对该多边形对象的各种次对象进行编辑和修改来实现建模过程。对于可编辑多边形对象，它包含了顶点、边、边界、多边形和元素 5 种次对象模式。与可编辑网格相比，可编辑多边形具有更大的优越性，即多边形对象的面不仅可以是三角形面和四边形面，还可以是具有任何多个顶点的多边形面。所以，一般情况下网格建模可以完成的建模，多边形建模也一定能够完成，而且多边形建模的功能更加强大。

1．公用属性卷展栏

与可编辑网格相类似，进入可编辑多边形后，首先看到的是它的一个公用属性卷展栏。在"选择"卷展栏中提供进入各种次对象模式的按钮，同时也提供便于次对象选择的各个选项。

在多边形对象的 5 种次对象中，大部分与网格对象对应的次对象的意义相同，这里重点解释一下多边形对象特有的边界次对象。当进入边界模式后，用户就可以在多边形对象网格面上选择由边组成的边界，该边界由多个边以环状的形式组成并且要保证最后的封闭状态。在边界模式下，可以通过选择一个边来选择包含该边的边界。

如图 6-149 所示。与网格对象的"选择"卷展栏相比，多边形对象的"选择"卷展栏中包含了几个特有的功能选项，分别为收缩、扩大、环形和循环。

图 6-149 "选择"卷展栏

- "收缩"：该按钮可以通过取消选择集最外一层次对象的方式来缩小已有次对象选择集。
- "扩大"：该按钮可以使已有的选择集沿着任意可能的方向向外拓展，因此它是增加选择集的一种方式。
- "环形"：该按钮只在边模式下才可用，它是增加边选择集的一种方式。对已有的边选择集使用该按钮，可以使所有的平行于选择边的边都被选中。
- "循环"：该按钮也是增加次对象选择集的一种方式，使用该按钮将使选择集对应于选择的边尽可能地拓展。

2．顶点编辑

在 3ds Max 2012 中，对于多边形对象各种次对象的编辑主要包括"编辑顶点"卷展栏和"编辑几何体"卷展栏。前者主要针对不同的次对象提供特有的编辑功能，因此在不同的次对象模式下它表现为不同的卷展栏形式；后者可对多边形对象及其各种次对象提供全面的参数编辑功能，它适用于每一个次对象模式，只是在不同的次对象模式下各个选项的功能和含义会有所不同。

（1）"编辑顶点"卷展栏

3ds Max 2012 的"编辑顶点"卷展栏如图 6-150 所示。

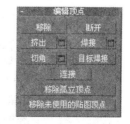

图 6-150 "编辑顶点"卷展栏

- 卷展栏中的"移除"按钮，可以从多边形对象上移走选择的顶点，不会留下空洞。移走顶点后，共享该顶点的多边形就会组合在一起。

- "断开"按钮用于对多边形对象中选择的顶点分离出新的顶点。但是对于孤立的顶点和只被一个多边形使用的顶点来说，该选项是不起作用的。

- 对多边形对象顶点使用"挤出"功能是非常特殊的。"挤出"功能允许用户对多边形表面上选择的顶点垂直拉伸出一段距离以形成新的顶点，并且在新的顶点和原多边形面的各个顶点之间生成新的多边形表面。

- 单击"挤出"按钮右侧的■按钮，将弹出如图 6-151 所示的"挤出顶点"对话框，从中可以精确地设置挤出的长度和挤出底面的宽度，当为负值时顶点将向里挤压。对该对话框参数的设置与手动挤出是互动的，即手动挤出也会影响对话框中的参数数值，因此利用手工挤出和该对话框可以更好地完成挤出操作。

图 6-151 "挤出顶点"对话框

- "焊接"按钮用来焊接选择的顶点，单击其右侧的■按钮将打开"焊接顶点"对话框，从中可以设置焊接的阈值。

- "目标焊接"按钮用于把选择的顶点合并到需要的目标顶点上。

- 多边形对象的顶点切角与网格对象的顶点切角在原理上是相同的，所不同的是，在消除掉选择的顶点后，将在多边形对象上生成多顶点的倒角面，而不仅仅是三顶点的倒角面。

- "连接"按钮提供了在选择的顶点之间连接线段以生成边的方式。但是不允许生成的边有交叉现象出现，例如对四边形的 4 个顶点使用连接功能，则只会在四边形内连接其中的两个顶点。

- "移除孤立顶点"按钮来删除所有不能被使用的贴图顶点。

（2）"编辑几何体"卷展栏

顶点编辑的"编辑几何体"卷展栏给出了各种次对象编辑的一些公用选项，通过它们可以辅助"编辑顶点"卷展栏来完成对次对象的编辑操作，如图 6-152 所示。

图 6-152 "编辑几何体"卷展栏

- "重复上一个"按钮可以对选择顶点重复最近的一次编辑操作命令。需要注意的是并不是所有的命令都可以重复使用，如变换功能就不能通过"重复上一个"按钮重复使用。

- "约束"选项区域可以对各种次对象的几何变换产生约束效应。其中"无"表示不提供约束功能，"边"表示把顶点的几何变换限制在它所依附的边上，"面"表示把顶点的几何变换限制在它所依附的多边形表面上。

- "切片"和"切割"按钮是通过平面切割（称为分割面）来细分多边形网格的两种方式。

- "快速切片"按钮使用户无需再对 Gizmo 进行操作，就能快速地对多边形对象进行切割操作。

- "网格平滑"按钮是对次对象选择集提供光滑处理的一种方式，在功能上它与"网格平滑"编辑修改器类似。单击其右侧的█按钮将弹出"网格平滑选择"对话框，从中可以设置控制光滑程度的参数。

以上介绍的都是多边形对象顶点编辑中特有的几个选项，除此之外的一些选项功能与可编辑网格的"编辑几何体"卷展栏中的相同。例如，"创建"按钮用来在多边形对象上创建任意多个顶点，"塌陷"按钮用来塌陷选择的顶点为一个顶点，"隐藏选定对象"和"全部取消隐藏"按钮用来隐藏次对象和解除隐藏。这些功能在各种次对象的编辑中都是经常要用到的。

3. 编辑边

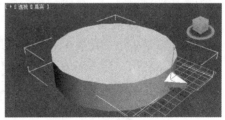

图 6-153 "编辑边"卷展栏

多边形对象的边和网格对象的边的含义是完全相同的，都是在两个顶点之间起连接作用的线段。在多边形对象中，边也是一个被编辑的重要的次对象。"编辑边"卷展栏如图 6-153 所示。与"编辑顶点"卷展栏相比较，它相应地改变了一些功能选项。

- "插入顶点"按钮是对选择的边手工插入顶点来分割边的一种方式。使用"插入顶点"按钮插入顶点的位置比较随意。
- "移除"按钮依然是删除选择的边并同时合并共享该边的多边形。与删除功能相比，虽然使用"移除"按钮可以避免在网格上产生空洞，但也经常会造成网格变形和生成的多边形不共面等情况。
- 在边模式下使用"挤出"功能是对选择的边执行挤出操作并在新边和原对象之间生成新的多边形，如图 6-154 所示为"挤出边"对话框和拉伸边后的效果。

图 6-154 "挤出边"对话框和拉伸边后的效果

- "连接"按钮将在选择的边集中生成新的边。可以在同一个多边形中使用连接功能来连接边，但是不能有交叉的边出现。单击其右侧的按钮即可弹出用来设置连接参数的对话框。
- "创建图形"按钮用来通过选择的边来创建样条型。执行该操作后将弹出"创建图形"对话框。在该对话框中可以输入型的名字和确定型的类型（平滑或线型），而且新建图形的轴点被设置在多边形对象的中心位置上。
- "编辑三角剖分"选项是一种在多边形上手工创建三角形的方式。单击该按钮，多边形对象所有隐藏的边都会显示出来。首先选择一个多边形的顶点，然后拖动鼠标到另一个不相邻的顶点上，再一次单击即可创建出一个新的三角形。

边模式的"编辑几何体"卷展栏和顶点模式的"编辑几何体"卷展栏中对应选项的功能

几乎相同。

4. 编辑边界

边界可以理解为多边形对象上网格的线性部分，通常由多边形表面上的一系列边依次连接而成。边界是多边形对象特有的次对象属性，通过编辑边界可以大大地提高建模的效率。"编辑边界"卷展栏如图 6-155 所示。

- 在边界模式下的"插入顶点"按钮同样也是通过插入顶点来分割边的一种方式，所不同的是该选项只对所选择边界中的边有影响，对未选择边界中的边没有影响。在插入顶点分割边后，右击可以退出这种状态。

图 6-155 "编辑边界"卷展栏

- 同边编辑一样，边界编辑也包含了"挤出"选项，它用来对选择的边界进行挤出，并且可以在挤出后的边界上创建出新的多边形面。
- "封口"按钮是边界编辑一个特殊的选项，它可以用来为选择的边界创建一个多边形的表面，类似于为边界加了一个盖子，这一功能常被用于样条型。

在手工创建好一个样条型后，首先对其使用"编辑多边形"编辑修改器使它转换为多边形对象，然后进入边界模式，单击"封口"按钮使其转换为一个多边形面。这样就便于在多边形面的层次下，对其挤出来最终制作出复杂的对象。这种方法非常适合于由复杂型面开始多边形建模的过程。

其他选项（如切角、连接等）与边编辑模式下的含义和作用基本上相同。

5. 编辑多边形和编辑元素

"多边形"就是在平面上由一系列的线段围成的封闭图形，是多边形对象的重要组成部分，同时也为多边形对象提供了可供渲染的表面。元素与多边形面的区别就在于元素是多边形对象上所有的连续多边形面的集合，它是多边形对象的更高层，可以对多边形面进行挤出和倒角等编辑操作，是多边形建模中最重要也是功能最强大的部分。

同顶点和边等次对象一样，多边形和元素也有自己的编辑卷展栏，如图 6-156 所示。在"编辑多边形"卷展栏中包含了对多边形面进行挤出、倒角等多个功能选项。

图 6-156 "编辑多边形"和"编辑元素"卷展栏

- 在多边形模式下，单击"插入顶点"按钮并在视图中相应的多边形面上单击，这样在插入顶点的同时也就完成了分割多边形面的过程，这是一种快速增加多边形面的方法。

- 多边形面的"挤出"与"倒角"功能是多边形建模中最常使用的，通过不断地挤出可以拓展各种复杂的对象。挤出的使用原理与在前面各种次对象中讲述的完全相同。稍有区别的是，在"编辑多边形"卷展栏中提供了"轮廓"按钮来调整挤出和倒角的效果。
- "轮廓"按钮主要用来调整挤出形成多边形面的最外部边。单击其右侧的■按钮将弹出"多边形加轮廓"对话框。
- "插入"按钮是对选择的多边形面进行倒角操作的另一种方式。与倒角功能不同的是，插入生成的多边形面相对于原多边形面并没有高度上的变化，新的多边形面只是相对于原多边形面在同一个平面上向内收缩，打开对选择的多边形面进行精确插入的对话框，其中的"插入量"微调框用来设置多边形面的缩进量。
- 单击"桥"按钮将对选择的多边形面或多边形面选择集进行三角形最优化处理。
- "翻转"按钮用来选择多边形面的法线反向。
- "从边旋转"按钮用于通过绕某一边来旋转选择的多边形面。这样在旋转后的多边形面和原多边形面之间将生成新的多边形面。单击"从边旋转"按钮右侧的■按钮将弹出可用于精确旋转多边形面的对话框。在该对话框中可以设置旋转的角度和挤出生成新多边形面的段数。
- "沿样条线挤出"按钮可以使被选择的多边形面沿视图中某个样型的走向进行挤出。单击"沿样条线挤出"按钮右侧的■按钮将弹出"沿样条曲线挤出多边形"对话框，从中可以选择视图中的样条型，也可以调整挤出的状态。

6.4.4 NURBS 建模简介

NURBS 建模可以很容易通过交互式的方法操纵，而且用途十分广泛，所以 NURBS 建模可以说已经成为了建模中的一个工业标准。它尤其适合用来建立具有复杂曲面外形的对象。

因为 NURBS 建模可以在网格保持相对较低细节的基础上，获得更加平滑、更加接近轮廓的表面，所以许多动画设计师都使用 NURBS 来建立人物角色、表面光滑的轿车等。另外，由于人物一类的对象都比较复杂，所以和其他多边形建模方法相比，使用 NURBS 则可大大地提高对象的性能。也可以使用网格或面片建模来建立类似的对象模型，但是和 NURBS 表面相比，网格和面片有如下缺点。

- 使用面片很难创建具有复杂外形的曲面。
- 因为网格是由小的面组成的，这些面会出现在渲染对象的边缘，因此用户必须使用数量巨大的小平面来渲染一个理想的平滑曲面。

NURBS 曲面则不同，它能更有效地计算和模拟曲面，使用户能渲染出几乎天衣无缝的平滑曲面。

NURBS 建模的弱点在于它通常只适用于制作较为复杂的模型。如果模型比较简单，使用它反而要比其他方法需要更多的面来拟合，另外它不太适合用来创建带有尖锐拐角的模型。

1. 创建 NURBS 对象

在一个 NURBS 模型中，顶层对象不是一个 NURBS 曲面就是一个 NURBS 曲线。子对象则可能是任何一种 NURBS 对象。

（1）创建 NURBS 曲面

NURBS 曲面对象是 NURBS 建模的基础。可以在创建物体面板中创建出一个具有控制顶点的平面作为创建一个 NURBS 模型的出发点。一旦建立了最开始的表面，就可以通过使用移动控制点或者 NURBS 曲面上的点以及附着在 NURBS 曲面上的其他对象等方法来修改它。

单击 按钮进入"创建"面板，单击 按钮，在类型下拉列表框中选择"NURBS 曲面"。如图 6-157 所示。有以下两种类型的 NURBS 曲面。

- 点曲面：点曲面就是所有的点都被强迫在面上的 NURBS 曲面。由于一个最初的 NURBS 曲面需要被编辑修改，所以曲面的创建参数在"修改"面板上不再出现。在这一方面，NURBS 曲面对象不同于其他对象。"修改"面板提供其他方法可以让用户改变初始的创建参数。创建参数卷展栏如图 6-158 所示。

图 6-157　NURBS 曲面面板

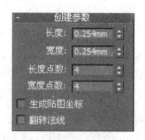
图 6-158　点曲面"创建参数"卷展栏

- CV 曲面：CV 曲面是一个被控制顶点所控制的 NURBS 曲面。控制顶点（CVS）在曲面上实际上并不存在，它定义了一个封闭 NURBS 曲面的控制网格。每一个控制顶点都有一个 WEIGHT 参数，可以用它来调整控制顶点对曲面形状的影响权重。创建参数卷展栏如图 6-159 所示。

（2）创建 NURBS 曲线

NURBS 曲线属于二维图形对象，可以像使用一般的样条曲线来使用它们。可以使用"挤出"或"车削"修改器来创建一个基于 NURBS 曲线的三维曲面；也可以使用 NURBS 曲线作为放样对象的路径或剖面；可以将 NURBS 曲线用做路径限制或沿路径变形等修改器工具中的路径；还可以给一个 NURBS 曲线一个厚度参数，使它能被渲染，但这种渲染是把三维曲面作为一个多边形的网格对象来处理，而不是 NURBS 曲面。

单击 按钮进入"创建"面板，单击 按钮，在类型下拉列表框中选择"NURBS 曲线"。如图 6-160 所示。有以下两种类型的 NURBS 曲线。

图 6-159　创建"CV 曲面"参数卷展栏

图 6-160　NURBS 曲线面板

144

- 点曲线：点曲线是指所有的点被强迫限制在 NURBS 曲线上。点曲线可以作为建立一个完整的 NURBS 模型的起点，如图 6-161 所示。
- CV 曲线：CV 曲线是被控制顶点控制的 NURBS 曲线。控制顶点定义一个附着在曲线上的网格，如图 6-162 所示。

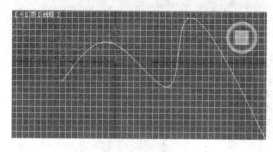

图 6-161　点曲线

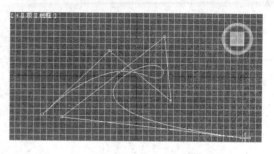

图 6-162　CV 曲线

说明：

创建 CV 曲线的时候，可以通过在一个地方多次单击，在相同的位置上创建超过一个 CV 控制顶点，从而在曲线的这个区域中增加 CV 控制顶点的影响权重。在同一个位置创建两个 CV 控制顶点将使曲线更加尖锐，而在同一个位置创建 3 个 CV 控制顶点将在曲线中创建一个尖锐的拐角。

如果想在三维空间中创建一个 CV 曲线，则可采用以下两种方法实现。

- 在所有视图中绘制：这个复选框可以让用户在不同的视图中绘制不同的点，从而实现在三维空间中绘制曲线的目的。
- 绘制一条曲线的时候，使用〈Ctrl〉键将 CV 控制点拖离当前平面。当按下〈Ctrl〉键的时候，光标的上下移动可将最后创建的一个 CV 控制点抬高或者降低而离开当前平面。

2．编辑 NURBS 对象

在 3ds Max 2012 中，可以通过以下各种途径创建 NURBS 对象。

- 在"创建"面板中的图形面板里创建一个 NURBS 曲线。
- 在"创建"面板中的几何体面板里创建一个 NURBS 曲面。
- 将一个标准的几何体转变成一个 NURBS 对象。
- 将一个样条线对象（Bezier 样条曲线）转变成一个 NURBS 对象。
- 将一个面片对象转变成一个 NURBS 对象。
- 将一个放样对象转变成 NURBS 对象。

创建一个"CV 曲面"，打开"修改"面板，在修改器堆栈中，展开"NURBS 曲面"节点，即可看到"NURBS 曲面"的两个次对象："曲面"和"曲面 CV"。单击"曲面 CV"，此时该次对象以黄色显示，如图 6-163 所示。此时在面板上出现"CV"卷展栏和"软选择"卷展栏，可用来对"曲面 CV"次对象进行选择和编辑。

"常规"卷展栏包含常用的对 NURBS 曲线进行编辑的选项，可对 NURBS 曲线集合总体进行设置，如图 6-164 所示。"附加"可把曲线配属到当前选择状态下的 NURBS 曲线集中。"导入"可把曲线作为一条"导入"曲线合并入当前选择状态下的 NURBS 曲线集中。

在"常规"卷展栏的右边有一个"NURBS 创建工具箱"按钮 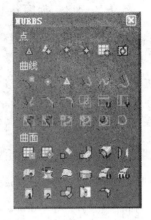，该按钮是"NURBS 曲面"浮动工具箱切换按钮，分 3 栏提供了多种点、曲线、曲面的建立工具图标，如图 6-165 所示。它完全对应于命令面板下方的"创建点""创建线"和"创建面"3 个卷展栏。

图 6-163 "NURBS 曲面"
的两个次对象

图 6-164 "常规"卷展栏

图 6-165 "NURBS 曲面"
浮动工具箱

从这些对象的"创建"面板中可以看到，3ds Max 提供种类繁多的 NURBS 对象创建工具，不过最基本的、独立的 NURBS 对象只有几种，其他的都是不独立对象。一个非独立子对象是以其他子对象为基础的。

此外，选择一个 NURBS 对象以后，在右键快捷菜单中提供 NURBS 对象的主要创建、变换工具以及快速的子对象层级选择命令。

（1）创建和编辑点次级对象

对于 NURBS 曲线，可以进入相应的顶点次物体层级。对于"点曲线"对象，其顶点次物体层级为"点"，而对于"CV 曲线"对象，其顶点次物体层级为"CV"。两者相应的参数面板如图 6-166 所示。

"CV"卷展栏下的参数含义如下。

● ▇ "单个 CV"按钮为单点选择模式，如果要选择多个节点，按住〈Ctrl〉键单击可以加入其他的点，按住〈Alt〉键单击可以取消一个已选择点的选择状态，并且该模式支持鼠标框选。

● "熔合"按钮可以牵引两个点，使它们融合为一个点。

● "优化"按钮可以在曲线上加入一个新点，同时改变曲线形态。

"点曲线"的修改和"CV 曲线"的修改类似，只是在修改器堆栈中选择"点"次对象，使用"点"卷展栏下的功能按钮来进行修改。"点"卷展栏还具有"使独立"按钮，可以将点曲线独立出来。

"创建点"卷展栏和工具箱如图 6-167 所示，其中的内容与 NURBS 工具箱中的点区域相对应。

● ▲ "创建点"：创建一个自由独立的顶点。

● ▲ "创建偏移点"：距离选定点一定距离的偏移位置创建一个顶点。

146

● 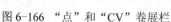 "创建曲线点"：创建一个依附在曲线上的顶点。

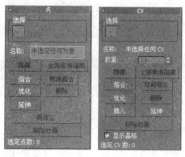

图6-166 "点"和"CV"卷展栏

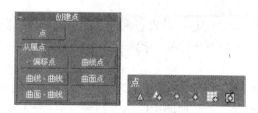

图6-167 "创建点"卷展栏和工具箱

● "创建曲线曲线点"：在两条曲线的交叉处创建一个顶点。
● "创建曲面点"：创建一个依附在曲面上的顶点。
● "创建曲面和曲线点"：在曲面和曲线的交叉处创建一个顶点。

（2）创建和编辑曲线次级对象

"创建曲线"卷展栏和工具箱如图 6-168 所示，其中在工具箱的曲线区域包括了创建 NURBS 曲线的各种方法。下面介绍工具箱中的相关工具。

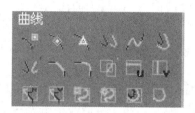

图6-168 "创建曲线"卷展栏和工具箱

● "创建拟合曲线"：可以使一条曲线通过 CV 顶点、独立顶点，曲线的位置与顶点相关联。
● "创建变换曲线"：可以创建一条曲线的副本，并使副本与原始曲线相关联。
● "创建混合曲线"：将一条曲线的端点过渡到另一条曲线的端点。这个命令要求至少有两条 NURBS 曲线次级对象，生成的曲线总是光滑的，并与原始曲线相切。
● "创建偏移曲线"：这个工具和可编辑样条曲线的"轮廓"按钮作用相同。它创建一条曲线的副本，拖动鼠标改变曲线与原始曲线的距离，并且随着距离的改变，其大小也随之改变。
● "创建镜像曲线"：创建原始对象的一个镜面副本。
● "创建切角曲线"：在两条曲线的端点之间生成一段直线。
● "创建圆角曲线"：在两条曲线的端点之间生成一段圆弧形的曲线。
● "创建曲面—曲面相交曲线"：在两个曲面交叉处创建一条曲线。如果两个曲面有多个交叉部位，交叉曲线位置在靠近光标的地方。

- ▦ ▦ "创建 U/V 向等参曲线"：在曲面上创建水平和垂直的等参曲线。
- ▨ "创建法线投影曲线"：以一条原始曲线为基础，在曲线所组成的曲面法线方向曲面投影。
- ▨ "创建向量投影曲线"：这个工具类似创建标准投影曲线工具，只是它们的投影方向不同，向量投影是在曲面的法线方向，而标准投影则是在曲线所组成曲面的法线方向。
- ▨ "创建曲面上的 CV 曲线"：和 CV 曲线非常相似，只是它们与曲面关联。
- ▨ "创建曲面上的顶点曲线"：这个功能和上一个类似，只是它们所创建的曲线类型不一样。
- ▨ "创建曲面偏移曲线"：建立一条与曲面关联的曲线，偏移沿着曲面的法线方向，大小随着偏移量而改变。

（3）创建和编辑曲面次级对象

"创建曲面"卷展栏和工具箱如图 6-169
所示。在工具箱的曲面区域包括了创建
NURBS 曲面的各种方法。下面介绍工具箱
中的相关工具。

图 6-169 "创建曲面"卷展栏和工具箱

- ▨ "创建变换曲面"：变换曲面是原始曲面的一个副本。
- ▨ "创建混合曲面"：在两个曲面的边界之间创建一个光滑曲面。
- ▨ "创建偏移曲面"：偏移曲面是在原始曲面的法线方向，在指定距离创建出一个新的关联曲面。
- ▨ "创建镜像曲面"：镜像曲面是原始曲面在某个轴方向上的镜像副本。
- ▨ "创建挤出曲面"：将一条曲线挤出为一个与曲线相关联的曲面，它和"基础"修改器功能类似。
- ▨ "创建旋转曲面"：旋转一条曲线生成一个曲面，和"车削"修改器功能类似。
- ▨ "创建规则曲面"：在两条曲线之间创建一个规则曲面。
- ▨ "创建盖子曲面"：在一条封闭的曲线上加一个盖子，它通常与"挤出"命令联用。
- ▨ "创建 U 向放样曲面"：在水平方向上创建一个横穿多条 NURBS 曲线的曲面，这些曲线变成曲面水平轴上的轮廓。
- ▨ "创建 UV 放样曲面"：水平垂直放样曲面和水平放样曲面类似，不仅可以在水平方向上放置曲线，还能在垂直方向上放置曲线，因此它可以更为精确地控制曲面的形状。
- ▨ "创建单轨扫描曲面"：它和放样物体很类似，1 轨扫描至少需要两条曲线，一条作为路径，另一条作为曲面的交叉界面。在制作时先选择路径曲线，然后再选择交叉界面曲线，最后右击结束。
- ▨ "创建双轨扫描曲面"：2 轨扫描曲面和 1 轨扫描曲面类似，但它至少需要 3 条曲线，其中两条曲线作为路径，其他的曲线作为交叉界面，它比 1 轨扫描曲线更能够控

制曲面的形状。

- "创建多边混合曲面"：在两个或两个以上的边之间创建融合曲面。
- "创建多重曲线修剪曲面"：通过多条曲线生成曲面。
- "创建圆角曲面"：在两个交叉曲面结合的地方建立一个光滑的过渡曲面，通常用它来联合几个关节的连接部分。

3．操作示例——创建苹果

NURBS 建模方式一般被用来创建一些光滑的曲面效果，例如汽车模型、灯具模型和玩具模型等。下面我们通过一个简单的苹果模型来了解 3ds Max 2012 的 NURBS 建模的基本方法。最终效果如图 6-170 所示，结果可以参见随书光盘中的"苹果.max"。

图 6-170　苹果

1）在"创建"面板中单击 按钮，在下拉列表框中选择"NURBS 曲线"选项，进入 NURBS 曲线面板。

2）单击 CV曲线 按钮，在前视图中创建一条 CV 曲线，如图 6-171 所示。

3）单击 按钮，进入"修改"命令面板，在堆栈器中选择"曲线 CV"，并选择"单个 CV"模式。选择工具栏中的 按钮，逐个修改 CV 点的位置，如图 6-172 所示。

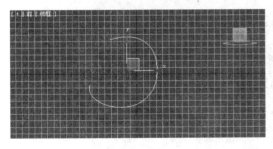

图 6-171　创建一条 CV 曲线

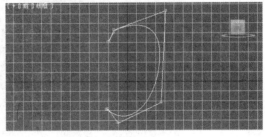

图 6-172　修改 CV 曲线

4）在堆栈器中切换回"NURBS 曲线"选项，打开"创建曲面"卷展栏，单击 车削 按钮，在前视图中选择 CV 曲线，生成苹果的模型，如图 6-173 所示。

说明：

如果图的形状不理想，可以在堆栈器中切换到"曲线 CV"选项进行调整。

5）单击 点曲线 按钮，在前视图中创建一条点曲线，使用同样的地方法创建苹果的蒂，如图 6-174 所示。

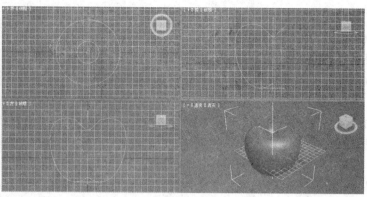

图 6-173　生成苹果的模型

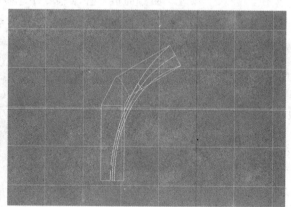

图 6-174　创建苹果的蒂

6）在"修改列表器"下拉列表框中选择"弯曲"选项，如图 6-175 所示设置弯曲参数。最后结果如图 6-170 所示。

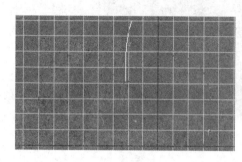

图 6-175　选择"弯曲"命令

6.5　实训操作——创建 MP3 播放器模型

下面的实训操作案例将创建一台简单的 MP3 播放器模型。结果如图 6-176 所示，可以参见随书光盘中的"MP3 播放器.max"。

图 6-176　简单的 MP3 播放器模型

1. 制作 MP3 的大体型状

1）在视图中建立长方体对象。在"修改"面板中对它的参数进行设置："长度"为 70、"宽度"为 53、"高度"为 5，"长度分段"为 5、"宽度分段"为 4、"高度分段"为 3，将透视试图中的显示模式改为"边面"如图 6-177 所示。

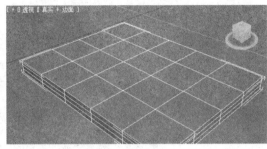

图 6-177　建立长方体对象

2）右击长方体模型，从弹出的快捷菜单中选择"转化为可编辑多边形"命令，将它转化为多边形对象。

3）在修改器堆栈中选择"顶点"选项，进入"编辑多边形"修改的"顶点"层级，顶视图中使用移动工具调节顶点的位置，对基本物体的外形进行加工。切换至左视图，继续对侧面的外形进行加工，利用缩放工具在顶视图中调整底面的顶点位置，得到大致的外形如图 6-178 所示。

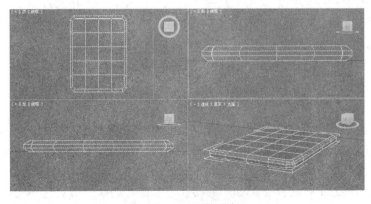

图 6-178　调整顶点

2．制作屏幕

1）利用移动工具调整中间顶点的位置，框出屏幕位置。

2）切换到"多边形"层级，选择调整顶点后为屏幕位置预留的面。单击"编辑多边形"卷展栏下的"插入"按钮，将"插入量"设置为-0.5，制作出一个内缩面来。然后使用"挤出"命令，将"挤出"参数设置为-1，如图6-179所示，将得到的面向内挤出1个单位。

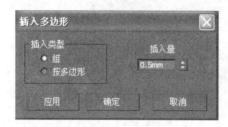

图6-179　"插入"和"挤出"参数

3）选择"编辑多边形"卷展栏下的"轮廓"命令，将"轮廓量"参数设置为-0.5，将挤出后得到的面缩小一些。这样就加工出了屏幕凹陷的基本外形，如图6-180所示。

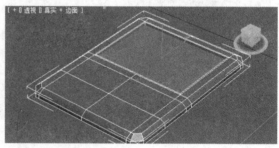

图6-180　屏幕凹陷的基本外形

3．制作按键部分

1）在修改器堆栈中选择"边"选项，进入边模式。使用"编辑几何体"卷展栏下的"快速切割"命令，在模型的下部添加一排划分线。继续重复使用"快速切割"命令，在模型上添加划分线，以便制作按键。

2）在修改器堆栈中选择"顶点"选项，进入顶点模式。使用移动工具对刚才制作的划分线的顶点位置进行调整，制作出和按键吻合的外形，然后切换回多边形模式，选择按键部位的多边形，如图6-181所示。

3）单击"编辑多边形"卷展栏下的"插入"按钮，将插入量设置为-0.3，制作出一个内缩面来。然后使用"挤出"命令，将"挤出"参数设置为-1，得到的面向内挤出1个单位。

4）单击"编辑多边形"卷展栏下的"轮廓"命令，将"轮廓量"参数设置为-0.5，将挤出后得到的面缩小一些。这样就加工出了按键部分凹陷的基本外形，如图6-182所示。

4．制作按钮

1）在多边形模式下，选择按键凹陷处的几个表面。选择"分离"命令，在弹出的"分离"对话框中选中"以克隆对象分离"复选框，将所选面以副本的形式分离出去，将这个物体命名为"按钮"。

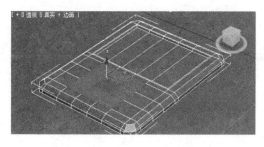
图 6-181　按键部位的多边形

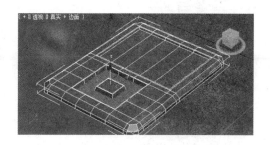
图 6-182　按键部分凹陷的基本外形

2）退出多边形模式，然后选择"按钮"，单击工具栏中的"镜像"按钮，将"按钮"镜像过来，"按钮"呈现为完全的黑色，此时法线的方向也随着镜像发生了翻转。

3）再次切换回多边形模式，选择按键所有的面，单击"翻转"按钮，将法线翻转，按键呈现正常的状态，赋予按键一种单色的材质。使用移动工具调整按键和原模型的相对位置，如图 6-183 所示。

图 6-183　创建按钮

5. 细化模型

1）分别在多边形模式下选择主体和按键所有的面，单击"编辑几何体"卷展栏中的"细化"按钮，对主体和按键模型进行一次棋盘格划分。

2）分别添加"网格平滑"修改器，观察此时得到的光滑效果，如图 6-184 所示。多边形模型的光滑效果和它的细分程度密切相关，模型的划分越细致，光滑效果越准确。

图 6-184　添加"网格平滑"修改器

3）建立一个平面对象，将它放到模型的屏幕凹陷面内，作为屏幕。调整机身主体、屏幕和"按钮"的材质，完成模型的创建，创建好的模型如图 6-176 所示。

6.6 思考与习题

1. 3ds Max 2012 能创建的标准基本体有几种？分别是哪几种？

2. 创建如图 6-185 所示的开口管状物，开口角度为 40°，结果可以参见随书光盘中的"管状物.max"。

3. 3ds Max 2012 能创建的扩展基本体有几种？分别是哪几种？

4. 如图 6-186 所示的球棱体，结果可以参见随书光盘中的"球棱体.max"。

5. 3ds Max 2012 的二维样条线"对象类型"卷展栏提供了几种二维样条线的创建按钮？分别是什么？

6. 样条线共有几种次级对象？分别是哪几种？

7. 样条线的顶点有哪 4 种不同的设置？

图 6-185 开口管状物

图 6-186 球棱体

8. 布尔运算提供哪 3 种运算方式？

9. 布尔运算有几种方式？它的特点是什么？

10. 放样建模有几种方式？

11. 运用放样命令制作窗帘，在"前视图"绘制一条直线作为路径，再在"顶视图"绘制两条长短不一的波浪曲线作为截面图形进行放样，并在"修改"命令面板下的"变形"卷展栏中单击 缩放 命令进行修改。为表现两边对称，可进行"镜像"复制。最终效果参见随书光盘中的"双层窗帘.max"，如图 6-187 所示。

12. 3ds Max 2012 有几种高级建模方式？分别是哪几种？

13. 在 3ds Max 2012 中存在着几种类型的面片？分别是哪几种？

14. 与可编辑网格相比，可编辑多边形具有怎样的优越性？

15. 利用 NURBS 建模创建如图 6-188 所示的窗帘，结果可以参见随书光盘中的"窗帘.max"。

图 6-187 双层窗帘

图 6-188 窗帘

第7章　3ds Max 对象的编辑修改

对象的编辑修改是通过"修改"命令面板中"修改器列表"的相关命令来完成的。它可将二维图形转化为三维立体，可以改变现有物体的创建参数，调整和改变某组或单一物体的外形，对次物体组进行修改和选择，对不满意的修改可在不影响原图形或物体的基础上进行删除。为更方便编辑物体，可将物体转化为可编辑物体，产生丰富多彩的物体。

本章重点
- 了解修改器命令面板
- 了解对二维线型使用修改器的方法
- 了解对三维模型使用修改器的方法

7.1　编辑修改器命令面板

对任何一个三维模型或是二维图形都可以使用修改器进行再次加工。修改器像是堆积木一样加到三维模型或二维图形上，在形状、参数上进行修改，使其符合设计者的要求。修改堆栈最低端是原始模型的名称，随着修改命令的不断增加，由下向上依次堆加，并以一条灰线进行分割。用户可进入任何一个修改命令对参数进行修改，不会影响原物体。如果删除修改，则对模型的修改也就同时删除了。也可以对参数进行动画设置，使其产生动画效果。"修改器"命令面板如图 7-1 所示。

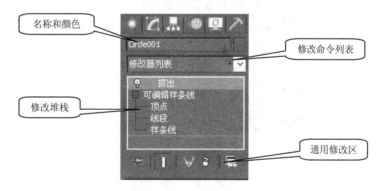

图 7-1　"修改器"命令面板

- "名称和颜色"：主要显示物体的颜色和名称，可根据设计者的需要改变物体的颜色和名称，通过单击右边的色块，在弹出的"对象颜色"对话框中进行颜色的选择，如图 7-2 所示。
- "修改命令列表"：主要用来显示修改命令。单击"修改命令列表"右边三角按钮，弹出修改命令。

● "修改堆栈"：记录所有修改命令信息的集合，方便用户对物体的再次修改。修改命令按先后顺序排列，原始命令始终在堆栈的最底下，新的修改命令在堆栈的最上面，如图7-3所示。

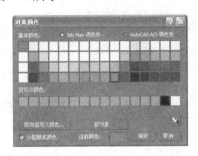

图7-2 "对象颜色"对话框

图7-3 "修改堆栈"列表

● "通用修改区"：对所有的修改命令都起作用。

7.2 对二维线型使用修改器

在修改器列表中，有一些命令只能用于二维线型，例如"车削"、"挤出"、"倒角"、"倒角剖面"这些常用的二维线型修改命令。

7.2.1 "车削"命令

通过对二维曲线的旋转，产生一个三维物体，是一个常用的制作以中心放射物体的命令，同时也可以输出成"面片""网格"和"NURBS"。"车削"命令面板如图7-4所示。

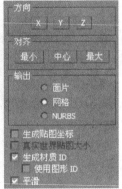

图7-4 "车削"命令面板

● "度数"：设置曲线旋转的角度，360°为一个完整的圆环形，小于360°为扇形，如制作半个梨。

- "焊接内核"：当图形起点不在轴心位置，物体中心会出现残缺，选择此复选框将轴心的点进行焊接，使轴心平滑。
- "翻转法线"：当模型的表面内外面反向时，使渲染面向外。
- "分段"：控制模型圆周上线段划分数值，数值越高，物体越圆滑。
- "最小"：将图形左边边界与旋转中心轴对齐。
- "中心"：将图形中心与旋转中心轴对齐。
- "最大"：将图形右边边界与旋转中心轴对齐。

首先创建如图 7-5 所示的陶罐轮廓线，然后对轮廓线的顶点进行如图 7-6 所示的顶点倒圆，使用"车削"命令可以创建如图 7-7 所示的陶罐。

图 7-5　绘制陶罐轮廓线

图 7-6　顶点倒圆

图 7-7　陶罐最终效果

7.2.2 "挤出"命令

一条样条曲线图形通过"挤出"命令使其增加厚度，可挤出三维实体，这个命令是一个非常实用和简便的建模方法，同时也可将物体转化为模块，进一步进行面片、网格编辑等模型的输出，挤出的"参数"卷展栏如图 7-8 所示。

- "数量"：设置二维图形挤出的高度。
- "分段"：设置挤出物体高度上的片段划分。
- "封口始端"：在顶端加面封盖物体。
- "封口末端"：在底端加面封盖物体。

图 7-8　挤出的"参数"卷展栏

7.2.3 "倒角"命令

对二维图形挤出成形，在挤出的同时，其边缘可产生直形或圆形的倒角，这一命令只对二维图形起作用，一般用来制作影视广告字体和标识。通过"倒角值"卷展栏中的参数设置来实现此功能，如图 7-9 所示。

- "起始轮廓"：设置原始图形的外轮廓大小。注意在设置参数时不要小于 0，否则图形会产生错误。

- "级别 1"、"级别 2"、"级别 3"：分别设置图形挤出时的 3 个级别的"高度"和"轮廓"参数，如图 7-10 所示。

图 7-9　"倒角值"卷展栏　　　　　　　　　图 7-10　参数设置及效果

7.2.4　"倒角剖面"命令

这个命令是一个比较自由的倒角工具，与"倒角"命令相似，可以说是从"倒角"命令中延伸出来的。它需要一个图形作为倒角的轮廓线，有点像"放样"，但创建出物体后，轮廓线不能删除。如果删除轮廓线，所生成的物体也会随之删除。创建一个物体需要两个图形，一个是轮廓线，一个是图形，如图 7-11 所示。

"倒角剖面"：为图形指定好命令后，单击"拾取剖面"按钮，在视图中选择另一个图形作为倒角的外轮廓线，绘制出物体。

7.2.5　操作示例——制作衣橱

1）选择"顶视图"，单击 ![] "创建"面板中的"图形"按钮 ![]，再单击 矩形 创建衣橱上端的轮廓线，设置"长度""宽度""角半径"分别为 560 、1200、60，如图 7-12 所示。

图 7-11　"倒角剖面"命
令面板

2）选择"前视图"，绘制衣橱边的截面图形，单击 ![] "创建"面板中的 ![]图形命令，再单击 矩形 创建截面图形，设置"长度"和"宽度"分别为 100 和 25，单击"修改器列表"中的"编辑样条曲线"，单击 ![]顶点命令，通过对边的 优化 加点并调整各点的位置和光滑，绘制截面图形如图 7-13 所示。

图 7-12　绘制衣橱上端轮廓线

3）选择"透视图"，选择绘制好的矩形，单击  "修改"命令面板，在"修改器列表"中单击"倒角剖面"命令，线形由二维图形转化为三维物体，单击"参数"卷展下的"拾取剖面"，选择步骤2）的截面图形，如图7-14所示。

图7-13　绘制衣橱边的截面图形

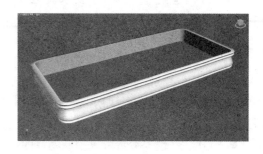

图7-14　倒角橱边

4）选择"顶视图"绘制衣橱顶面，方法同步骤 1），再单击"修改器列表"中的"挤出"修改命令，如图7-15所示。

5）选择"前视图"绘制衣橱橱体，单击 ⚙ "创建"面板中的"图形"按钮 🔲，单击 矩形 创建截面图形，设置"长度"和"宽度"分别为 1700 和 1150，单击"修改器列表"中的"编辑样条曲线"，单击 顶点命令，单击 轮廓 命令，设置为 35，单击"修改器列表"中的"挤出"命令，设置为 520，如图7-16所示。

图7-15　"挤出"衣橱顶面

图7-16　制作橱体

6）在"前视图"中绘制衣橱背板及两扇橱门。单击"创建"面板中的"图形"按钮 🔲，单击 矩形 按钮，创建背板立面图形，设置"长度"和"宽度"分别为 1700 和 1150，单击"修改器列表"中的【挤出】命令，设置"数量"为 25，得到衣橱背板。同样方法创建橱门，需要将矩形"宽度"设为 575，然后复制得到两扇橱门。单击"镜像"按钮 🔛，将衣橱顶面复制到底端，如图7-17所示。此例可参见随书光盘中的"衣橱.max"。

图7-17　衣橱背板及橱门

7.3 对三维模型使用修改器

对三维模型使用的修改器要求模型应有足够的段数，可以产生多样的变化，例如"弯曲"、"锥化"、"扭曲"、"噪波"、"FFD4×4×4"都是常用的三维模型修改命令。

7.3.1 "弯曲"命令

"弯曲"命令对三维物体进行弯曲处理，可以进行角度和方向的改变，根据弯曲轴的坐标，设置弯曲的限制区域，但是在进行"弯曲"时，物体要有一定的段数，如图 7-18 所示。

- "角度"：设置参数可以控制物体的弯曲角度，可进行 360°弯曲，但物体需有一定的段数。
- "方向"：设置参数可使物体沿相对水平面方向扭曲的角度，可进行 360°旋转。
- "弯曲轴"：设定三维模型弯曲时所依据的轴向，任选 X、Y、Z 三个轴向中的一个。
- "限制效果"：此选项是开关式选项，默认为不选。选中物体后指定为限制影响，限制时影响区域将由下向上控制模型，两黄色线方框决定了区域的上下限。
- "上限"：设定三维模型弯曲的上限范围，在此限以上的区域不会受到弯曲修改。
- "下限"：设定三维模型弯曲的下限范围，在此限与上限之间的区域将产生弯曲，如图 7-19 所示。

图 7-18 "弯曲"命令面板

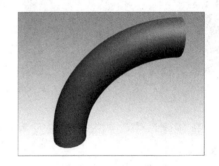

图 7-19 "弯曲"圆柱

7.3.2 操作示例——制作弧形楼梯

1）选择"前视图"绘制楼梯，单击 ![img] "创建"面板中的"图形"按钮 ![img]，再单击 ![矩形] 创建截面图形，设置"长度"、"宽度"分别为 150、450，结果如图 7-20 所示。

2）单击 ![img] "修改"命令面板，在"修改器列表"中单击"挤出"命令，设置"数量"、"分段"分别为 1000、10，在"透视图"字样上右击，在弹出的快捷菜单中选择"边面"命令，结果如图 7-21 所示。

3）单击 ![img] 捕捉命令，按住〈Shift〉键，单击进行"实例"复制，设置"副本数"为 7，结果如图 7-22 所示。

图7-20 绘制矩形   图7-21 "挤出"结果

4）按住〈Ctrl〉键，进行逐一选择，选择菜单栏"组"命令，再选择"成组"命令，结果如图7-23所示。

图7-22 "实例"复制   图7-23 "成组"结果

5）单击"修改器列表"中的"弯曲"命令，在"参数"卷展下设置"弯曲轴"为 Y，如图7-24所示。

图7-24 "弯曲"设置

6）在"参数"卷展下设置弯曲"角度"为 75，如图 7-25 所示。此例可参见随书光盘中的"弧形楼梯.max"文件。

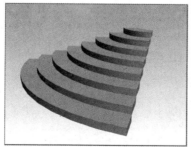

图7-25 弧形楼梯最终效果

7.3.3 "锥化"命令

"锥化"命令对物体两端进行缩放,产生锥形的轮廓,同时在两端的中间产生光滑的曲线变化,可限制局部锥化效果,其参数设置如图7-26所示。

● "数量":设置物体边倾斜的角度,如图7-27所示。

图7-26 "锥化"命令面板   图7-27 "数量"效果

● "曲线":设置物体边弯曲的程度,如图7-28所示。
● "锥化轴":设置物体锥化的坐标轴向。
● "限制效果":默认为不勾选,勾选后在黄颜色框之间限制锥化的效果。
● "上限"/"下限":分别设置锥化限制的区域,由下向上进行锥化,如图7-29所示。

图7-28 "曲线"效果   图7-29 "上限"/"下限"效果

7.3.4 操作示例——制作风车

1)选择"顶视图",单击 "创建"面板中的"图形"按钮,再单击 星形 创建截面图形,在"参数"卷展下设置"半径1"、"半径2"、"点"分别为150、60、5,五角星形如图7-30所示。

2)在"参数"卷展下设置"扭曲"、"圆角半径 1"、"圆角半径 2"分别为 30、15、15,如图7-31所示。

图 7-30　创建五角星形

图 7-31　设置"扭曲"和"圆角半径"

3）单击五角星，单击"修改器列表"中的"挤出"修改命令，在"参数"卷展下设置"数量"、"分段"分别为 30、30，如图 7-32 所示。

图 7-32　"挤出"命令

4）在此基础上，单击"修改器列表"中的"锥化"修改命令，在"参数"卷展下设置"数量"、"曲线"分别为-0.85、2.55，如图 7-33 所示。此例可参见随书光盘中的"风车.max"文件。

图 7-33　风车最终效果

7.3.5　"扭曲"命令

"扭曲"命令沿指定的轴向对物体表面的顶点进行扭曲，产生扭曲的表面效果，也可进行局部扭曲，参数设置如图 7-34 所示。

● "角度"：设置沿指定轴向扭曲的角度，决定物体产生扭曲的圈数，如图 7-35 所示。

- "偏移"：设置物体向上或向下扭曲的程度，如图 7-36 所示。
- "扭曲轴"：设置物体扭曲依据的坐标轴向。

图 7-34 "扭曲"命令面板　　　　图 7-35 设置"角度"　　　　　图 7-36 设置"偏移"

7.3.6 "噪波"命令

"噪波"命令对三维物体表面的顶点进行随机漂移修改，使物体表面产生起伏不平的变化，此命令可以制作起伏的山脉、地形和大海的波纹，或使物体产生不规则的褶皱，同时也可以制作水面动画，根据物体段数多少产生不同的起伏形状，参数设置如图 7-37 所示。

- "种子"：设置噪波随机波的形态，在不改变物体其他参数的前提下，不同的种子数会产生不同的效果。
- "比例"：设置噪波起伏的大小，数值越小起伏越强烈，数值越大起伏越弱。
- "粗糙度"：设置物体表面的粗糙程度，数值越大，起伏越剧烈，表面越粗糙。
- "迭代次数"：设定起伏的反复次数，数值低地形起伏趋于平缓，数值高地形起伏增多。
- "强度"：在 X、Y、Z 任意轴向上对物体噪波控制的强度，数值越高起伏越大、越剧烈，如图 7-38 所示。

图 7-37 "噪波"命令面板　　　　　　　　图 7-38 "强度"效果

7.3.7 "FFD 4×4×4" 命令

"FFD 2×2×2"、"FFD 3×3×3"、"FFD 4×4×4" 3 个修改器的参数设置参数是完全相同的，如图 7-39 所示。

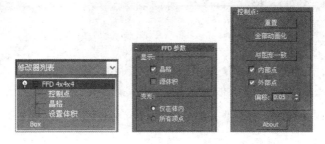

图 7-39 "FFD 4×4×4" 参数

（1）FFD 4×4×4

- "控制点"：主要是对晶格的控制点进行编辑，通过对控制点的拖拽来改变物体的外形，也可设置动画。
- "晶格"：可以通过移动、旋转、缩放来编辑物体或与物体进行分离，也可制作动画。
- "设置体积"：在此物体级别下，控制点呈现绿色，在移动、旋转、缩放时不会对物体的形态产生影响。

（2）FFD 参数

- "晶格"：显示结构线框。
- "源体积"：显示初始线框的体积。

7.3.8 操作示例——制作靠枕

1）选择"顶视图"，单击 ✳ "创建"命令面板中的"几何体"按钮 ◯。单击 ∨ 中的"扩展基本体"，再单击 切角长方体 按钮，在"参数"卷展下设置"长度"、"宽度"、"高度"、"圆角"分别为 400、400、100、5，设置"长度分段"、"宽度分段"、"高度分段"、"圆角分段"都为 8，如图 7-40 所示。

图 7-40 创建"切角长方体"

2）选择"修改器列表"中的"FFD 4×4×4"修改命令，再单击"堆栈"中的"控制点”，同时选择 8 个点的控制点，单击  进行拖拽。如图 7-41 所示。

3）靠枕最终效果，如图 7-42 所示。此例可参见随书光盘中的"靠枕.max"文件。

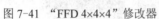

图 7-41　"FFD 4×4×4"修改器

图 7-42　靠枕最终效果

7.4　实训操作——制作长廊

　　二维图形转化为三维物体，使创建不规则的物体变得简单，容易操作，可以通过修改器中的修改命令对创建好的三维物体进行各种变化，例如"弯曲"、"锥化"等命令的综合应用。通过"实例"复制可以快速并保持相等的距离进行复制，达到设计者的要求。长廊效果如图 7-43 所示。

1．制作柱子和柱基

1）在制作廊架前，对尺寸进行设置。选择菜单栏中的"自定义"命令，在下拉菜单中选择"单位设置"命令，弹出的"单位设置"对话框。将"公制"单位设置成"毫米"，将"系统单位比例"设置成"毫米"。

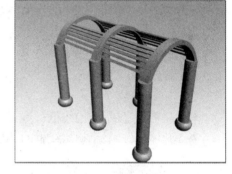

图 7-43　长廊

2）制作石柱。选择"顶视图"，单击  "创建"面板中的"几何体"按钮 ○，再单击 圆柱体 创建石柱，设置"半径"、"高度"分别为 200、2600，并进行水平复制，结果如图 7-44 所示的位置。

图 7-44　绘制石柱

3）制作柱基。创建圆柱体设置"半径""高度""高度分段"分别为 250、300、5，切换到修改面板，单击"修改器列表"中的"锥化"修改命令，在"参数"卷展下设置"曲线"为"1"。复制到如图的位置，结果如图7-45所示。

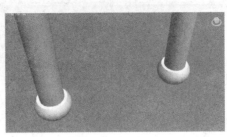

图7-45　绘制柱基

2．制作弧形架子

1）选择"前视图"，单击 ![创建] "创建"面板中的"图形"按钮![图形]，单击 弧 按钮，绘制出如图7-46所示的图形。

2）选择这条曲线，在 ![修改] "修改"命令面板中的"堆栈"栏中单击"样条线"，单击"几何体"卷展栏中的 轮廓 按钮，将此曲线进行拖动，绘制结果如图7-47所示。

图7-46　绘制弧形架子　　　　　　　　　图7-47　绘制曲线轮廓

3）选择这条曲线，在 ![修改] "修改"命令面板中，单击"修改器列表"右边的 ![下拉]，在弹出的列表中单击"挤出"命令，设置"数量"为"300"。如图7-48所示。

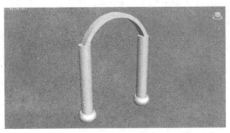

图7-48　设置"数量"

3．复制单元构件补充细节

1）全选物体后按住〈Shift〉键，单击进行"实例"复制，放置如图7-49所示的位置。

2）制作纵向梁，方法同制作带有弧形的架子，最终效果如图7-43所示。此例可参见随书光盘中的"长廊.max"文件。

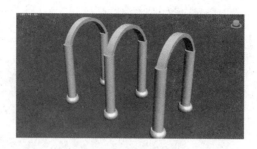

图 7-49　复制廊架

7.5　思考与习题

1．设计师将修改器中的修改命令应用于对象之后，所应用的修改名称会在哪显示？每次添加的修改命令的顺序如何排列？

2．怎样使用修改器堆栈修改场景已有模型？

3．将二维线型转化为三维物体的常用修改命令有哪几个？

4．对三维物体的造型进行修改的命令有哪几个？

5．在对三维物体使用的修改命令中，哪几个可以形成动画？

6．如何通过修改命令设置物体局部造型？

7．运用"车削"命令绘制灯罩和灯架，为灯架添加一个"锥化"命令，使其生成如图 7-50 所示的台灯。最终效果参见随书光盘中的"台灯.max"文件。

8．结合修改命令，运用"倒角剖面"命令绘制柜子的柜面并复制到柜底，用"弯曲"命令绘制柜门和 4 个支架，把手可用压扁的圆，绘制出如图 7-51 所示的柜子。最终效果参见随书光盘中的"柜子.max"文件。

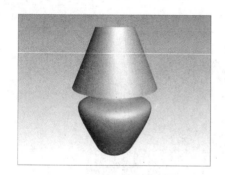

图 7-50　台灯

图 7-51　柜子

第8章　3ds Max 灯光和摄影机

灯光与摄影机是效果图制作中极其重要的一部分。灯光的种类繁多，想要制作出真实的效果图，就必须熟练掌握各种灯光，使 3ds Max 制作的虚拟三维空间更加真实、美观。摄影机则是模拟视角，是制作静帧效果图和三维动画必不可少的组成部分。

本章重点
- 创建各种不同类型的灯光
- 修改灯光的基本参数
- 使用各种灯光模拟室内灯光
- 摄影机的创建与参数设置

8.1　3ds Max 灯光常用参数设置

灯光在 3ds Max 中主要分为"标准"灯光和"光度学"灯光两类，在"创建"命令面板中单击 按钮即可选择灯光。在"标准"灯光和"光度学"灯光中又细分了各种不同的灯光，来满足不同的需要，如图 8-1 所示。

8.1.1　灯光类型

1. "标准"灯光

"标准"灯光在三维场景中主要用来计算直射光，由于无法计算场景中其他物体的反射光源，所以由"标准"灯光制作出来的场景都会显得比较生硬，且明暗的反差也很强。在"创建"命令面板单击 按钮后，系统自动默认的灯光为"标准"灯光，如图 8-2 所示。

图 8-1　灯光类型　　　　　　图 8-2　"标准"灯光类型

- "目标聚光灯"：产生锥形照射区域，由目标点和发光点确定方向。方向调整便捷，适合静态效果图运用，在动画中较少运用。
- "Free Spot"：与"目标聚光灯"照射效果相同，只有一个发光点来做调节，在静态表现中由于没有目标点而较少使用。但是在动画中由于特殊需要，灯光经常摆动则需要此类灯光，通常用于模拟各种灯光。
- "目标平行光"：可以产生某个特定方向的平行照射区域，"目标平行光"由目标点和发光点来确定方向。通常被用作室内外太阳光的模拟，也可以模拟部分特殊光源起到特殊效果，如图 8-3 所示为目标平行光模拟室外太阳光的小例子，其中图 8-3a 为前视图，图 8-3b 为效果图。

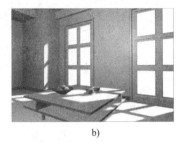

a)   b)

图 8-3 "目标平行光"效果

a) 前视图 b) 效果图

- "自由平行光"：与"目标平行光"一样产生一个平行照射区域，但是没有目标点，所以在静态效果图时较少使用。在制作动画时，对灯光的范围有固定要求，可以使用自由平行光，保证光线照射范围不发生变化。
- "泛光灯"：可以全方位地、均匀地发出光线。没有方向性，照射区域大。可以用来模拟灯泡及其他真实光源，如图 8-4a 所示显示泛光所处的位置，图 8-4b 为泛光灯启用时的效果。

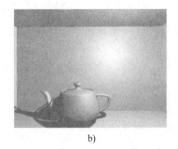

a)   b)

图 8-4 "泛光灯"效果

a) 显示泛光所处的位置 b) 泛光灯启用时的效果

- "天光"：能够准确地模拟日照效果。配合 3ds Max 中的不同渲染方式，可以准确生动地表现天光效果。天光是一个圆顶型光源，可以独立使用。

2．"光度学"灯光

"光度学"灯光较"标准"灯光而言更能表现出真实世界的物体在受光情况下的效果，物体本身所接收的光线并不是全部来自光源，还包括周围物体的反光和空气中散射的光。"光度学"灯光可以将物体自身和周围光线的相互作用表现得淋漓尽致，使其更加接近于真实世界的灯光。在"创建"命令面板中单击 按钮后，选择下拉菜单中的"光度学"，如图 8-5 所示。

图 8-5 "光度学"灯光

- "目标点光源"：可以向周围发光，同时有一个固定的照射方向，可以通过对目标点的调整改变光照方向，通常用来模

170

拟效果图中点状灯光，如图 8-6 所示，图 8-6a 显示目标点光源所处的位置，图 8-6b
为目标点光源启用时的效果。

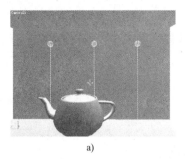
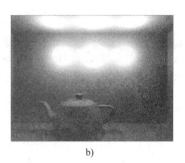

a)　　　　　　　　　　　　　　　　　b)

图 8-6 "目标点光源"效果

a) 目标点光源所处的位置　b) 目标点光源启用时的效果

- "自由点光源"：与"目标点光源"发光形式相同，更多的是用于动画制作中，通常
  用来模拟动画中摆动的点状灯光。
- "目标线光源"：以线为发光源，向周围发射光线进行照射，可以通过对目标点的调
  整改变光照方向，通常用来模拟效果图中的日光灯管、反光灯槽，如图 8-7 所示，a
  图显示目标线光源所处的位置，b 图为目标线光源启用时的效果。

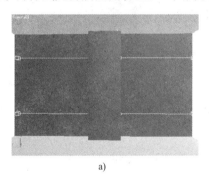

a)　　　　　　　　　　　　　　　　　b)

图 8-7 "目标线光源"效果

a) 目标线光源所处的位置　b) 目标线光源启用时的效果

- "自由线光源"：以线为发光源，向周围发射光进行照射，在动画制作中应用较多。
- "IES 太阳光""IES 天光"：这两种灯光通常用于模拟真实日光照射，多用于室外的
  效果图与动画制作。

8.1.2 灯光参数

在 3ds Max 虚拟的 3D 空间里，要创建各种不同类型的灯光，使其更加真实，就不能离
开对灯光基本参数的设置。通常，设置参数中包括亮度、阴影、色彩、照射区域以及光域
网。无论是"标准"灯光还是"光度学"灯光，在设置的时候都有很多共同的参数，在设置
上有很多类似的地方。下面就介绍一部分参数的修改。

1."常规参数"卷展栏

"常规参数"卷展栏基本通用于各种类型的灯光，可以用来控制灯光、启用阴影、选择

灯光和阴影类型等操作。下面我们以"目标平行光"为例，介绍此卷展栏中的各项命令，如图 8-8 所示。

（1）"灯光类型"选项区域

可以修改灯光的类型，通常不做修改。

- "目标"：选择是否取消目标点，可以使灯光在目标灯光与自由灯光之间转换，改变灯光类型。
- "启用"：选中此复选框，则开启灯光阴影。

（2）"阴影"选项区域

- "阴影贴图"下拉列表：选择阴影种类。
- "排除"：可以选择部分物体在此灯光下无阴影。

2．"强度/颜色/衰减"卷展栏

"强度/颜色/衰减"卷展栏主要用来设定灯光的强度、颜色和灯光的衰减参数。下面以 目标平行光 为例，介绍此卷展栏中各项命令，如图 8-9 所示。

图 8-8 "常规参数"卷展栏

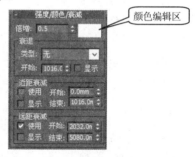

颜色编辑区

图 8-9 "强度/颜色/衰减"卷展栏

- "倍增"：控制灯光亮度，倍增数值只能为正。数值越高，灯光越亮。
- "颜色编辑区"：选择灯光的颜色。
- "衰减"：用于控制该灯光衰减的强弱，通过修改下面的参数可以得到不同的衰减效果。

"类型"：选择衰减种类。

"开始"：可以设置灯光衰减的位置。

"显示"：单击勾选后，可以使衰减灯光在视图中显示出来，并且显示范围。

- "近距衰减"/"远距衰减"：调整光线开始衰减的位置和光线衰减距离。

3．"高级效果"卷展栏

"高级效果"卷展栏主要用于调整在灯光影响下的物体表面产生的效果和阴影的贴图。下面我们通过 目标平行光 为例，介绍此卷展栏中各项命令，如图 8-10 所示。

（1）"影响曲面"选项区域

- "对比度"：用于调整照射区域中高光与中间区域亮度的对比。
- "柔化漫反射边"：用于柔化灯光照射区域与周围产生的阴影边缘。设置得当就可以避免产生明显的边缘。调整后会影响灯光照射区域的亮度。

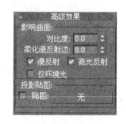

图 8-10 "高级效果"卷展栏

- "漫反射"：选择此复选框后，表明对整个物体产生照射作用。如果不勾选，则灯光只对照射物体的高光起照射作用。
- "高光反射"：通常与漫反射共同使用，对反光和高光进行单独控制。
- "仅环境光"：选择此复选框后，灯光成为环境光。影响照射物体的表面色彩，会对3D虚拟空间内所有物体产生作用。

（2）"投影贴图"选项区域

- "贴图"：选择此复选框后，可以单击 ▨无 按钮开启材质贴图，给其指定贴图。

8.1.3 操作示例——简单的灯光制作

"标准"灯光是 3ds Max 灯光类型中的基本灯光，没有过多的辅助设置，只需要简单的亮度、色彩、衰减等参数就可以将物体照亮。参见随书光盘中的"简单的灯光制作.max"。

1）选择"顶视图"，然后单击"创建"命令面板中的"几何体"按钮 ◉，再单击 长方体 按钮创建一个长方体，将"长"、"宽"、"高"分别设置为5000、4000、2800，选择"修改该器列表"中的"法线"命令，如图 8-11 所示。

2）单击"创建"命令面板中的 ◀ 按钮，再单击 泛光灯 按钮创建一盏泛光灯，并调整位置使其位于长方体内中心上方。图 8-12a 为顶视图，图 8-12b 为左视图。

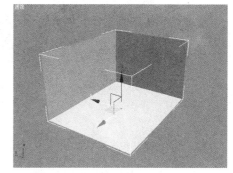

图 8-11 对长方体进行法线修改

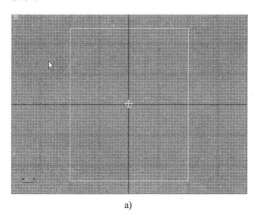

a)

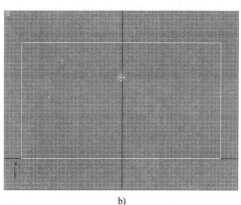

b)

图 8-12 创建泛光灯

a) 顶视图 b) 左视图

3）选择泛光灯后单击"修改"按钮 ◿，在"常规参数"卷展栏的"灯光类型"选项区域，选中"启用"复选框，在"强度/颜色/衰减"卷展栏中修改"倍增"数值为 0.7，"色块"调整为淡黄色，如图 8-13 所示。

4）单击透视图调整透视角度，单击 ⊙ 进行渲染，如图 8-14a 所示为渲染前的透视视图，图 8-14b 为渲染后的效果。

图 8-13　设置灯光参数

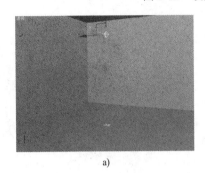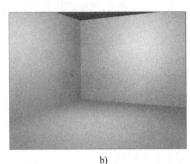

a)　　　　　　　　　　　　　　　b)

图 8-14　泛光灯的渲染效果

a) 渲染前的透视图　b) 渲染后的效果

8.1.4　目标平行光参数设置

在 3ds Max 灯光的使用中，很多情况下要使用不同的灯光对虚拟空间进行照明，利用各种灯光之间的特性模拟真实灯光，所以对于各种灯光的特殊设置一定要了解。下面主要介绍 目标平行光 的常规设置方法。

首先打开光盘中"模拟简单室内灯光.max"文件。单击选中其中的目标平行光光源，单击 "修改"命令。设置完常规灯光参数后，设置平行光特有参数，如图 8-15 所示。

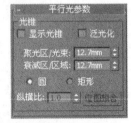

图 8-15　"平行光参数"
卷展栏

- "显示光锥"：用于调整灯光是否显示灯光范围。
- "泛光化"：单击勾选后，平行光会同时具有泛光灯效果。如果是场景内唯一光源，通常开启此选项。
- "聚光区/光束"：用来调整灯光聚光区域范围，数值永远小于衰减区数值。
- "衰减区/区域"：用来调整灯光在聚光区以外的衰减区范围，数值永远大于聚光区。
- "圆" / "矩形"：用于调整灯光照射区域的形状。通常情况下为圆形模拟常规灯光，但在特殊情况下会修改该为矩形，便于使用投影仪、放映机。
- "纵横比"：在选择矩形灯光后，该选项变为可调，可以控制长宽比例达到用户要求。
- "位图拟合"：使用所选图的纵横比，确保比例准确。

8.1.5　操作示例——简单的太阳光制作

利用"目标平行光"来模拟太阳的照射，可以控制太阳的入射角度，模拟出光束的效果。参见随书光盘中的"模拟简单室内灯光.max"。

1）打开随书光盘中"模拟简单室内灯光.max"文件。

2）单击选择其中"目标平行光"光源，单击"修改"按钮 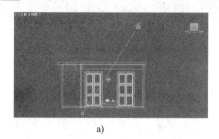，对"目标平行光"进行常规设置。

3）打开"平行光参数"卷展栏，设置参数。将"聚光区/光束"、"衰减区/区域"参数分别设置为 1000、1500。

4）单击 进行效果渲染，如图 8-16a 所示为前视图，图 8-16b 为渲染后的效果。

a)　　　　　　　　　　　　　　b)

图 8-16　平行光最终效果

a) 前视图　b) 渲染后的效果

8.1.6　操作示例——夜间简单室内灯光设置

在夜间，室外环境光较少。为满足日常生活的需要，可以制作许多人造光源。夜间的灯光设置就是模拟人造光源。通常需要制作的有主光源、辅助光源，使用"目标点光源"、"目标线光源"、"泛光灯"进行模拟。

室内灯光的设置主要是由主光源、辅助光以及环境光组成，灯光位置的摆放可按照实际场景灯的位置放置。参见随书光盘中的文件"夜间简单室内灯光.max"。

1）打开随书光盘中"夜间简单室内灯光.max"文件。

2）单击 "创建"命令面板中的 灯光，选择 目标灯光 在示例位置进行创建。单击"修改"按钮 ，在"图形/区域阴影"中选"线"，如图 8-17a 为灯光设置面板，图 8-17b 为顶视图中灯光的位置。

a)

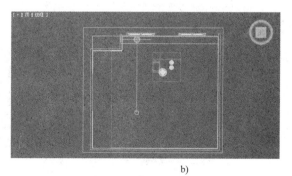

b)

图 8-17　目标线光源具体位置

a) 灯光设置面板　b) 顶视图中灯光的位置

3）同时选择光源与目标点，按住〈Shift〉键在顶视图中沿 X 轴方向移动进行复制，复制时选择"实例"选项,数量设置为2。同时制作另外3条反光灯槽,如图8-18a为灯光在顶视图中的位置,图8-18b为灯光在左视图中的位置。

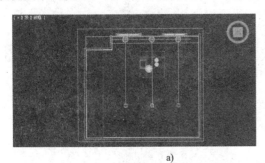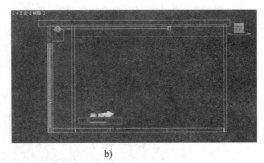

a) b)

图8-18 反光灯槽中线光源位置

a) 灯光在顶视图中的位置 b) 灯光在左视图中的位置

4)对其参数进行设置。单击"修改"按钮,在"常规参数"卷展栏中开启"阴影",在"强度/颜色/分布"卷展栏中将"强度"设置为"400cd",在"线光源参数"卷展栏中将"长度"设置为1200。

5)单击 "创建"面板中的 灯光,选择 目标灯光 在左视图上从上而下进行拖曳。建立"目标灯光",如图8-19a为灯光在前视图中的位置,图8-19b为灯光在左视图中的位置。

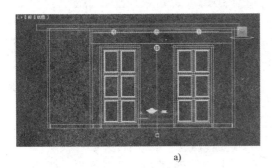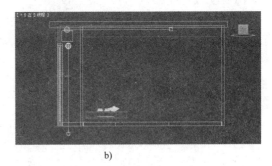

a) b)

图8-19 目标灯光创建位置

a) 灯光在前视图中的位置 b) 灯光在左视图中的位置

6)与线光源选择方法相同进行"实例"复制,如图8-20所示。

7)单击点光源进行设置。单击"修改"按钮,在"常规参数"卷展栏中开启"阴影","强度/颜色/分布"卷展栏中设置"分布"为"web",在"web"卷展栏中单击 <选择光度学文件> 后选择光盘中"资源"文件夹下"17.ies"光域网。在"强度/颜色/分布"卷展栏中将"强度"设置为"2500cd"。

图8-20 复制目标灯光

8)在正方体中心上方放置 泛光灯 。

9)单击 进行渲染,结果如图8-21a为渲染前的透视视图,图8-21b图为渲染后的效果。

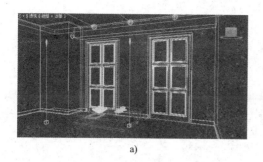 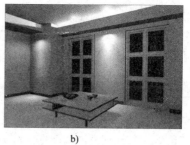

a)   b)

图 8-21 最终效果

a) 渲染前的透视视图 b) 渲染后的效果

8.2 高级照明

"高级照明"是目前 3ds Max 所带的高级渲染方式。3ds Max 2012 支持的有两种，即光线跟踪和光能传递。光线跟踪比较常用，用于所有灯光并且设置简便。而光能传递则要调整较多参数，但是比较准确。在进行高精度制作时通常会使用光能传递。

开启"高级照明"的具体方法为单击 按钮，弹出"场景渲染"对话框，选择"高级照明"选项卡，如图 8-22 所示。单击"选择高级照明"卷展栏下的下拉列表按钮，就可以选择"高级照明"的具体方式，即光线跟踪与光能传递两种。在这里主要讲解"光线跟踪"参数设置。

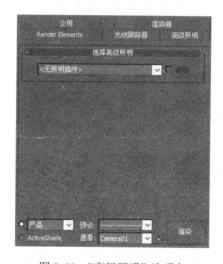

图 8-22 "高级照明"选项卡

8.2.1 光线跟踪

"光线跟踪"可以真实地反应物体周围光线的反射和折射情况以及物体与物体之间的相互作用。单击"选择高级照明"卷展栏下的下拉菜单，选择"光跟踪器"，出现"光线跟踪"面板，如图 8-23 示。

● "全局倍增"：增加光线跟踪的效果，使得灯光更加明亮。

- "对象倍增"：控制各物体反射光能的量。
- "天光"：选中后，可以开启天光，其后面的数值可以调节天光的强弱。
- "颜色溢出"：通过对其后面数值的调整，可以增加物体反射光的强弱，增加环境色。
- "光线/采样数"：通过调整后面的数值，可以增加光线的细分程度，从而增加渲染效果，减少最终效果颗粒。但是数值过高会较为严重地影响渲染速度。通常采用默认数值。
- "颜色过滤器"：设置调整滤镜的色彩。
- "过滤器大小"：调整控制渲染时产生的噪波。在空间不够明亮的时候，可以通过修改该参数，调整画面质量。
- "附加环境光"：调整控制附加的环境光颜色。
- "光线偏移"：调整控制光线在物体边缘偏移的范围。
- "反弹"：调整控制光线在物体之间的反弹次数。最小为 0，最大为 10。数值高低会影响到环境光强弱与渲染时间。
- "锥体角度"：调整控制光线投射的锥形范围。

图 8-23 "光线跟踪"面板

- "体积"：选中后，可以控制雾、光等大气效果的强弱。
- "自适应欠采样"：选中后，可以增加对比以及物体边缘的分界等位置。开启后可以具体控制细分值等具体参数。
- "初始采样间距"：可以具体控制采样间距。数值范围为 1～32，减少间距可以帮助避免出现在不被自动细分的大表面上的噪波。
- "细分对比度"：调整物体与阴影之间边缘的对比。数值越大，效果越好，但会降低渲染速度。
- "向下细分至"：控制最小细分值。
- "显示采样"：在渲染图像上，以红点具体显示各采样。

8.2.2　光能传递

"光能传递"用于在 3D 空间内模拟真实自然的灯光环境。"光能传递"按材质属性、颜色之间的关系，通过合理设置得到相当柔和的效果。不过"光能传递"只能配合"光度学"灯光使用，如果使用"标准"灯光则会影响最终效果。在使用"光能传递"时，应该注意尽量减少模型的面块及复杂程度，这样可以显著提高渲染速度。

"光能传递"设置比"光线跟踪"设置更加复杂。下面简单介绍"光能传递处理参数"卷展栏，如图 8-24 所示。

此卷展栏中，可以设置具体的"光能传递"参数，其中"光能传递网格参数"的设置对最终效果起到关键作用。

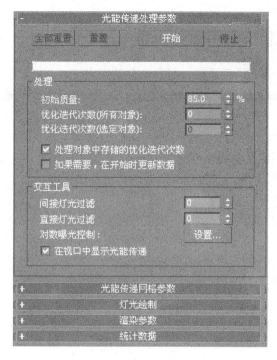

图 8-24 "光能传递处理参数"卷展栏

8.2.3 操作示例——在场景中使用光线跟踪

光线跟踪可以使物体对周围的环境产生一定的环境色，通过反射、折射使物体间有一定的相互作用。参见随书光盘中的"光线跟踪.max"，如图 8-25 所示。

1）打开随书光盘中的"光线跟踪使用实例.max"。

2）制作一个目标面光源对物体进行投射，产生阴影，如图 8-26 所示。

3）打开"高级照明"面板，开启"光线跟踪"照明方式。

4）设置"全局倍增"为 1.2，设置"颜色溢出"为 30，设置"反弹"为 4。

5）进行渲染，对比效果。

对比后可以明显看出，使用"光线跟踪"后，渲染效果更加真实自然，所以通常在渲染时开启"高级照明"。

图 8-25 "光线跟踪"效果

图 8-26 "目标面光源的阴影"效果

8.3　3ds Max 摄影机常用参数设置

摄影机是帮助用户确定透视角度、观察方向的得力工具。用户通常都是通过摄影机透视窗口渲染最终效果。同时摄影机作为模拟视角，可以调整参数以达到所需要的透视效果。

8.3.1　摄影机的种类

摄影机分为目标摄影机和自由摄影机两类，要在场景中使用摄影机首先要创建"摄影机"。单击 ■ "创建"面板中的 ■ 摄影机，在这里可以选择摄影机的种类，如图 8-27 所示。

图 8-27　摄影机的种类

- "目标"：带有目标点的摄影机。通过对摄影机与目标点的设置调整可以轻松地控制摄影机位置和观察的角度。在目标摄影机中，摄影机就好比是用户的眼睛，目标点的方向就像用户所看到方向。通常目标摄影机在渲染静态效果中被大量运用。

- "自由"：没有目标点的自由摄影机。由于可以所以随意变动，通常用于动画的制作中。

8.3.2　调整摄影机参数

"目标摄影机"与"自由摄影机"参数基本相同，下面了解下如何调整"摄影机"参数。选择摄影机后单击 ■ "修改"命令，进入"修改"面板。在这里将修改"摄影机"的所有参数，通过修改可以得到需要的视角，如图 8-28 所示。

- "镜头"：用于设置摄影机焦距。模拟人的视角时通常为 48，过短的"镜头"设置会产生鱼眼效果，过长的"镜头"则不会产生物体变形，通常用来展现较远的景色。

- "视野"：通过左侧按钮选择后，调整摄影机视野。可以分别选择控制"水平"、"垂直"、"对角" 3 个视角方向的视野范围。

- "正交投影"：选中后，在摄影机视图中取消靠后物体的透视变形，同时显示其实际尺寸。

- "备用镜头"：包括 9 种，分别为 15、20、24、28、35、50、85、135、200。选择相应镜头按钮后，镜头和视角会自动更新为所选镜头。

- "类型"：改变摄影机类型，在"目标摄影机"与"自由摄影机"间切换。

- "显示圆锥体"：选中后，在摄影机视图以外的视图显示摄影机范围。

- "显示地平线"：在摄影机视图中显示地面水平线位置。

- "环境范围"：控制大气影响范围。其中"显示"单击勾选开启大气开效果。"近距范围" / "远距范围"决定黄灰色方框位置。

- "剪切平面"：控制渲染时的范围。其中"近距剪切" / "远距剪切"通过调整，可以调控远距离与近距离切面位置。

- "多过程效果"：制作摄影机"景深"或"运动模糊"效果。单击勾选"启用"后可以产生特效，单击"预览"可以在摄影机视图中展示特殊效果。

图 8-28 "摄影机"参数

- "多过程效果"：用于选择多过程效果的类型，有"景深 mental ray"、"景深"、"运动模糊" 3 种可供选择。
- "渲染每过程效果"：选中后，使用"多过程效果"特效渲染都会进行逐层渲染，渲染速度降低但效果好。
- "目标距离"："自由摄影机"无该选项。此数值是"目标摄影机"特有数值，可以控制目标点与摄影机之间的距离。
- "使用目标距离"：选中后，使用参数中的"目标距离"。
- "焦点深度"：如果不开启"使用目标距离"，则可以使用该参数改变指定焦距深度。
- "显示过程"：选中后，渲染的时候显示其中多重过滤的变化，关闭后只显示最终效果。
- "使用初始位置"：选中后，则使用摄影机位置进行渲染。默认为勾选。
- "过程总数"：通过修改控制渲染场景中的周期数量，可以渲染特殊效果但同时增加渲染时间。
- "采样半径"：通过调整可以控制场景中的模糊变化效果的移动距离，增加数值会增加模糊效果，减少数值会降低模糊效果。
- "采样偏移"：控制"景深"模糊效果，数值为 0.0～1.0。
- "规格化权重"：选中后，将统一权重值，使效果更为光滑。
- "抖动强度"：设置周期抖动强度。
- "平铺大小"：调整控制点的大小。
- "禁用过滤"：可以减少渲染时间，但是将关闭抗锯齿效果。

● "禁用抗锯齿"：选中后抗锯齿失效。

8.3.3 操作示例

1．创建目标摄影机

目标摄影机多用于场景视角的固定拍摄。通过摄影机的设置，来确定目标物体的位置、远近以及透视的方式。参见随书光盘中的"创建目标摄影机.max"，如图8-29所示。

1）打开随书光盘中"创建目标摄影机.max"文件。

图 8-29　创建目标摄影机

2）单击 "创建"面板中"摄影机"按钮 。选择"顶面图"后单击 目标 按钮，单击顶面图确定照射物体。

3）单击"前视图"中的"目标点"，然后单击"移动"按钮 将目标点移动至物体所在位置。

4）单击摄影机移动位置至合适角度，图 8-30a 为摄影机在顶视图中的位置，图 8-30b 为摄影机在前视图中的位置。

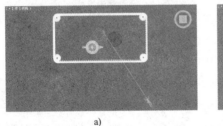
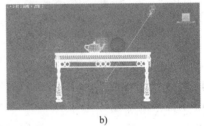

a)　　　　　　　　　　　　　　　b)

图 8-30　摄影机位置

a) 摄影机在顶视图中的位置　b) 摄影机在前视图中的位置

5）最终效果如图8-29所示。

2．创建自由摄影机

与创建自由灯光类似，只需要单击 "创建"面板中的"摄影机"按钮 ，然后单击 自由 按钮，单击视图中任意位置就创建完成。

创建结束后，可以通过移动、缩放、旋转等命令对其进行调整。

8.4 实训操作——多角度观察场景

通过摄影机与灯光的设置，为室内景观模拟夜间人造灯光。多角度的摄影机设置有利于设计者更好地表达其设计意图，全方位地呈现真实的三维空间，在选择一个极佳的摄影机角度后，对室内的灯光进行综合布光，营造一定的环境氛围。参见随书光盘中的"多角度观察室内灯光.max"。最终效果如图8-31所示，为场景中三个不同视角的效果。

1）打开随书光盘中"综合演练.max"文件。

2）首先制作室内主光源，利用"泛光灯"照亮室内空间。同时调整"泛光灯"参数，设置"倍增"为0.1，其他参数配合调整使灯光柔和。

图 8-31　多角度观察场景

3）在周围墙边放置"目标灯光"，单击"修改"面板，选择"强度/颜色/分布"中的"分布"，选择"web"，在"web"卷展栏中赋予光盘中"17.ies"光域网，设置"强度"为2500。

4）参考8.1.6节制作吊顶反光灯槽，如图8-32所示，a为顶视图中灯光的位置，b为透视视图中观察到的灯光位置。

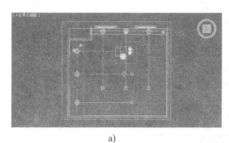 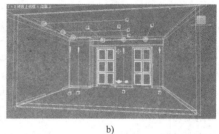

a)　　　　　　　　　　　　　　　　　b)

图 8-32　灯光位置详图

a) 顶视图中灯光的位置　b) 透视视图中的灯光位置

5）在室内预想位置，创建"目标建摄影机"移动至指定位置。单击透视视图，按〈C〉键，切换到"摄影机"视图，观察摄影机视图，调整"摄影机"高度到空间中间偏上高度，模拟人的视角，如图8-33所示。

6）单击"摄影机"后单击  "修改"面板，设置"镜头"为28。调整后视图如图 8-34 所示。

图 8-33　创建的摄影机视角　　　　　图 8-34　调整镜头后的摄影机试图

7）创建另外两个"目标摄影机"，创建多角度观察物体视图，如图 8-35a 所示为微距视角摄影机视图，图 8-35b 为特殊视角摄影机视图。

8）渲染3个角度的"摄影机视图"，效果如图 8-31 所示。

9）根据渲染结果决定是否开启"光线跟踪"。

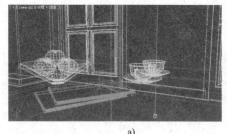
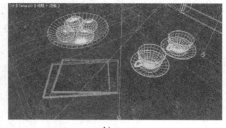

a)   b)

图 8-35　微距和特殊视角摄影机视图

a) 微距视角　b) 特殊视角

8.5　思考与习题

1．3ds Max 中的灯光有哪些种类？

2．如何建立灯光？

3．怎样修改已建立的灯光参数？

4．泛光灯的使用方法什么？怎样修改参数？

5．怎样移动目标光源？应该注意哪些问题？

6．如何处理灯光不真实的效果？

7．启用"光线跟踪"后，画面的变化有哪些？应该修改其中哪些参数使最终渲染效果达到预期要求？

8．用"目标平行光"、"泛光灯"模拟制作白天室内天然光效果。

9．摄影机在哪些情况下使用较小的镜头？

10．摄影机在创建、移动过程中应注意哪些问题？

11．利用各种光源，设置室内的射灯、反光灯槽中的灯管以及用于模拟室内环境光的辅助光源，创造出有一定的效果，参见随书光盘中的"卫生间.max"，如图 8-36 所示。

图 8-36　"卫生间"效果图

第 9 章　3ds Max 材质与贴图技术

在效果图的制作过程中，可以通过颜色、自发光、凹凸程度等要素来模拟金属、玻璃、陶瓷等真实物体的材质，以求更好地表现物体的质感以及视觉上的效果，使其可与真实物体媲美，因此可以采用赋予材质的手法来使场景中的物体呈现出有真实质感的效果。

贴图基础应用一般包括贴图类型、贴图坐标设置、贴图通道等。贴图用于表现物体表面的纹理，好的贴图能够更好地表现物体的质感，使作品更生动，而且使用贴图可以不用增加模型的复杂程度就能够表现模型的细节，还能够创造出反射、凹凸等多种效果。

本章重点
- 对"材质编辑器"面板的认识
- 了解材质基本操作
- 了解标准材质和复合材质
- 了解贴图类型和贴图坐标设置
- 掌握常用贴图的参数及操作步骤

9.1　3ds Max 常用材质类型

3ds Max 的材质制作是通过"材质编辑器"进行的，系统自带的材质分为标准材质和复合材质两大类。标准材质主要通过研究材质在光照条件下的明暗特性、反射折射的特性以及是否透明、发光等特性，然后利用参数的变化来模拟现实场景中的材质。复合材质是由两种或两种以上的材质相互融合、相互交错而形成的材质，具有更好的表现力。

9.1.1　材质编辑器

"材质编辑器"是 3ds Max 中最常使用的功能之一，它的地位至关重要，物体材质的最终效果都取决于它。"材质编辑器"主要可分为 5 大部分，即菜单栏、材质示例窗、工具栏、工具列及参数卷展栏。在启动 3ds Max 之后，单击工具栏中的"材质编辑器"按钮，或按下〈M〉键，则打开"材质编辑器"命令面板。如图 9-1 所示。

- "菜单栏"：菜单栏中的命令与下方的"工具栏"、"工具列"的命令一致。
- "材质球"：材质球是用来显示材质最终效果的，一个材质对应一个材质球。
- "工具栏"：工具栏是执行"获取材质"、"将材质放入场景"、"将材质指定给选定对象"以及"显示材质贴图"等操作的，主要是将制作完成的材质赋予场景内的物体。如图 9-2 所示。
- ：打开"材质/贴图浏览器"窗口打开，调用其中的材质或贴图。
- ：可将选定的"材质球"中的材质赋予场景中被选择的物体。
- ：删除已选定"材质球"中的贴图。

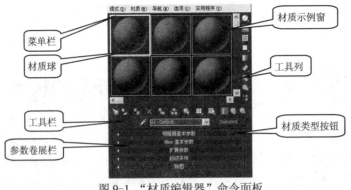

图 9-1 "材质编辑器"命令面板

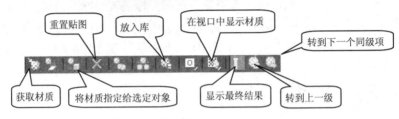

图 9-2 工具栏

: 可将当前"材质球"中的材质保持到"材质库"中。

: 可在场景中显示出物体材质的最终效果。但尽量不要在大的场景中将所有材质显示出来,这样会增加系统的压力。

: 可将"材质示例窗"中显示其最终的效果,反之则只显示所在级别的效果。

: 可返回上一级别。

: 可以转到下一个同级材质。

● "参数卷展栏":进行基本参数的设置,以及制作贴图的特殊纹理效果等。

● "材质示例窗":主要用于显示物体的材质,图 9-1 为 6 个材质球,由于实际的需要,一般会用到很多不同的材质,所以就需要更多的材质球。可在材质球上右击来增加材质球的数量,如图 9-3 所示。

● "工具列":可以将材质球中的贴图以几种不同的形状显示出来,并且可以很好地观察物体材质的纹理效果及颜色效果,如图 9-4 所示。

图 9-3 材质球快捷菜单

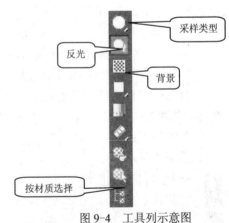

图 9-4 工具列示意图

：可以使"材质球"呈现不同的形态，包括球体、方体和圆柱体。

：可使"材质球"产生一个反光效果。

：可使"材质球"的背景变为彩色的方格背景。便于观察到类似玻璃与金属这样的材质效果。

：弹出"选择对象"对话框，可以选中场景中具有相同材质的物体，功能与"按名称选择"按钮一致。

9.1.2 材质基本操作

材质的基本操作主要在"材质/贴图浏览器"中完成。单击"材质编辑器"面板的 Standard 按钮即可打开"材质/贴图浏览器"对话框。如图 9-5 所示。

- "材质"：显示标准材质的类型。
- "场景材质"：显示场景中的材质。
- "示例窗"：显示已选操作的效果，以便于根据其功能来赋予材质纹理及其他效果。

图 9-5　材质/贴图浏览器

9.1.3 标准材质

标准材质是 3ds Max 初始设置的默认材质，根据对其"明暗器基本参数"、"Blinn 基本参数"、"扩展参数"、"超级采样"等参数卷展栏的设置，来使物体呈现不同的材质效果。

1. "明暗器基本参数"卷展栏

"明暗器基本参数"是处理物体表面材质在光线照射下的效果，其卷展栏可以选择材质的质感，也可以调整物体在渲染中显示的方式。如图9-6所示

（1）"明暗参数"

"明暗参数"下拉列表中有8中不同的明暗类型，如图9-7所示。

图9-6 "明暗器基本参数"卷展栏　　　　图9-7 明暗类型

- "各向异性"：调节可见高光尺寸的差值，产生"叠光"的高光效果，可用来表现陶瓷、油漆类材质表面的质感。如图9-8所示。
- "Blinn"：由于增大"柔化"后其高光是圆滑的，所以该项主要可用来表现塑料类的材质。如图9-9所示。
- "金属"：它可以准确表现金属的质感，效果如图9-10所示。

图9-8 光滑质感　　　　图9-9 塑料质感　　　　图9-10 金属质感

- "多层"：较"各向异性"来说，它可以产生比其更复杂的高光效果。如图9-11所示。
- "Oren-Nayar-Blinn"：它是比"Blinn"更高级的明暗类型，该项主要可用来表现粗陶、纺织物品等表面质感，如图9-12所示。
- "Phong"：它是较"Blinn"低一级的敏感类型，由于反光成梭形，所以更适合表现暖色的材质效果，如图9-13所示。

图9-11 多层的效果　　　　图9-12 粗陶质感　　　　图9-13 "Phong"的效果

- "Strauss"：它与"金属"较类似，可用于金属和非金属表面，如图9-14所示。

● "半透明明暗器"：它可以制作物体半透明的效果，用来表现纱帘、透明玻璃杯等轻薄物体的质感，如图 9 15 所示。

图 9-14 非金属质感　　　　　图 9-15 "半透明明暗器"的效果

（2）"线框"复选框

勾选该复选框后，物体将以线框的形态在场景中显示。如图 9-16 所示。线框的粗细可以通过在"扩展参数"卷展栏中调整"大小"的参数来实现。如图 9-17 所示。

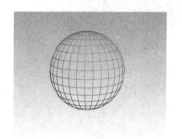 

图 9-16 勾选线框效果　　　　　图 9-17 改为粗线框粗的效果

（3）"双面"复选框

勾选该复选框，可将物体的反正两面在场景中显示，由于法线的指向不同，物体会分为正反两面，单面材质反面不赋予材质，所以渲染后的效果会出现丢失面的情况，如图 9-18 所示为"双面"的效果。

a)　　　　　　　　　　　　　　　　b)

图 9-18 "双面"效果

a) 未勾选　b) 勾选

（4）"面贴图"复选框

勾选该复选框，可将材质赋予物体的每个表面，如图 9-19 所示为"面贴图"的效果。

（5）"面状"复选框

勾选该复选框可使物体表面产生块面的效果，如图 9-20 所示为"面状"的效果。

a)   b)

图 9-19 "面贴图"效果

a) 未勾选 b) 勾选

a)   b)

图 9-20 "面状"效果

a) 未勾选 b) 勾选

2. "Blinn 基本参数"卷展栏

"Blinn 基本参数"是对"明暗器基本参数"卷展栏下的"明暗类型"中的"Blinn"做进一步设置的卷展栏。若在"明暗类型"中选择其他选项,"Blinn 基本参数"卷展栏则会随之改变为与其对应的卷展栏。下面将以其为例进行介绍,如图 9-21 所示。

（1）基本参数

- "环境光"：指物体阴影部位的颜色,与"漫反射"相互锁定,改变一个的颜色,另一个也会随着改变。单击"环境光"后的色块,可以设置不同的"环境光"颜色。
- "漫反射"：指物体在受光后经过反射所呈现出来的颜色。
- "高光反射"：指物体受光面产生的最亮部分的颜色。
- "锁定"按钮：单击 可将"环境光"和"漫反射"锁定起来,使其有相同的贴图。
- "无"按钮：单击 可弹出"材质/贴图浏览器"对话框来为其赋予材质。

（2）"自发光"选项区域

可以制作物体本身发光的物体,例如筒灯、灯泡等自发光的物体。

- "颜色"：此选项和后面的微调框可以设置物体自发光的程度。
- "不透明度"：可以调节物体本身的透明度,后面的微调框可以设置物体不透明的程度。

（3）"反射高光"选项区域

- "高光级别"：可以调节物体的反光强度。微调框中输入的数值越大,反光的强度就越大,反之则越小。
- "光泽度"：可以调节物体反光的范围大小。微调框中输入的数值越小,反光的范围就越大。

● "柔化"：可以调节物体高光区反光，使之变得柔和，模糊。适合对反光面较强的材质进行"柔化"处理。

3．"贴图"卷展栏

"贴图"卷展栏是调整材质贴图的"环境光颜色""漫反射颜色""自发光""不透明度""凹凸"等参数的卷展栏。可以根据材质的不同属性和性质进行设置，来达到真实材质的效果，如图9-22所示。

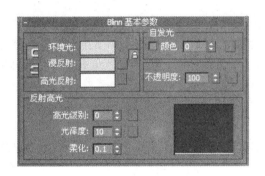

图9-21 "Blinn基本参数"卷展栏

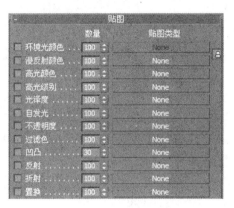

图9-22 "贴图"卷展栏

（1）"贴图"通道

可对贴图的"环境光颜色"、"漫反射颜色"等进行不同类型和属性的设置。

● "环境光颜色"：指物体阴影部分的颜色。系统默认为与"漫反射颜色"锁定使用。

● "漫反射颜色"：在该通道中设置的贴图会代替"漫反射"。它可以真实地表现出材质的纹理。

● "高光颜色"：在该通道设置的贴图将应用于材质的高光部分。

● "高光级别"：与"高光颜色"类似，效果明显与否取决于高光强度的设置。

● "光泽度"：该通道设置的贴图会应用于物体的高光区域，控制高光区域的模糊程度。

● "自发光"：该通道可以使物体的部分区域发光，贴图黑色区域表示无自发光，白色区域表示有自发光。在其"贴图类型"中添加"衰减"贴图，可以用来做灯具。

● "不透明度"：该通道的贴图可以根据其明暗程度在物体表面产生透明效果，贴图上颜色深的部分是透明的，浅的部分是不透明的。

● "过滤色"：该通道的像素深浅程度可以产生透明的颜色效果。

● "凹凸"：该通道中可通过位图的颜色使物体表面产生凹凸不平的效果，贴图深色部分产生凸起效果，浅色部分产生凹陷效果。

● "反射"：该通道中的贴图可以从物体表面反射图像，若移动周围的物体，则会出现不同的贴图效果。

● "折射"：该通道的贴图可以使光线弯曲，并且可以透过透明的对象显示出变形的图像，主要用来表现水、玻璃等材质的折射效果。

● "置换"：该通道的贴图可以使物体产生一定的位移，产生一定的膨胀效果，可以使物体的造型进行扭曲。

（2）"数量"

用来设置贴图变化的程度。例如勾选"自发光"后设置"数量"为 100 的时候，物体将呈现自身发光的效果，类似于灯泡这类光源物体；设置"数量"为 50 的时候则发光程度减弱。

（3）"贴图类型"

为"贴图方式"增加一个贴图，来进一步增强调整材质的真实度。且可进行不同材质的叠加，营造其特殊的效果。单击 None 即可打开"材质/贴图编辑器"进行材质的设置。

9.1.4 操作示例——制作陶瓷材质

1）打开随书光盘中的"陶瓷材质.max"文件。

2）选择"坐便器"，单击 进入"材质编辑器"，选择"明暗类型"下拉菜单中的"各向异性"选项，将"漫反射"后的色块调整为白色，再将"高光级别"、"光泽度"、"各向异性"分别设置为200、90、50，如图9-23所示。

3）打开"贴图"卷展栏，勾选"反射"，单击 None 按钮为物体添加一个"衰减"贴图。

4）将材质赋予"坐便器"并将其在场景中显示，如图9-24所示。此例可参见随书光盘中的"陶瓷材质.max"文件。

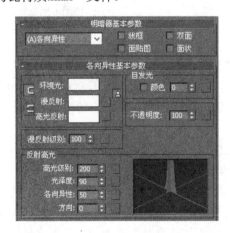

图 9-23 参数调整

图 9-24 渲染后的效果

9.1.5 复合材质

复合材质是除了标准材质以外的其他材质类型，它是由两种或两种以上的材质相互融合、相互交错而形成的材质，可使物体的表面呈现多种不同的纹理效果。这一点是标准材质所不能表现的。

单击 按钮，打开"材质编辑器"，再单击 Standard 按钮打开"材质/贴图浏览器"，其中的"顶/底"、"多维/子对象"、"光线跟踪"、"混合"等都属于复合材质。

1. "顶/底"材质

"顶/底"材质可将材质球分为两种材质，并可对其进行混合等操作，可以制作海与沙滩这类表面两种颜色呈融合过渡状态的场景效果等。双击"材质/贴图浏览器"对话框中的"顶/底",打开其卷展栏,如图 9-25 所示。

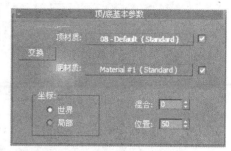

图 9-25 "顶/底基本参数"卷展栏

- "顶材质":指材质球上半部分的材质。
- "底材质":指材质球下半部分的材质。
- "交换":可以将"顶材质"与"底材质"相互对调的操作。
- "混合":指"顶材质"与"底材质"混合的程度。"混合"微调框中的数值越大,"顶材质"与"底材质"混合的程度越大。设置为 0 时只显示"顶材质",为 100 时只显示"底材质"。设置"混合"微调框不同数值的效果,如图 9-26 所示。

a)   b)

图 9-26 "混合"效果

a) "混合"微调框数值为 20 b) "混合"微调框数值为 80

- "位置":指"顶材质"和"底材质"所占面积的大小,以材质球最底端为 0,最顶端为 100。若输入数值为 30,则"底材质"所占的面积就少。若输入数值为 70,则"底材质"所占的面积就多。如图 9-27 所示。

a)   b)

图 9-27 "位置"效果

a) "位置"微调框数值为 30 b) "位置"微调框数值为 70

2. "多维/子对象"材质

"多维/子对象"材质可在一个材质球上赋予多种材质,使一个物体可以有多种材质。但每种材质需要设置 ID 号,根据 ID 号来对场景中物体赋予不同的材质,让每种材质都可以对号入座。打开"多维/子对象"材质面板的操作可参照"顶/底"材质。在弹出的对话框中单击"确认"按钮即可。"多维/子对象"卷展栏如图 9-28 所示。

- "设置数量":单击该按钮可在弹出的"设置材质数量"对话框中设置所选物体的材质数量,如图 9-29 所示。

图 9-28 "多维/子对象基本参数"卷展栏　　　　　　图 9-29 "设置材质数量"对话框

- "添加"：单击该按钮可以增加子材质的数量。
- "删除"：单击该按钮可以减少子材质的数量。
- "ID"：子材质的编号。
- "名称"：为了更好地区分每种材质，可以为子材质进行命名。
- "子材质"：单击下面的按钮可以赋予所选物体一个"子材质"。操作和面板可参考标准材质。
- 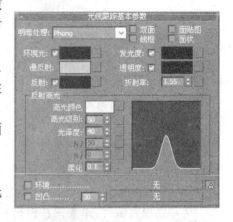　单击该按钮可弹出"颜色选择器"，若物体无需赋予材质，只需赋予颜色，则可在"颜色选择器"中为物体设置一个颜色。

3. "光线跟踪"材质

"光线跟踪"材质应用的范围较其他复合材质广泛，其卷展栏的操作命令也比较多，不仅有标准材质参数面板的特性，而且还可以模拟出真实物体的反射、折射等效果。它可以几乎完美地表现玻璃、不锈钢、陶瓷等质感，是复合材质中应用最多的材质类型。打开方式可参照"顶/底"材质。"光线跟踪"卷展栏如图 9-30 所示。

- "明暗处理"：该下拉菜单列表中有"Phong"、"Blinn"、"金属"等 5 种渲染方式，性质与属性基本与标准材质中的相似。
- "双面"：勾选该项，光线跟踪将对其内外表面进行计算并渲染。
- "面贴图"、"线框"、"面状"：参考标准材质。
- "环境光"：决定光线跟踪材质吸收周围环境光的多少，此项与标准材质有所区别。
- "漫反射"：物体受光后所呈现的颜色，即固有色。

图 9-30 "光线跟踪"卷展栏

- "反射"：可设置物体高光反射的颜色。若"反射"后的色块设置为白色，则物体表面为全反射，这种情况下看不到物体本身的固有色，所以可以用来制作镜面、不锈钢类的材质。
- "发光度"：功能类似于标准材质中的"自发光"，也可制作自身发光的物体。
- "透明度"：可以调整物体的透明度，是过滤后表现出的颜色。若"透明度"后的色块为白色时物体为全透明，可以用来制作玻璃材质或其他透明、半透明的材质。
- "折射率"：可以根据不同材质的属性来设置"折射率"，使其材质的真实度更加逼真，例如玻璃的折射率是 1.5～1.85，可以根据所制作玻璃的性质来进行设置。
- "反射高光"：面板内的操作基本与标准材质类似，可参考标准材质进行操作。
- "环境"：为场景中的物体制定一个环境贴图。
- "凹凸"：为物体指定一个贴图，使物体表面有凹凸的质感，增强物体的真实感。凹凸的程度可由其后面的微调框进行设置。

4. "混合"材质

"混合"材质是指将两种不同的材质混合在一起，设置其混合参数来控制两种材质的显示程度，也可利用"遮罩"的明暗度来决定两种材质的融合程度。"混合"材质可以用来做锈蚀、粗糙的混凝土墙面等。打开方式可参照"顶/底"材质。"混合"卷展栏如图 9-31 所示。

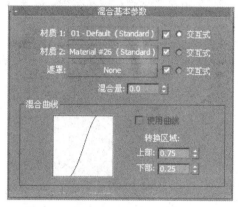

- "材质 1"：单击右侧按钮，可在"材质/贴图浏览器"中设置第 1 个材质。在两种材质都已指定并不进行其他设置的时候，系统默认只显示"材质1"。
- "材质 2"：单击右侧按钮，可在"材质/贴图浏览器"中设置第2个材质。
- "遮罩"：单击右侧按钮，可设置一张贴图作为"遮罩"，通过"遮罩"的明暗度可以设置两种材质的融合程度。
- "交互式"：单击该选项可设置哪一个材质在物体上显示。

图 9-31　"混合"卷展栏

- "混合量"：控制两种材质的混合比例和混合的程度，当"混合量"微调框中数值为 0 的时候，"材质 1"在物体上显示，反之，则"材质 2"在物体上显示。
- "混合曲线"：控制"遮罩"贴图对材质的融合程度。
- "使用曲线"：勾选该复选框，可利用曲线影响材质的混合效果。
- "转换区域"：利用微调框来调节曲线，从而影响材质的混合效果。

9.1.6　操作示例——制作"多维/子对象"材质

1）打开随书光盘中的"多维子对象.max"文件。

2）选中物体，右击，在列表中选择"转换为可编辑多边形"。在"修改器列表"选择"编辑多边形"堆栈中的"多边形"选项，选中图 9-32 所示多边形。

3）在"多边形"子层级中找到"多边形属性"卷展栏，"设置 ID"为 1，如图 9-33 所示。

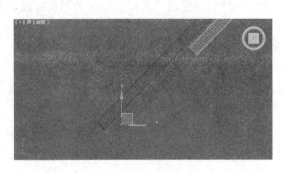

图 9-32 选中的区域 　　　　　　　　　　　　　　　　图 9-33 "多边形属性"卷展栏

4）退出"多边形"子层级，打开"材质编辑器"面板，选中一个材质球，单击  按钮打开"材质/贴图浏览器"中的"多维/子对象"材质。

5）将子材质设置"数量"为 2，单击 ID 号为 1 的子材质，进入"材质编辑器"面板。

6）单击"漫反射"后的■按钮，给其赋予一个材质贴图。

7）将材质赋予物体并在场景中显示，效果如图 9-34 所示。

8）赋予其他子材质操作步骤如上所述。此例可参见随书光盘中的"多维子对象材质.max"文件。最终效果如图 9-35 所示。

图 9-34 赋予材质后效果 　　　　　　　　　　　　　　图 9-35 最终效果

9.1.7 操作示例——制作玻璃材质

1）打开随书光盘中的"玻璃材质.max"文件。单击█按钮，打开"材质编辑器"，选择一个材质球，然后单击 Standard 按钮，双击"光线跟踪"选项。

2）单击"漫反射"后的色块，并将其调整为白色，按住鼠标左键不放，将白色色块拖动到"透明度"后的色块上。在弹出的对话框中单击"复制"选项。单击"反射"后的█选择"衰减"命令。

3）设置"高光级别"和"光泽度"分别为 200、90，如图 9-36 所示。

4）若想改变玻璃的颜色，则可以在"漫反射"和"透明度"后面的颜色框中进行修改。

5）单击█按钮，将材质赋予玻璃杯，然后单击█按钮，将玻璃材质在场景中显示，最后单击█进行快速渲染。此例可参见随书光盘中的"玻璃材质.max"文件。渲染效果如图 9-37 所示。

196

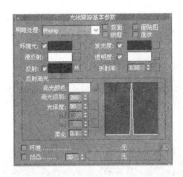

图 9-36 设置"高光级别"和"光泽度"参数

图 9-37 玻璃材质

9.2 贴图类型

贴图主要单击"漫反射"右边的 ■ ，在弹出的"材质/贴图浏览器"选择相应的命令。在此只讲述"渐变""衰减""位图""光线跟踪""噪波"等几个常用的贴图，如图 9-38 所示。

9.2.1 "渐变"贴图

1. "渐变参数"卷展栏

"渐变"贴图是实现 3 种颜色或贴图渐变过程的效果，也可作不透明贴图。它有线性渐变和反射渐变两种，3 种颜色或贴图可以随意调节，颜色区域比例也可调节，且可与"噪波"命令结合，控制区域之间的效果，如图 9-39 所示。

图 9-38 材质/贴图浏览器

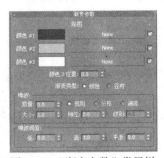

图 9-39 "渐变参数"卷展栏

- "颜色#1"、"颜色#2"、"颜色#3"：3 个选项分别设置 3 个渐变区域。单击每个选项右侧的色块可打开相对应的"颜色选择器"，如图 9-40 所示。
-  ：单击此选项，弹出"材质/贴图浏览器"命令面板指定贴图。
- "颜色 2 位置"：设置物体中间色的位置，数值为 0.5 时，3 种颜色是平均分配的；数值为 1 时，"颜色#2"将代替"颜色#1"，模型将显示为"颜色#3"和"颜色#2"的渐变贴图。

图 9-40　设置渐变颜色

- "渐变类型"：选择两种渐变方式。
- "噪波"：可利用"数量"、"大小"微调框来设置噪波的参数。
- "规则"、"分形"、"湍流"：分别代表 3 种不同强度的噪波。
- "噪波阈值"：可利用"低"、"高"、"平滑"微调框来设置噪波的阈值。

2．操作示例——制作破旧大理石

渐变命令可以表现一些陈旧的木制、生锈的金属、裸露的墙体等一些表面不够光滑且粗糙的物体材质，使物体表面更加具有真实感，通过不同材质的叠加、融合来完成最终效果，参见随书光盘中的"制作破旧大理石.max"，如图 9-41 所示。

1）打开随书光盘中的"制作破旧大理石.max"文件。选择"前视图"，设置"反射高光"中的"高光级别"、"光泽度"分别为 70、40，如图 9-42 所示。

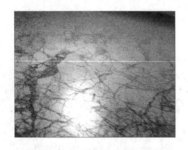
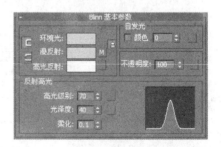

图 9-41　制作破旧大理石　　　　　　图 9-42　设置参数

2）在"贴图"卷展栏下勾选"漫反射颜色"通道，单击 None 按钮，在弹出的"材质/贴图浏览器"中选择"渐变"贴图，单击"颜色#2"后的 None 按钮添加"大理石.jpg"位图贴图，在"颜色#3"中添加"纹理贴图. jpg"的位图贴图，设置"颜色 2 位置"为 1.0，如图 9-43 所示。

图 9-43　渐变参数

3）单击 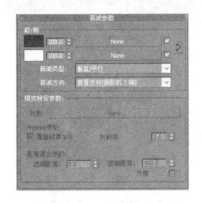 返回上一级，勾选"反射"选项，再单击 None 按钮，在弹出的"材质/贴图浏览器"中双击"光线跟踪"命令，设置"数量"为 20。

4）将材质赋予物体并将其在场景中显示，渲染后结果如图 9-41 所示。

9.2.2 "衰减"贴图

1. "衰减参数"卷展栏

"衰减"贴图通常用于制作玻璃、天鹅绒等材质，产生由明到暗的效果，强的地方透明，弱的地方不透明，也常常与"遮罩"贴图、"混合"贴图结合，制作渐变的效果，如图 9-44 所示。

2. 操作示例——天鹅绒沙发椅制作

使用衰减命令，可以制作表面带有绒感的布料，使表面在光线的照射下有一种白色绒，体现出布料的质感。参见随书光盘中的"天鹅绒沙发椅.max"，如图 9-45 所示。

图 9-44 "衰减参数"卷展栏

图 9-45 天鹅绒沙发椅效果

1）打开随书光盘中的"天鹅绒沙发椅.max"文件。选择"前视图"，框选椅子，打开"材质编辑器"，选择一个空材质球，勾选"贴图"卷展栏下的"漫反射颜色"命令或直接单击"漫反射"后的贴图通道，在弹出的"材质/贴图浏览器"对话框中选择"衰减"贴图。

2）在"贴图"卷展栏下勾选"凹凸"通道，单击 None 添加一个"位图"贴图（可参见随书光盘中的"015s.jpg"文件）。设置"数量"为 50。

3）将材质赋予物体并将其在场景中显示，渲染后结果如图 9-45 所示。

9.2.3 "位图"贴图

"位图"是最常用的贴图类型，可将二维图片作为纹理贴图贴到物体上，使其具有材质和真实的纹理。"位图"贴图支持多种图片格式，如 bmp、gif、jpg、tga、tif、psd 等格式，也支持 avi、fli、flc、cel 等动画文件。"位图"贴图一定要给予"贴图坐标"，以便更好地确定"位图"的位置。

1. "位图参数"卷展栏

单击 按钮打开"材质编辑器"，单击"漫反射"右边的 按钮，在弹出的"材质/贴图浏览器"中选择"位图"贴图，任意打开一个"jpg"格式的文件，其"材质编辑器"下的

"位图参数"卷展栏如图 9-46 所示。

2．操作示例——贴壁纸

在创建完物体后，都要给物体表面贴图，使室内的物体有丰富的材质变化，产生千变万化的装饰效果。参见随书光盘中的"贴壁纸.max"，如图 9-47 所示。

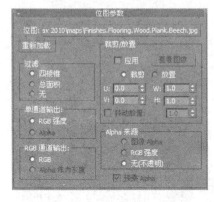

图 9-46 "位图参数"卷展栏

图 9-47 壁纸效果

1）在制作模型前，对尺寸进行设置，单击菜单栏中的"自定义"，在出现的对话框中单击"单位设置"，在弹出的"单位设置"中单击"公制"下拉菜单中的"毫米"，对"公制"单位设置完成后，再单击"系统单位设置"，在弹出的对话框中单击"系统单位比例"，将"厘米"设置成"毫米"。

2）选择"顶视图"，单击 ▓ "创建"命令面板中的 ◯ "几何体"命令，再单击 ▄长方体▄ ，在"顶视图"创建一个长方体，效果如图 9-48 所示。

3）选择创建好的模型，再单击 ◢ 进入"修改"命令面板，设置长方体的"长度"、"宽度"、"高度"分别为 3000、3000、2600，再单击"修改器列表"下的"法线"命令，对物体进行法线反转，效果如图 9-49 所示。

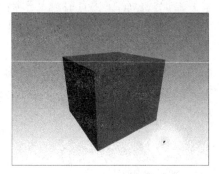

图 9-48 创建的长方体

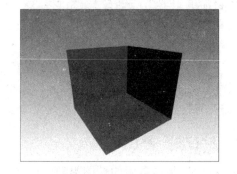

图 9-49 反转法线后

4）单击"修改器列表"中的"编辑多边形"命令，单击"修改器堆栈"命令下的"多边形"选项，选择要贴壁纸的墙面，再单击 ▓ 按钮，在弹出的"材质编辑器"中选择一个材质球，单击"漫反射"后的 ▓ 按钮，在弹出的"材质/贴图浏览器"中选择"位图"贴图，在"选择位图图像文件"下打开随书光盘中的"壁纸.jpg"文件。

5）将材质赋予物体并将其在场景中显示，渲染后结果如图 9-47 所示。

9.2.4 "凹凸"通道

1."凹凸"贴图通道

"凹凸"通道经常与"位图"命令相结合,产生很好的效果。"凹凸"通道是根据对物体表面的凹凸处理的模拟,进行深浅的变化。为了让模型的表面和凹凸纹理一致,常用的就是将表面的贴图复制到"凹凸"贴图通道,如图9-50所示。

2．操作示例——制作地板凹凸感

凹凸命令用于创建表面不平整的物体,可以用来制作磨砂玻璃、带有模糊效果的地板、拉丝金属、海面和水体等物体。参见随书光盘中的"凹凸地板.max",如图9-51所示。

图9-50 "凹凸"贴图通道　　　　　　图9-51 "地板凹凸感"效果

1）打开随书光盘中的"凹凸地板.max"文件。单击 □ 按钮,在弹出的"材质编辑器"中选择一个材质球,设置"高光级别"、"光泽度"分别为90、30,如图9-52所示。

2）为材质赋予一个"位图"贴图,由于贴图方法在前面已经讲过,这里不再赘述。可参见随书光盘中的"抱枕.jpg"文件,效果如图9-53所示。

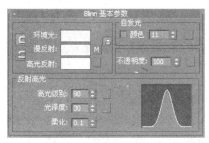

图9-52 设置参数

图9-53 抱枕

3）打开"贴图"卷展栏,勾选"漫反射颜色"通道,在"贴图类型"中选择"位图"贴图,赋予物体一个木地板材质,可参见随书光盘中的"木拼地板.jpg"文件。

4）单击"凹凸"命令,设置"数量"为150。按住鼠标左键不放,将"漫反射颜色"的"贴图类型"复制到"凹凸"后的"贴图类型"中。

5）将材质赋予物体并将其在场景中显示即可,如图9-51所示。

9.2.5 "光线跟踪"贴图

"光线跟踪器参数"卷展栏

"光线跟踪"是一种比标准材质要高级的材质类型,这个命令应用比较广泛,玻璃制

作、金属的制作等都用到，可以作出真实的反射和折射效果，且效果要高于"折射/反射"贴图，但渲染速度较慢。如图 9-54 所示为"光线跟踪器参数"卷展栏。

- "跟踪模式"：包括"自动检测"、"反射"、"折射"3 个单选按钮。
- "自动检测"：单击该选项，系统将自动进行检测，"反射贴图"进行反射计算，"折射贴图"进行折射计算。
- "反射"：选中该单选按钮，将手动控制"反射贴图"计算。
- "折射"：选中该单选按钮，将手动控制"折射贴图"计算。
- "使用环境设置"：选中该单选按钮，系统在进行光线跟踪计算时将考虑到当前场景的计算。

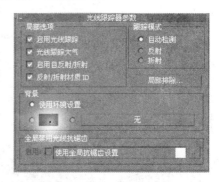

图 9-54 "光线跟踪器参数"卷展栏

- ：选中该单选按钮，用指定的颜色代替当前的环境进行光线跟踪。
- ：可将一张贴图作为场景环境。
- 局部排除...：单击该按钮，打开"排除/包含"选项，可以对物体进行或不进行光线跟踪的计算。

2．操作示例——制作不锈钢

光线跟踪命令是一个非常有用的命令，能体现表面光滑、质地细腻的材质，最能够体现其光线跟踪特点的物体是镜面、玻璃、不锈钢、金属等材质，参见随书光盘中的"制作不锈钢.max"，如图 9-55 所示。

1）选择"前视图"，打开随书光盘中的"制作不锈钢.max"文件，如图 9-56 所示。

图 9-55 制作不锈钢

图 9-56 不锈钢

2）选择茶壶模型，单击按钮，单击"环境光"后的色块，弹出"颜色选择器"命令，将"红"、"绿"、"蓝"均设置为 96。设置"反射高光"中的"高光级别"、"光泽度"分别为 150、40，如图 9-57 所示。

3）"贴图"卷展栏下勾选"反射"通道，单击 None 按钮，在弹出的"材质/贴图浏览器"中选择"光线跟踪"贴图，在"光线跟踪器参数"卷展栏的"跟踪模式"下选择"自动检测"单选按钮，单击回上一级，如图 9-58 所示。

4）选择"顶视图"，选择"餐具"模型，将材质赋予物体并将其在场景中显示，渲染后结果如图 9-55 所示。

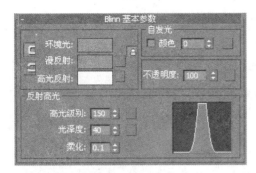

图 9-57　设置参数

图 9-58　"光线跟踪器参数"卷展栏

9.2.6　"噪波"贴图

1. "噪波参数"卷展栏

"噪波"贴图是使用率比较高的贴图类型，通过两种颜色的混合产生一种噪波效果。常用于制作毛玻璃、拉毛墙等材质。但是数值过大会影响渲染速度，如图 9-59 所示为"噪波参数"卷展栏。

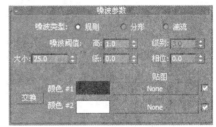

- "噪波类型"：包括"规则"、"分形"、"湍流"3 个选项，会有不同的效果。
- "噪波阀值"：控制噪波颜色的限制。
- "高"、"低"：控制两种邻近色阀值的大小，增大"低"数值使"颜色#1"更强烈，减小"高"数值使"颜色#2"更强烈。

图 9-59　"噪波参数"卷展栏

- "级别"：在选中"分形"单选按钮时，数值越大，噪波越大。
- "相位"：控制噪波产生动态效果。
- "大小"：控制噪波纹理大小，数值越大，噪波越粗糙，数值越小，噪波越细腻，如图 9-60 所示。

a)　　　　　　　　　　　　b)

图 9-60　设置"大小"参数的效果图

a) 大数值　b) 小数值

- "交换"：单击该按钮，系统将把"颜色#1"和"颜色#2"中的内容进行交换。

2. 操作示例——制作毛边玻璃

运用噪波命令可以使物体表面产生凹凸不平的质感，通过对噪波参数的设置可以产生细腻或粗糙的效果。参见随书光盘中的"制作毛边玻璃.max"，如图 9-61 所示。

1）打开随书光盘中的"制作毛边玻璃.max"文件。选择"前视图"，打开"材质编辑器"对话框，选择一个空材质球，单击"环境光"后的色块，在弹出的"颜色选择器"对话框中设置"红"、"绿"、"蓝"分别为215、226、248。

2）设置"反射高光"选项区域中的"高光级别"、"光泽度"分别为 70、40，设置"不透明度"为 60，如图 9-62 所示。

图 9-61　制作毛边玻璃

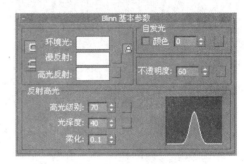

图 9-62　设置"反射高光"选项区域

3）在"贴图"卷展栏下勾选"凹凸"通道，在弹出的"材质/贴图浏览器"对话框中双击"噪波"贴图，在"噪波参数"卷展栏下设置"大小"为 1.0，"凹凸"为 40。

4）单击 ■ 按钮返回上一级，在"贴图"卷展栏下勾选"反射"通道，在弹出的"材质/贴图浏览器"对话框中双击"光线跟踪"贴图，设置"数量"为 20。

5）单击 ■ 返回上一级，将材质赋予物体并将其在场景中显示，渲染后效果如图 9-61 所示。

9.3　实训操作——小客厅材质

各种贴图的综合运用是做好效果图的重要条件，各种材质对真实材料的模拟都需要结合贴图命令，才能作出好的效果，下面来创建客厅中的几种简单材质。最终效果如图 9-63 所示。

图 9-63　客厅渲染效果

1）打开随书光盘中的"客厅.max"文件。选择"顶视图"，选择沙发物体，打开"材质编辑器"，选择一个空材质球，在"贴图"卷展栏下勾选"漫反射颜色"通道，单击 None 按钮，在弹出的"材质/贴图浏览器"中选择"衰减"贴图，效果如图 9-64

所示。

2）在"顶视图"选择茶几模型，打开"材质编辑器"，选择一个空材质球，单击"环境光"后的色块，在弹出的"颜色选择器"中设置"红"、"绿"、"蓝"分别为188、236、186。

3）设置"反射高光"中的"高光级别"、"光泽度"分别为70、40，设置"不透明度"为30，勾选"贴图"卷展栏中的"反射"通道，在弹出的"材质/贴图浏览器"对话框中选择"光线跟踪"贴图，单击 返回上一级，设置"数量"为20。再勾选"凹凸"通道，将"数量"设置为80，单击 None 按钮为其添加一个"噪波"贴图，设置"大小"为3。

4）单击 返回上一级，将材质赋予物体并将其在场景中显示，渲染后效果如图 9-65 所示。

图 9-64 "衰减"效果　　　　　　　　　　图 9-65 茶几玻璃的渲染效果

5）选择地毯模型，选择一个新材质球，单击 按钮，在弹出的"材质编辑器"对话框中单击"漫反射"后的 按钮，选择"材质/编辑浏览器"中的"位图"贴图，加载随书光盘中的"地毯材质.jpg"文件。

6）单击 进入"修改"命令面板，选择"修改器列表"下拉菜单中的"UVW 贴图"命令，设置"长度"、"宽度"、"高度"都为5000。

7）将材质赋予物体并将其在场景中显示，渲染后效果如图 9-66 所示。

图 9-66 地毯的渲染效果

8）选择地面，再单击 按钮，在弹出的"材质编辑器"对话框中单击"漫反射"后

的 ▮ 按钮，选择"材质/编辑浏览器"中的"位图"贴图，加载光盘中的"地板材质.jpg"文件。

9）单击 ▮ 返回上一级，设置"反射高光"中的"高光级别"、"光泽度"分别为 70、40，勾选"贴图"卷展栏下的"凹凸"通道，设置"数量"为 100，按住鼠标左键不放，将"漫反射颜色"后的贴图类型复制到"凹凸"通道后的贴图类型中。

10）勾选"反射"通道，单击 ▮ None ▮ 按钮，在弹出的"材质/贴图浏览器"对话框中双击"光线跟踪"贴图，设置"数量"为 20。单击 ▮ 按钮打开"修改"命令面板，选择"修改器列表"下拉菜单中的"UVW 贴图"命令，设置"长度"、"宽度"都为 800。

11）将材质赋予物体并将其在场景中显示，渲染后效果如图 9-63 所示。

9.4 思考与习题

1．材质球有几种形态？

2．"材质编辑器"分为哪几部分？

3．"明暗器基本参数"中的"线框"、"双面"、"面贴图"和"面状"有什么区别？

4．"复合材质"主要有哪几种？

5．"光线跟踪"通常可以用来制作哪些材质？

6．制作一个场景，场景中要包括木地板、一个玻璃杯和一个魔方。木地板和玻璃杯可以运用"光线跟踪"来制作，魔方可运用"多维/子对象"来制作，如图 9-67 所示，参见随书光盘中的文件"练习 10.max"。

7．贴图类型主要有哪几种方式？

8．常用的贴图有哪些？至少列举 4 种。

9．什么是"噪波"贴图？"噪波"贴图有哪几类？

10．哪一种贴图可以真实地表现材质的折射和反射效果？

11．利用"噪波"贴图制作一扇带有磨砂玻璃的门。注意在模型底部添加参照物，以便能更好地观察因为"噪波"参数不同而制作出磨砂玻璃材质的不同，参见随书光盘中"磨砂玻璃门.max"文件，渲染效果如图 9-68 所示。

图 9-67 场景制作

图 9-68 磨砂玻璃门渲染效果

第10章 V-Ray 渲染器

3ds Max 软件自带的扫描线渲染器虽然运行速度和兼容性方面都不错,但如果要制作照片级效果的作品时,因需要耗费大量时间进行光线的分布,对使用者和设备的配置要求都很高。3ds Max 软件在其渲染器方面的弱点就显现出来。为解决这个问题,许多 3ds Max 插件开发公司开发出各种渲染器,例如 Lightscape、V-Ray、Mentalray、Finalrender、Brazil 等。这些渲染器都各有特点,其中 Mentalray 已被整合到 3ds Max 中,在多帧动画场景中有比较好的表现;Lightscape 在静帧渲染上表现优异,但 Lightscape 是纯渲染的第三方软件,在作品的制作和修改方面需要在两个软件中导入导出,操作上比较复杂;Finalrender 渲染器的渲染速度和质量都不错,目前在影视制作等商业领域应用广泛;在室内外效果图表现领域,目前比较受认可的是 V-Ray 渲染器。

V-Ray 渲染器由 Chaosgroup 公司开发而成。近年来,V-Ray 渲染器已凭借其专业的全局照明系统、精确的光影跟踪等功能成为了应用最广泛的渲染器之一。在渲染速度方面,V-Ray 渲染器也有上佳表现,同样的灯光场景下,V-Ray 渲染器的渲染速度是扫描线渲染器的两倍,而且效果也更为精致。

本章重点
- 指定 V-Ray 渲染器
- 了解 V-Ray 渲染器控制面板
- 理解 V-Ray 间接照明
- 了解 V-Ray 材质的优势和用法
- 设置 V-Ray 灯光

10.1 V-Ray 渲染器控制面板

在安装完成 3ds Max 软件后,选择相应的 V-Ray 渲染器插件进行安装。安装完成后,启动 3ds Max 软件,单击工具栏中的"渲染场景"按钮 ,在打开的"渲染设置"对话框中单击"公用"选项卡,在"指定渲染器"卷展栏中将安装完成的 V-Ray Adv2.10.01 设置为当前渲染器,如图 10-1 所示。

指定 V-Ray 渲染器后在"渲染设置"对话框中出现了与 V-Ray 有关的 5 个选项卡,分别是"公用""V-Ray"、"间接照明"、"设置"和"Render Elements"选项卡。如图 10-2 所示。

10.1.1 "V-Ray"选项卡

"V-Ray"选项卡,如图 10-3 所示。

1. 帧缓冲区

打开"V-Ray::帧缓冲区"卷展栏,如图 10-4 所示。

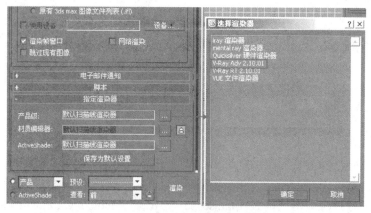

图 10-1 指定 V-Ray 渲染器

图 10-2 "渲染设置"对话框

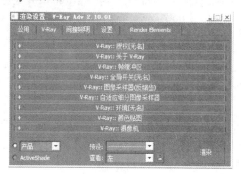

图 10-3 "V-Ray"选项卡

- "启用内置帧缓冲区":勾选此复选框,将使用 V-Ray 渲染器内置的内置帧缓冲器,不会渲染任何数据到 Max 自身的帧缓存窗口,减少占用系统内存。不勾选时使用 Max 自身的帧缓冲器。
- "显示最后的虚拟帧缓冲区":单击此按钮可以显示上次渲染的 VFB 窗口。

勾选"渲染到内存帧缓冲区"的时候将创建 V-Ray 的帧缓存,并使用它来存储颜色数据以便在渲染时或者渲染后观察。

- 勾选"从 MAX 获取分辨率",V-Ray 将使用设置的 3ds Max 的分辨率。
- "渲染为 V-Ray Raw 图像文件":渲染到 V-Ray 图像文件类似于 3ds Max 的渲染图像输出。不会在内存中保留任何数据。可以勾选后面的"生成预览"选项。
- 勾选"保存单独的渲染通道"选项允许在缓存中指定特殊通道作为一个单独的文件保存的指定目录。

2. 全局开关

打开"V-Ray::全局开关"卷展栏,如图 10-5 所示。

(1)"几何体"选项区域

"几何体"选项组中"置换"决定是否使用 V-Ray 置换贴图。

(2)"照明"选项区域

"照明"选项组中勾选"灯光"将开启 V-Ray 场景中的直接灯光,如果不勾选的话,系统自动使用场景默认灯光渲染场景。

- "默认灯光"指的是 Max 的默认灯光,有"开"、"关"和"关闭全局照明"3 个选项。

- "隐藏灯光"勾选时隐藏的灯光也会被染。
- "阴影"决定灯光是否产生阴影。

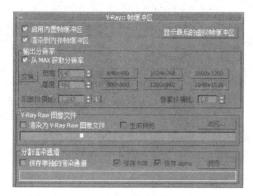

图 10-4　"V-Ray：：帧缓冲区"卷展栏

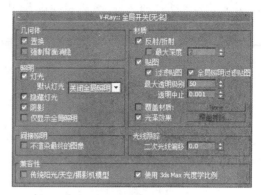

图 10-5　"V-Ray：：全局开关"卷展栏

（3）"材质"选项区域

- 勾选"反射/折射"决定是否考虑计算 V-Ray 贴图或材质中光线的反射/折射效果。
- "最大深度"用于设置 V-Ray 贴图或材质中反射/折射的最大反弹次数。
- "贴图"决定是否使用纹理贴图。
- "过滤贴图"决定是否使用纹理贴图过滤。
- "最大透明级别"控制透明物体被光线追踪的最大深度。
- "透明中止"控制对透明物体的追踪何时中止。
- "覆盖材质"勾选时通过后面指定的一种材质可覆盖场景中所有物体的材质来进行渲染。
- "光泽效果"决定是否考虑计算 V-Ray 贴图或材质中光线的光泽效果。

（4）"间接照明"选项区域

"不渲染最终图像"勾选时 V-Ray 只计算相应的全局光照贴图，对于渲染动画过程很有用。

（5）"光线跟踪"选项区域

"二次光线偏移"设置光线发生二次反弹时候的偏移距离，主要用于检查建模时有无重面，纠正其反射出现的错误，在默认的情况下将产生黑斑，一般设为 0.001。

（6）"兼容性"选项区域

可以根据具体场景需要选择适合的兼容类型。

3．图像采样器（反锯齿）

打开"V-Ray：：图像采样器（反锯齿）"卷展栏，如图 10-6 所示。

（1）"固定"类型

在"图像采样器"选项卡中选择"固定"类型，卷展栏切换为"V-Ray：：固定图像采样器"卷展栏，如图 10-7 所示。

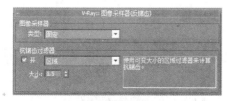

图 10-6　"V-Ray：：图像采样器（反锯齿）"卷展栏

图 10-7　"V-Ray：：固定图像采样器"卷展栏

"固定"类型的采样器是 V-Ray 中最简单的采样器，对于每一个像素它使用一个固定数量的样本。

- "细分"选项用来确定每一个像素使用的样本数量，数值越大所花费时间越长。一般情况下，固定方式用于测试，细分值保持默认，在最终出图时选用自适应 DMC 或者自适应细分。
- "抗锯齿过滤器"：选中"开"时用于控制图像的光滑度、清晰度和锐利度。通常，测试时关闭抗锯齿过滤器，最终渲染时选用 Mitchell-Netravali 或 Catmull Rom。

（2）"自适应确定性蒙特卡洛"类型

在"图像采样器"选项卡中选择"自适应确定性蒙特卡洛"类型，下一个卷展栏切换为"V-Ray：：自适应 DMC 图像采样器"卷展栏，如图 10-8 所示。

图 10-8 "自适应确定性蒙特卡洛"类型

"自适应确定性蒙特卡洛"类型是根据每个像素和它相邻像素的明暗差异产生不同数量的样本，使细节显得平滑。适用于场景中有大量模糊和细节的情况。

- "最小细分"决定每个像素使用样本的最小数量，主要用在对角落等不平坦地方采样，数值越大图像品质越好，所花费的时间也会越长。
- "最大细分"决定每个像素使用样本的最大数量，主要用在对平坦、模糊地方采样，数值越大图像品质越好，所花费的时间也会越长。

对于那些具有大量微小细节的场景，这个采样器是首选。它也比下面提到的自适应细分采样器占用的内存要少。

（3）"自适应细分"类型

在"图像采样器"选项卡中选择"自适应细分"类型，下一个卷展栏切换为"V-Ray：：自适应细分图像采样器"卷展栏，如图 10-9 所示。

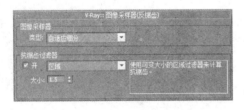

图 10-9 "自适应细分"类型

"自适应细分采样器"是用得最多的采样器，对于模糊和细节要求不太高的场景，它可以得到速度和质量的平衡。在室内效果图的制作中，这个采样器几乎可以适用于所有场景。

- "最小比率"决定每个像素使用样本的最小数量。值为 0 意味着一个像素使用一个样本，-1 意味着每两个像素使用一个样本，-2 则意味着每四个像素使用一个样本，采样值越大效果越好。

- "最大比率"决定每个像素使用样本的最大数量。值为 0 意味着一个像素使用一个样本，1 意味着每个像素使用 4 个样本，2 则意味着每个像素使用 8 个样本，采样值越大效果越好。
- "颜色阈值"表示像素亮度对采样敏感度的差异。值越小效果越好，一般设为 0.1 可以得到清晰平滑的效果。这里的颜色指的是色彩的灰度。
- "随机采样"勾选后会略微转移样本的位置以便在垂直线或水平线条附近得到更好的效果。
- "对象轮廓"勾选后表示采样器强制在物体的边进行高质量超级采样而不管它是否需要进行超级采样。这个选项在使用景深或运动模糊的时候会失效。
- "法线阈值"决定自适应细分在物体表面法线的采样程度，就是分辨哪些是交叉区域，哪些不是交叉区域，一般设为 0.04 即可。

4．环境

打开"V-Ray：：环境"卷展栏，如图 10-10 所示。

这个卷展栏对于全封闭的空间不起作用，须是开放式空间或者能受外部环境影响的场景才起作用。

图 10-10 "V-Ray：：环境"卷展栏

- "全局照明环境（天光）覆盖"选项打开，可以调整环境光的颜色，通过倍增器调整环境光的亮度，还可以通过贴图按钮加载环境贴图。
- "反射/折射环境覆盖"指环境中含有反射效果，会受到环境光的颜色影响。
- "折射环境覆盖"指环境中含有折射效果，同样会受到环境光的颜色影响。

5．颜色贴图

打开"V-Ray：：颜色贴图"卷展栏，如图 10-11 所示。这个卷展栏主要控制场景曝光。

图 10-11 "V-Ray：：颜色贴图"卷展栏

（1）类型

"类型"下拉式菜单中有"线性倍增"、"指数"、"HSV 指数"、"强度指数"、"伽玛校正"、"强度伽玛"、"莱因哈德" 7 个选项。

- "线性倍增"可以得到明暗比较明显的效果，也是最容易曝光的，这种模式将基于最终图像色彩的亮度来进行简单的倍增，那些太亮的颜色成分（在 1.0 或 255 之上）将会被钳制，但是这种模式可能会导致靠近光源的点过分明亮。
- "指数"与线性倍增相比，不容易曝光，明暗对比也没有它明显。这个模式将基于亮度来使之更饱和。
- "HSV 指数"与上面提到的两种倍增相比，它的颜色浓度比较低，明暗对比比较平，与指数模式非常相似，但是它会保护色彩的色调和饱和度。

- "莱因哈德"可以把线性和指数曝光结合起来。

（2）其他选项

- "黑暗倍增器"在光线较弱的区域可以人为地提高。
- "亮度倍增器"在光线较亮的区域可以人为地提高。
- "伽玛值"提升整个图面的亮度。
- "子像素贴图"可以解决在高光处有黑色的错误圈子。
- "钳制输出"限制输出，使颜色亮度不超过屏幕最亮度值1，一般不用勾选。
- "影响背景"勾选时当前的色彩贴图控制会影响背景颜色。

6．摄像机

打开"V-Ray：：摄像机"卷展栏，如图 10-12 所示。

（1）"摄影机类型"选项区域

可以通过"类型"下拉式菜单选择摄影机类型，如图 10-13 所示。在 V-Ray 中可以选择有特殊效果的摄影机如"鱼眼"，还可以选择特殊相机如"盒"。

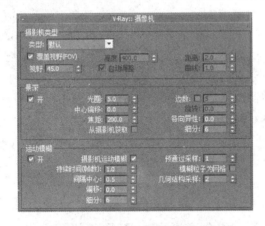

图 10-12　"V-Ray：：摄影机"卷展栏　　　　图 10-13　摄影机类型

（2）"景深"选项区域

主要用于控制摄影机的图像清晰方式和清晰范围，一般的效果图制作保持默认值即可。

（3）"运动模糊"选项区域

勾选"开"复选框，将产生运动模糊效果。运动模糊与快门速度参数有关，快门速度越快，曝光时间就越短，图像就越清晰；反之，曝光时间延长，图像越模糊。

10.1.2　"间接照明"选项卡

"间接照明"选项卡如图 10-14 所示。

1．间接照明（GI）

"V-Ray：：间接照明（GI）"卷展栏如图 10-15 所示。

打开场景中的间接光照明开关，这个卷展栏共有 5 个参数组。

（1）"全局照明焦散"选项区域

"全局照明焦散"用于控制 GI 产生的反射折射的现象。由直接光照产生的焦散不受这里参数的控制，它是与焦散卷展栏的参数相关的。

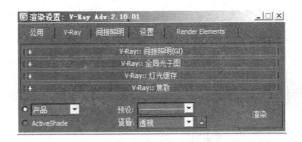

图 10-14　"间接照明"选项卡

（2）"渲染后处理"选项区域

"渲染后处理"主要是对间接光照明进行加工和补充，一般情况下"对比度"和"对比度基数"使用默认参数值，因为输出图像可以进行后期处理。"饱和度"可以控制场景色彩的浓度，调小数值可以降低浓度，避免出现溢色现象。

打开"环境阻光"参数组，可以避免小面渲染的细节错误，产生柔和的轮廓阴影。

"首次反弹"和"二次反弹"参数组是间接照明卷展的核心，都由两个参数组成，"倍增器"主要控制其强度的，一般保持默认即可。"全局照明引擎"主要是控制光照的方式，有四种引擎可以通过下拉式菜单选择。如图 10-16 所示。选择好照明引擎后，在下方会出现的相应的卷展栏。

图 10-15　"V-Ray：：间接照明（GI）"卷展栏

图 10-16　"全局照明引擎"类型

2. 发光图

打开"V-Ray：：发光图"卷展栏，如图 10-17 所示。

发光图仅计算场景中某些特定点的间接照明，对剩余的点进行插值计算。对于具有大量平坦区域的场景，这种引擎速度快，产生的噪波较少；它不但可以保存，也可以调用，特别是在渲染相同场景不同方向的图像或动画的过程中可以加快渲染速度，还可以加速从面光源产生的直接漫反射灯光的计算。缺点是由于采用了插值计算，间接照明的一些细节可能会被丢失或模糊。效果图制作中首次反弹的引擎首选发光图。

在发光图卷展栏中制作单帧效果图需要关心三个位置的参数选项：一是"内建预设"参数组中的"当前预设"，在下拉式菜单中有从低到高的预设选项，在草图阶段可用"非常低"，在正式出图时用"中"；二是可以通过预设的"自定义"选项，设置"基本参数"参数组中的"最小比率"、"最大比率"和"半球细分"三个参数，以取得特定的效果；三是可以在"模式"参数组中，保存低分辨率的发光图，在正式出图时通过下拉式菜单中"从文件"选项调用，从而节约时间。其他参数可以保持默认。

3．光子图

打开"V-Ray：：光子图"卷展栏，如图 10-18 所示。

图 10-17 "V-Ray：：发光图"卷展栏

图 10-18 "V-Ray：：光子图"卷展栏

光子图引擎通过计算所有灯光发射的光子，光子在场景中反弹，将反弹的点储存在光子贴图中，通过光子贴图来计算场景的全局照明。明显的缺点是无法计算间接照明，如天光。和发光图一样，光子贴图也可以保存和调用，只要进行一次计算，就可以对多个角度进行渲染。

"反弹"参数控制反弹次数，可以选择反弹"自动搜索距离"也可以手动输入，一般情况下会根据场景的大小手动输入。"最大光子"控制图像的渲染精度，"倍增器"控制图像的亮度，"最大密度"相当于控制光子贴图的分辨率。勾选"转换为发光图"V-Ray 会通过下方的插值优先计算光子贴图的发光量，使用较少的光子，提高运算速度。"凸起壳体区域估算"可以减少角落处黑斑，"存储直接光"可以将直接光照的信息储存在光子贴图中，不用每次计算直接光照。"折回阀值"和"折回反弹"用来控制光子贴图作为首次反弹引擎时角落阴影处的黑斑，当"折回阀值"大于 0 时，可以有效防止黑斑的产生。

4．BF 强算全局光

打开"V-Ray：：BF 强算全局光"卷展栏，如图 10-19 所示。

图 10-19 "V-Ray：：BF 强算全局光"卷展栏

强算全局光和确定性蒙特卡罗算法是一样的，是一种非常精细的高级算法，对应着要消耗大量的时间。这种算法会详细计算场景中每一个像素点的光照情况。"细分"值越大效果越精细，"二次反弹"次数越多效果越真实。

5．灯光缓存

打开"V-Ray：：灯光缓存"卷展栏，如图 10-20 所示。

灯光缓存与光子贴图比较类似，也是计算场景中光子来回反弹的点，但它只计算摄像机能看到的光线，所以速度比较快。在灯光类型上它的适应范围比光子贴图要广，可以支持天光，但它只支持 V-Ray 材质。

灯光缓存卷展栏有四组参数，后两组与前面的卷展相同。"计算参数"参数组中，"细分"和"采样大小"最为重要，前者值越大图像越细腻，后者值越小图像效果越好。一般在预览阶段两个值可设为 100、0.02，在出图阶段可设为 1000、0.15。在"重建参数"参数组中，"过滤器"的下拉式菜单有四个选项，在预览阶段可选择"矩形"，在出图阶段可选择"最近"。

6．焦散

打开"V-Ray：：焦散"卷展栏，如图 10-21 所示。

焦散指的是光线穿过物体时，因为光的折射而产生明亮的光斑效果。

"倍增器"用于控制焦散的强度，它是一个全局控制参数，对场景中所有产生焦散特效的光源都有效。"搜索距离"控制以初始光子位置为圆心的一个圆形区域，V-Ray 会自动搜寻位于这一区域同一平面的其他光子，值增大，区域越大，渲染速度会明显下降，但焦散效果会更加真实。"最大光子"控制焦散效果的清晰和模糊，较小的值不易得到焦散效果，较大又易产生模糊。"最大密度"用于控制光子贴图的分辨率，表示使用 V-Ray 内部确定的密度，较小的值会让焦散效果更锐利。

图 10-20 "V-Ray：：灯光缓存"卷展栏

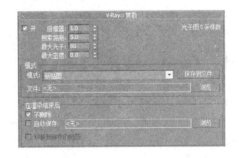

图 10-21 "V-Ray：：焦散"卷展栏

"模式"参数组可以控制重新计算焦散光子贴图还是导入先前保存的焦散光子贴图来计算。"在渲染结束后"参数组可以控制是否在内存中保存当前使用的光子贴图，还可以自动保存在指定目录，并在下次渲染时使用最后保存的光子贴图来计算焦散。

10.1.3 "设置"选项卡

"设置"选项卡如图 10-22 所示。

1．DMC 采样器

打开"V-Ray：：DMC 采样器"卷展栏，如图 10-23 所示。

在 V-Ray 的每一种模糊评估中，如抗锯

图 10-22 "设置"选项卡

齿、间接照明、半透明、景深、面积灯光、模糊反射/折射等，都采用了 DMC 采样器，也就是确定性蒙特卡罗采样器。它根据一个特定的值，使用一种统一的标准框架来确定有多少以及多么精确的样本被获取。

采样的数量取决于 3 个因素，一是由用户指定的细分值，二是使用重要性抽样技术，根据评估的最终效果决定实际使用的样本数量，三是使用早期性终止技术，一旦从一个特定的值获取的样本之间差异变小，系统认为已经达到了用户设定的效果，会自动停止采样。

- "适应数量"：控制早期终止应用的范围，值为 1.0 意味着在早期终止算法被使用之前被使用的最小可能的样本数量。值为 0 则意味着早期终止不会被使用。测试时设置为 0.97，最终出图时可设为 0.7～8.5。
- "最小采样值"：控制在早期终止算法被使用之前必须获得的最少的样本数量。
- "噪波阀值"：控制 V-Ray 对效果的判断能力。较小的取值意味着较少的噪波、使用更多的样本以及更好的图像品质。测试时可设置为 0.05，最终出图时可设为 0.002～0.005。
- "全局细分倍增器"：在渲染过程中此选项会倍增任何地方任何参数的细分值。

2．默认置换

打开"V-Ray：默认置换"卷展栏，如图 10-24 所示。

图 10-23　"V-Ray：DMC 采样器"卷展栏　　　　图 10-24　"V-Ray：默认置换"卷展栏

"默认置换"卷展栏控制场景中使用了置换材质的物体的置换效果，并且是没有使用 V-Ray 置换修改器的物体。

- "覆盖 MAX 设置"，V-Ray 将使用自己内置的微三角置换来渲染具有置换材质的物体，反之，则用标准的 3ds Max 置换来渲染物体。
- "边长"：用于控制微三角的数量，从而确定置换的品质，值越小微三角的数量越多。

勾选"依赖于视图"微三角形边的最大长度依赖于视图像素，比较直观。取消勾选，就按世界单位来确定。

- "最大细分"控制由原始网格的三角形细分出来的微三角形的最大数量。
- "数量"控制置换效果的强烈，为 0 时不发生变化。
- 勾选"紧密边界"，V-Ray 将按精确的体积来计算置换。
- 勾选"相对于边界框"，置换的计算是从方形的边界框开始的，速度会有所提高。

3．系统

打开"V-Ray：系统"卷展栏，如图 10-25 所示。系统卷展栏可以控制多种 V-Ray 参数，一般保持默认即可。

（1）"光线计算参数"选项区域

"光线计算参数"允许用户控制 V-Ray 的二元空间划分树的各种参数。二元空间划分树是一种分级数据结构，是通过将场景细分成两个部分来建立的，在每一个部分中寻找、依次细分它们，

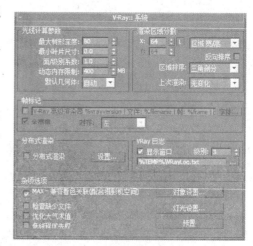

图 10-25　"V-Ray：系统"卷展栏

这两个部分我们称之为树的节点。在层级的顶端是根节点，表现为整个场景的限制框，在层级的底部是叶节点，它们包含场景中真实三角形的参照。

（2）"渲染区域分割"选项区域

"渲染区域分割"允许控制渲染区域（块）的各种参数。一个渲染块就是当前渲染帧中被独立渲染的矩形部分，它可以被传送到局域网中其他空闲机器中进行处理，也可以被几个 CPU 进行分布式渲染。

（3）"帧标记"选项区域

就是我们经常说的"水印"，它是显示在图像底端的一行文字，可以按照一定规则以简短文字的形式显示关于渲染的相关信息。

（4）"分布式渲染"选项区域

"分布式渲染"是一种能够把单帧图像的渲染分布到多台计算机上渲染的一种网络渲染技术。主要的思路是把单帧划分成不同的区域，由各个计算机或 CPU 各自单独计算。V-Ray 的方法是把静帧划分成许多小区域，每台计算机都渲染一部分，最后合并成一张大的图像。

（5）"V-Ray 日志"选项区域

● "显示窗口"在每一次渲染开始的时候都显示信息窗口。

● "杂项选项"可以设置 V-Ray 渲染器中每一个对象的局部参数、检查丢失文件、优先评估大气效果等。

10.1.4 "Render Elements"选项卡

"Render Elements"选项卡只有一个卷展，如图 10-26 所示是"V-Ray：渲染元素"卷展栏。

在这个卷展栏中，通过"添加"和"合并"按钮，可以加载 V-Ray 的四十几种渲染元素，如图 10-27 所示，加载后单击"渲染"按钮，除得到完整信息的图像外，每一种渲染元素都根据自身的信息渲染出一张图像，可以保存该图像，在后期处理时用来创作特殊的效果。

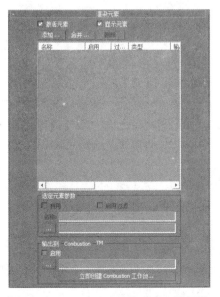

图 10-26 "V-Ray：渲染元素"卷展栏

图 10-27 "渲染设置"对话框

10.2　V-Ray 的材质

V-Ray 的材质是 V-Ray 渲染系统的专用材质，在本文使用的版本中有 12 种。如果选择 V-Ray 渲染器进行渲染，同时使用 V-Ray 材质，则可以在场景中得到更好的照明，提高渲染速度，并且在控制反射和折射的参数方面也会更方便。本节主要介绍几种在效果图制作时应用较多的材质类型。

10.2.1　V-Ray 材质

V-Ray 的材质中，最重要的就是它的标准材质"V-Ray 材质"。在材质编辑器中单击"stander"按钮，在打开的"材质/贴图浏览器"对话框中，选择"材质"→"V-Ray adv 2.10.01"→"V-Ray 材质"，"V-Ray 材质"面板如图 10-28 所示。

（1）"漫反射"选项区域

此选项区域主要控制材质的漫反射颜色，也可以通过"漫反射"后方的方形按钮加载贴图来控制漫反射，粗糙度的值在建筑表现图中不需要调整。

（2）"反射"选项区域

"反射"参数组通过"反射"后方的颜色可控制反射的值。

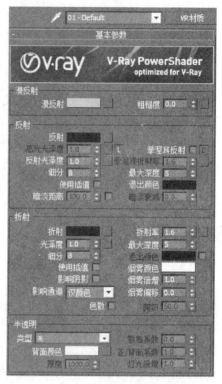

图 10-28　"V-Ray 材质"面板

- "高光光泽度"可以通过其后方"L"按钮打开，数值反映高光光泽的模糊程度。
- "反射光泽度"表示材质反射光泽，值为 1.0 时产生非常明显的完全反射。
- "细分"控制光线的数量，作出有光泽的反射估算。一般不勾选"使用插值"。
- 勾选"菲涅尔反射"，反射将具有真实世界的反射。当光线几乎平行于表面时，反射可见性最大，当光线垂直于表面时几乎没反射发生。"菲涅尔折射率"也可以调整。
- "最大深度"是光线跟踪贴图的最大深度。光线跟踪更大的深度时贴图将返回"退出颜色"的色块颜色。
- 勾选"暗淡距离"，"暗淡衰减"将可以调整。

（3）"折射"选项区域

- "折射"后方的颜色来控制折射的值，也可以加载贴图来控制。
- "光泽度"值表示材质的折射光泽度大小。
- "细分"控制光线的数量，作出有光泽的折射估算。
- "折射率"值确定材质的折射率。不同的材质有不同的折射率，如水 1.33、钻石 2.4、玻璃 1.66 等。

- "最大深度"用来控制反射是最多次数。当光线在场景中反射次数达到定义的最大深度值以后，就会停止反射，返回"退出颜色"。V-Ray 允许用雾来填充折射的物体，这是"烟雾颜色"。
- "烟雾倍增"是雾的颜色倍增器，较小的值产生更透明的雾。
- "使用插值"一般不勾选。
- "影响阴影"用于控制物体产生透明阴影，透明阴影的颜色取决于折射颜色和雾颜色，仅支持 V-Ray 灯光和 Vary 灯光阴影类型。
- "影响通道"可以选择通道类型。

（4）"半透明"选项区域

"半透明"参数组中可以在"类型"下拉式菜单中选择一种类型，有硬、软、混合 3 种。

- "背面颜色"一般不调整，由上一组中的雾颜色来决定。
- "散布系数"决定光线透过物体的程度。
- "正/背面系数"可以从 0～1 调整，决定透射和反射光线的数量。如果是 0.5，则一半透射一半反射。
- "灯光倍增"控制光线透过物体后的亮度。

10.2.2　V-Ray 材质包裹器

V-Ray 包裹材质主要用于控制材质的全局光照、焦散和不可见。通过 V-Ray 包裹材质可以将标准材质转换为 V-Ray 渲染器支持的材质类型。如果一个材质在场景中过于亮或色溢太多，嵌套这个材质可以控制产生或接受全局照明的数值。多数用于控制有自发光的材质和饱和度过高的材质。"V-Ray 材质包裹器"面板如图 10-29 所示。

（1）"基本材质"选项区域

"基本材质"是用于设置嵌套的材质。

（2）"附加曲面属性"选项区域

- "生成全局照明"设置产生全局光及其强度。
- "接收全局照明"设置接收全局光及其强度。
- "生成散焦"设置材质是否产生焦散效果。
- "接收散焦"设置材质是否接收焦散效果及其强度。

图 10-29　"V-Ray 材质包裹器"面板

（3）"无光属性"选项区域

- "无光曲面"设置物体表面为具有阴影遮罩属性的材质，使该物体在渲染时不可见，但该物体仍出现在反射/折射中，仍然能产生间接照明。
- "Alpha 基值"设置物体在 Alpha 通道中显示的强度。数值为 1 时，表示物体在 Alpha 通道中正常显示，数值为 0 时，表示物体在 Alpha 通道中完全不显示。

- "阴影"用于控制遮罩物体是否接收直接光照产生的阴影效果。
- "影响 Alpha"设置直接光照是否影响遮罩物体的 Alpha 通道。
- "颜色"用于控制被包裹材质的物体接收的阴影颜色。
- "亮度"用于控制遮罩物体接收阴影的强度。
- "反射值"用于控制遮罩物体的反射程度。
- "折射值"用于控制遮罩物体的折射程度。
- "全局照明值"用于控制遮罩物体接收间接照明的程度。

10.2.3　V-Ray 灯光材质

V-Ray 灯光材质是一种自发光的材质，可以通过设置不同的倍增值在场景中产生不同的明暗效果。V-Ray 灯光材质用来做自发光的物体，如电视机屏幕、灯带、灯箱等。"V-Ray 灯光材质"面板如图 10-30 所示。

图 10-30　"V-Ray 灯光材质"面板

- "颜色"用于设置自发光材质的颜色和强度，如果使用贴图，则以贴图的颜色优先。
- "不透明度"用于指定贴图作为自发光。
- "背面发光"用于设置材质是否两面都产生自发光。

10.2.4　V-Ray 快速 SSS

SSS 是 Sub-Surface-Scattering 的简写，是指光线在物体内部的色散而呈现的半透明效果。通常用这种材质来表现蜡烛、玉器和皮肤等半透明的材质。"V-Ray 快速 SSS"面板如图 10-31 所示。

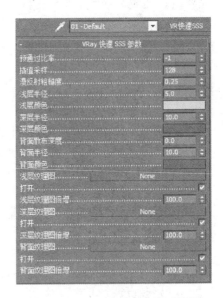

图 10-31　"V-Ray 快速 SSS"面板

- "预通过比率"设置光线穿过 SSS 材质的能力。
- "插值采样"设置 SSS 材质的采样数量，数值越高，SSS 效果越平滑。
- "漫反射粗糙度"设置浅色区域和深色区域的混合程度。数值为正时向浅色偏移，数值为负时向深色偏移。
- "浅层半径"设置 SSS 材质不透明区域的范围。"浅层颜色"设置 SSS 材质不透明区域的颜色。
- "深层半径"设置 SSS 材质半透明区域的范围。
- "深层颜色"设置 SSS 材质半透明区域的范围。
- "浅层纹理图"为材质的浅部制定纹理贴图，通过"浅层纹理图倍增"调整浅层纹理的强度。
- "深层纹理图"为材质的深部制定纹理贴图，通过"深层纹理图倍增"调整深层纹理的强度。

● "背景纹理图"为材质的背景制定纹理贴图，通过"背景纹理图倍增"调整背景纹理的强度。

10.2.5 V-Ray 双面材质

V-Ray 双面材质用于表现两面不一样的材质贴图效果，可以设置其双面相互渗透的程度。"V-Ray 双面材质"面板如图 10-32 所示。

选择强制单面子材质，可以对材质的两面进行设置。

"正面材质"用于设置物体前面的材质为任意 V-Ray 材质类型。

图 10-32 "V-Ray 双面材质"面板

● "背面材质"用于设置物体背面的材质为任意 V-Ray 材质类型。

● "半透明"设置两种材质的混合度。当色块颜色为黑色时，会完全显示正面的漫反射颜色；当颜色为白色时，会完全显示背面材质的漫反射颜色，也可以利用贴图通道来进行控制。

10.2.6 V-Ray 代理材质

V-Ray 代理材质是比较重要的一个材质类型，"V-Ray 代理材质"的面板如图 10-33 所示。代理材质通过几个通道来控制材质不同的特性。

● "基本材质"最为重要，用来指定被替代的基本材质。

● "全局照明材质"通道指定的材质将替代基本材质参与到全局照明中，可用来解决场景中的色溢现象，这个通道比较重要。

● "反射材质"通道指定的材质将作为基本材质的反射对象。

图 10-33 "V-Ray 代理材质"面板

● "折射材质"指定的材质将作为基本材质的折射对象。

● "阴影材质"指定的材质将作为基本材质的阴影对象。

10.2.7 V-Ray 混合材质

V-Ray 的混合材质与 Max 的混合材质非常类似，通过控制每一种材质的混合数量来取得混合效果。"V-Ray 混合材质"面板如图 10-34 所示。

● "基本材质"指定被混合的第一种材质。

● "镀膜材质"指定混合在一起的其他材质。

● "混合数量"设置两种或两种以上材质的混合度。当颜色为黑色时，会完全显示基础材质的漫反射颜色；当颜色为白色时，会完全显示镀膜材质的漫反射颜色；也可以利用贴图通道来进行控制。

图 10-34 "V-Ray 混合材质"面板

10.3 V-Ray 灯光

单击 3ds Max 右侧工具栏中"创建"按钮，在下方的创建类型中选择"灯光"类型，然后在下方的下拉式菜单中选择"V-Ray"，"对象类型"卷展栏中出现 4 种可以创建的 V-Ray 灯光类型，分别是"VR 灯光"、"V-RayIES"、"VR 环境灯光"和"VR 太阳"，如图 10-35 所示。

图 10-35 创建 V-Ray 灯光

10.3.1 VR 灯光

"VR 灯光"参数卷展栏如图 10-36 所示。

在"常规"选项组中，勾选"开"打开 V-Ray 灯光，"排除"可以选择排除灯光照射的对象。"类型"可以通过下拉式菜单选择，有平面、穹顶、球体、网格 4 种。

在"强度"选项组中，可以选择强度单位，设定强度倍增值，通过颜色或色温控制强度。

"大小"选项组随选择类型的变化而变化，通过一组数值控制灯光的大小。

"选项"组列出一组选项，可以根据场景需要勾选。例如当 V-Ray 灯光为平面光源时，"双面"选项控制光线是否从面光源的两个面发射出来。当"不衰减"选项选中时，V-Ray 所产生的光将不会随距离而衰减。否则，光线将随着距离而衰减。

"采样"选项组控制 V-Ray 用于计算照明的采样点的数量，控制阴影的偏移值以及中止精度。

"纹理"选项组可以为灯光加载一个纹理贴图，并控制贴图的分辨率和纹理大小。

矩形灯光、穹顶灯光和网络灯光各有一组特定的参数，用来控制其特定发光方式。

10.3.2 V-Ray IES

"V-Ray IES"参数卷展栏如图 10-37 所示。

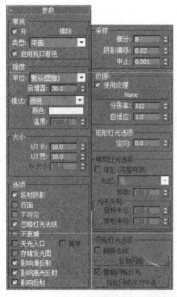

图 10-36 "VR 灯光参数"卷展栏

图 10-37 "V-Ray IES 参数"卷展栏

V-Ray IES 灯光与 3ds Max 的日光系统的光度学灯光非常类似，可以通过一系列的控制参数创建光域网，使光照的形状和范围符合场景的需求。光域网是光源的灯光强度分布的 3D 表示。通过参数中的加载通道 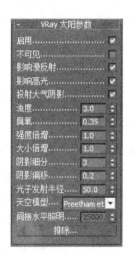 按钮也可以加载各制造商所提供的光度学数据文件，将其作为光域网参数。还可以通过"排除"按钮选择排除灯光照射的对象。

10.3.3　V-Ray 太阳

"V-Ray 太阳参数"卷展栏如图 10-38 所示。

"V-Ray 太阳参数"相对于 3ds Max 的日光系统参数比较简单，不能进行位置和时段的设定，在制作从早到晚的动态变化时需要借助 3ds Max 的日光系统来进行。

- "启用"阳光的开关。
- "浊度"设置空气的混浊度，值越大，空气越不透明，光线会越暗，色调会变暖。早晨和黄昏的混浊度较大，中午混浊度较低。有效值为 2～20。
- "臭氧"设置臭氧层的稀薄程度，值越小，臭氧层越稀薄，到达地面的光能越多，光的漫射效果越强。有效值为 0～1。
- "强度倍增"设置阳光的强度，如果使用 V-Ray 物理摄影机，一般为 1 左右；如果使用 3DS 自带的摄影机，一般为 0.002～0.005。
- "大小倍增"设置太阳的尺寸，值越大，太阳的阴影就越模糊。
- "阴影细分"设置阴影的细致程度。
- "阴影偏移"设置阴影的偏移距离。
- "排除"选择排除太阳照射的对象。

图 10-38　"V-Ray 太阳参数"卷展栏

10.3.4　V-Ray 环境灯光

"V-Ray 环境灯光参数"卷展栏，如图 10-39 所示。

V-Ray 增加了一个"V-Ray 环境灯光"的灯光类型。在使用全局照明时，只要有环境光就有可能得到适合的场景效果，这样考虑增加一个"VR 环境灯光"的灯光类型也是很必要的。在这个卷展中，勾选"启用"打开环境灯光，通过下拉式菜单选择环境灯光的模式，设定全局照明的最小距离，环境灯光的颜色和强度，还可以加载类似背景贴图的"灯光贴图"，并调整它的亮度。通过"排除"选择排除环境的灯光照射的对象。

图 10-39　"V-Ray 环境灯光参数"卷展栏

10.4　实训操作——渲染小餐厅场景

本节将以墙面、地板、金属、透明材质为重点，学习场景中各种纹理材质的设置方法，并使用 V-Ray 渲染器渲染一个小餐厅场景。

首先，打开随书光盘中的"小餐厅.max"，打开"渲染设置面板"，将 V-Ray2.10.01 设置为当前渲染器。单击工具栏中的"材质编辑器"按钮 ，或按〈M〉键打开"材质编辑器"面板。改变"模式"为"精简材质编辑器"，将示例窗改成 6×4 示例窗，如图 10-40 所示。

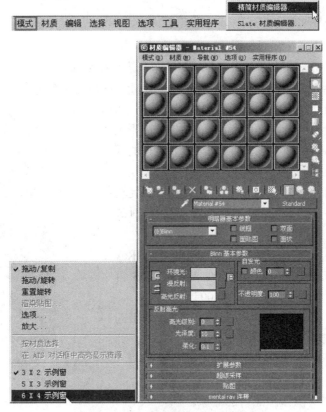

图 10-40 "材质编辑器"面板

10.4.1 编辑材质

1. 墙纸材质

1）在主工具栏中单击"渲染场景"按钮 ，在弹出的渲染设置面板的指定渲染器卷展栏中添加产品级别的 V-Ray 渲染器。单击"标准"按钮，设置材质为 V-RayMtl 类型。在主工具栏中单击"材质编辑器"按钮 ，选择空白材质球并设置名称为"墙纸"，单击"标准"按钮，设置材质为 VR 材质类型。然后单击"漫反射"后面灰色按钮，选择位图，加载准备好的墙纸图片。单击 按钮回到上一级，单击"VR 材质"按钮，选择"VR 材质包裹器"，保留旧材质为子材质，将"生成全局照明"设置为 0.5，最后再单击按钮 ，将材质赋予贴壁纸的墙体，如图 10-41 所示。

2）调整其他未贴壁纸的墙面参数如图 10-42 所示，首先更改名称为墙体，然后将漫反射调整为白色，最后再单击按钮 ，把材质赋予墙体。

3）再设置墙面的镜面部分。首先将漫反射调为白色，拉至最底端，反射参数调整如图 10-43 所示。然后可以单击 按钮显示背景，就可以看到镜子的材质。最后再单击按钮，把材质赋予镜面。在吊顶的黑色镜子，就在墙面镜子的基础上将漫反射改为黑色，反射参数调整为 50～80。

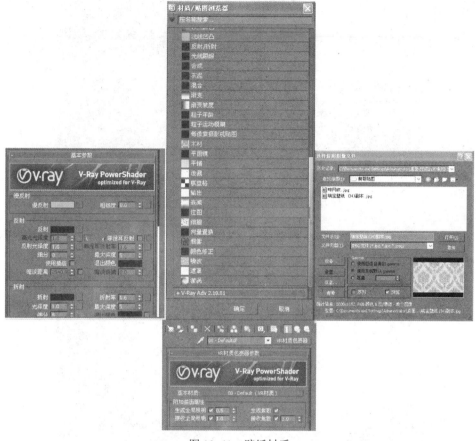

图 10-41　壁纸材质

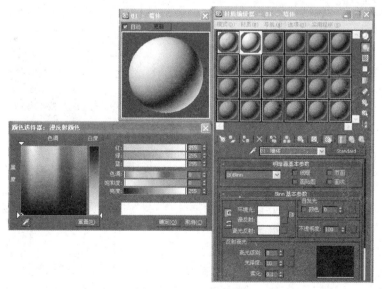

图 10-42　素白墙材质

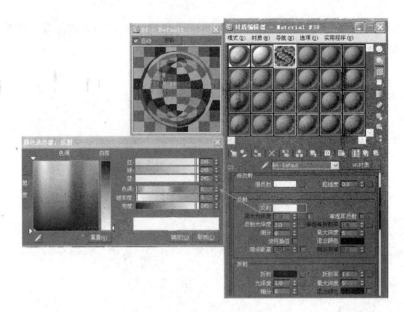

图 10-43 墙面镜面材质

4）镜框材质的调整，首先将名称更改为镜框，然后调整漫反射参数如图 10-44 所示。

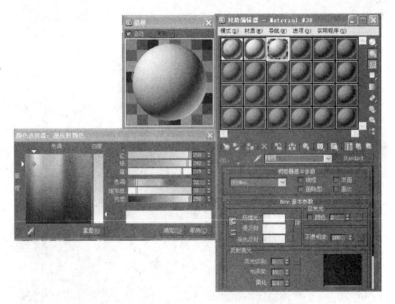

图 10-44 镜框材质

2．地面材质

1）在主工具栏中单击"材质编辑器"按钮 ，选择空白材质球并设置名称为"大理石"。

2）单击"标准"按钮，设置材质为"V-Ray 材质"，设置反射颜色为灰色。如图 10-45 所示。

3）单击"反射"后面灰色按钮，加载衰减选项，将衰减类型和衰减方向更改为如图 10-46 所示，然后调整反射光泽度为 0.98。

图 10-45　地面材质　　　　　　　　　　　图 10-46　衰减面板

4）在贴图卷展中，为凹凸选项加载随书光盘中提供的地板凹凸贴图。最后将完成的材质赋予地面模型。

3．金属材质

1）在主工具栏中单击"材质编辑器"按钮![icon]，选择空白材质球并设置名称为"不锈钢"。单击"标准"按钮，设置材质为"V-Ray 材质"类型。

2）设置漫反射颜色为灰色，参数为 40，反射颜色参数为 183，高光光泽度为 0.88、反射光泽度为 0.91，细分为 8。如图 10-47 所示。

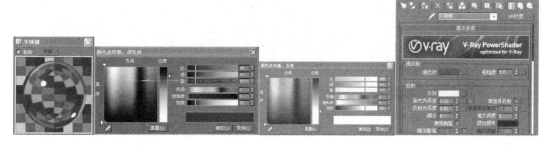

图 10-47　金属材质

4．自发光材质

1）灯的材质调整，首先选择一个空白样本球，将名称更改为"灯"。

2）在标准材质下将漫反射参数设置为如图 10-48 所示，不透明度更改为 89，然后调整反射高光一栏中的参数，高光级别为 100，光泽度为 80。

3）将设置好的材质赋予场景中的灯头。

5．布纹材质

1）选择空白材质球并设置名称为"地毯"。

2）在标准材质参数中，设置漫反射后面的灰色按钮，选择地毯贴图，在为置换项目赋予随书光盘中提供的凹凸贴图。

3）将完成的材质赋予地毯，如图 10-49 所示。

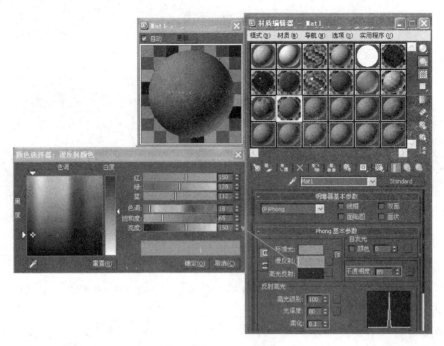

图 10-48　灯的自发光材质

图 10-49　地毯材质

4）设置椅垫材质，首先在标准材质参数下将漫反射颜色调节为蓝色，参数如图 10-50 所示，在自发光一栏，勾选颜色，点击颜色后面的灰色按钮，选择反转遮罩，贴图和遮罩分别设置为衰减，高级漫反射参数设置如图 10-50 所示。

6. 透明材质

1）在主工具栏中单击"材质编辑器"按钮，选择空白材质球并设置名称为"透明窗帘"，然后在标准材质参数下将漫反射颜色为白色，不透明度调整为 52，最后将完成的材质赋予透明窗帘，如图 10-51 所示。

2）在主工具栏中单击"材质编辑器"按钮，选择空白材质球并设置名称为"窗帘"，然后单击"标准"按钮，设置材质为"衰减"材质类型，衰减参数中环境光和漫反射光为红褐色，最后将完成的材质赋予窗帘，如图 10-52 所示。

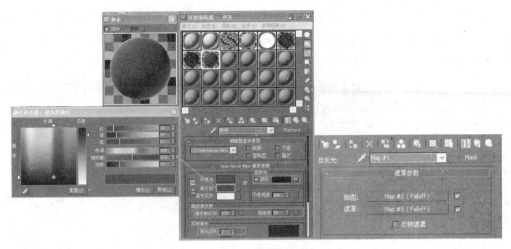

图 10-50　椅垫材质

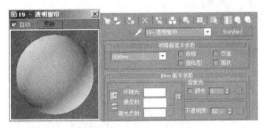

图 10-51　透明窗帘

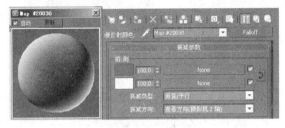

图 10-52　窗帘材质

3）在主工具栏中单击"材质编辑器"按钮，选择空白材质球并设置名称为"酒瓶"，单击"标准"按钮，选择"多维/子对象"，然后设置材质数量为 5，然后分别调整子材质，如图 10-53 所示。最后将完成的材质赋予酒瓶。

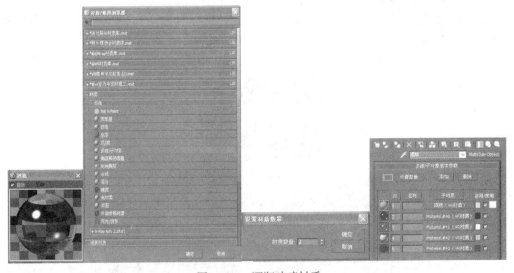

图 10-53　酒瓶玻璃材质

7．其他材质

1）树叶材质的调整。在主工具栏中单击"材质编辑器"按钮，选择空白材质球并设置名称为"树叶",单击"标准"按钮,设置材质为"VR 材质"类型。单击漫反射后面灰色按钮,选择树叶贴图,然后设置反射参数如图 10-54 所示,将反射光泽度调整为 0.6,效果如图 10-54 所示。

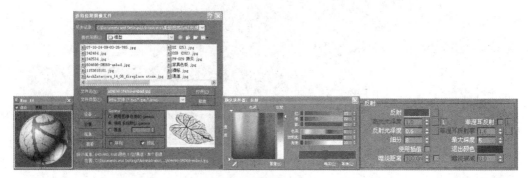

图 10-54　树叶材质

2）黑漆材质的调整。首先单击"标准"按钮,设置材质为"VR 材质"类型。将反射颜色参数设置为 8,反射光泽度调整为 0.9。单击反射后面的灰色按钮,选择衰减,衰减类型和衰减方向如图 10-55 所示。

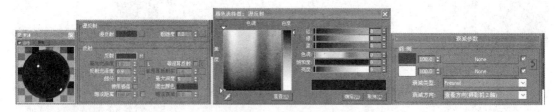

图 10-55　黑漆材质

3）白瓷瓶材质的调整。首先单击"标准"按钮,设置材质为"VR 材质"类型,然后将漫反射调整为白色,反射颜色参数调整为 65,反射光泽度为 0.9,细分为 8,设置参数如图 10-56 所示。

图 10-56　白瓷瓶材质

4）自发光材质的调整。首先单击"标准"按钮，设置材质为"VR 灯光材质"，然后将颜色调整为如图 10-57 所示，灯光颜色设置为 12。

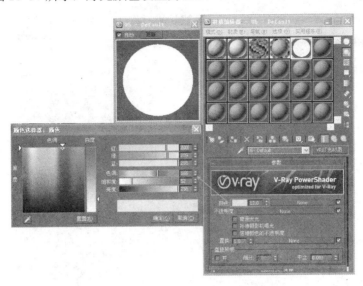

图 10-57　自发光材质

10.4.2　创建灯光

1）在 ▣ "创建"面板的 ◤ 灯光中单击"VRay 灯光"选项，在顶视图当中拖拽建立 VRay 灯光，如图 10-58 所示。修改其类型为平面，倍增器的大小为 5。在"选项"里面勾选投射阴影不可见，忽略灯光法线、影响漫反射。

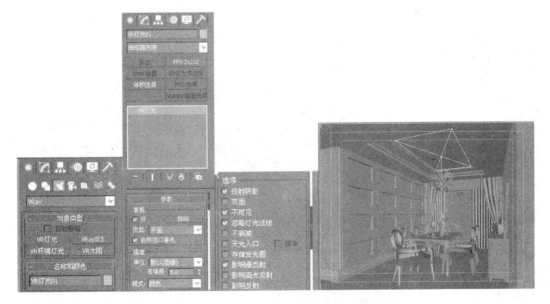

图 10-58　建立 VR 灯光

2）在 ▣ "创建"面板的 ◤ 灯光中，单击光度学中的目标灯光按钮，在前视图窗口的位置建立目标灯光，在左视图中调整其位置；接着，启用"VR 阴影"，灯光分布（类型）设置为"光度学 Web"，调整其强度数值为 800，参数设置如图 10-59 所示。

图 10-59　创建光度学目标灯光

3）用"分布（光度学 web）"载入通道，调入射灯的光域网文件，调整"VRay 阴影"参数，勾选区域阴影，U、V、W 分别设置为 250，细分 12，设置完成的效果如图 10-60 所示。

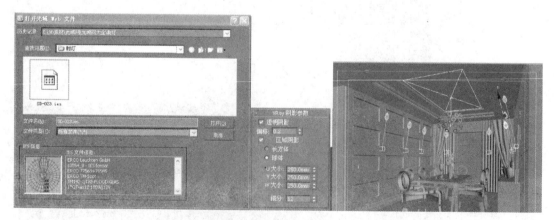

图 10-60　载入光域网

4）在 ❈ "创建"面板的 ▨ 灯光中，单击光度学中的泛光灯按钮，在前视图窗口的位置建立泛光灯，在左视图中调整其位置；接着，启用"VRay 阴影"，灯光调整其倍增为 1.2，远距衰减前面勾选使用，开始数值为 248，启用并修改"VRay 阴影"参数，如图 10-61 所示。

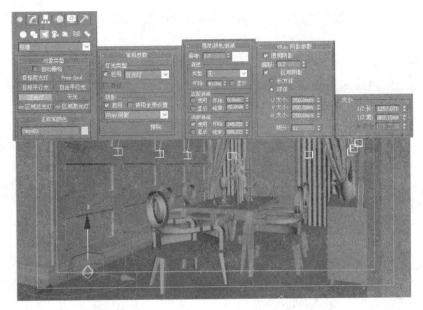

图 10-61　创建光度学泛光灯

5）本阶段完成后渲染摄影机视图，效果如图 10-62
所示。

10.4.3　使用 V-Ray 渲染器渲染场景

1．粗调材质

1）在工具栏中单击"渲染场景"按钮 ，在弹
出的"渲染场景"对话框中选择"V-Ray"选项卡，对
其进行设置。首先在"V-Ray∷全局开关"卷展栏
中，将"默认灯光"设置为"关"，如图 10-63 所示。

图 10-62　初看效果

2）在"V-Ray∷间接照明"卷展栏中，勾选
"开"，二次反弹中的"全局照明引擎"选择为"灯光缓存"，如图 10-64 所示。

图 10-63　"V-Ray∷全局开关"卷展栏

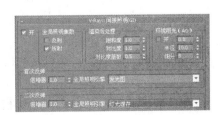

图 10-64　"V-Ray∷间接照明"卷展栏

3）"V-Ray：：发光贴图"卷展栏中，当前预置改为"自定义"，半球细分为 80，插值采样为 50，显示计算相位，显示直接光。如图 10-65 所示。

4）"V-Ray：：灯光缓存"卷展栏中，"细分"为 300。如图 10-66 所示。

5）"V-Ray：：图像采样器"卷展栏中，"图像采样器"类型为"固定"，"抗锯齿过滤器"选择"区域"。如图 10-67 所示。

图 10-65 "V-Ray：：发光图"卷展栏

图 10-66 "V-Ray：：灯光缓存"卷展栏

6）"V-Ray：：系统"卷展栏中，"区域排序"选择"上→下"，"V-Ray 日志"取消勾选。如图 10-68 所示。

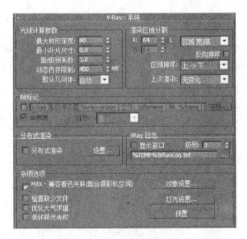

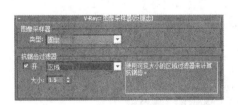

图 10-67 "V-Ray：：图像采样器"卷展栏

图 10-68 "V-Ray：：系统"卷展栏

7）调整好渲染器后，现在再渲染一下目前整体的效果，效果如图 10-69 所示。

2．细调材质

1）选择"V-Ray"选项卡，打开"V-Ray：：全局开关"卷展栏，勾选反射/折射、光泽效果，如图 10-70 所示。

2）打开"V-Ray：：图像采样器"卷展栏，"图像采样器"类型为改为"自适应细分"，

"抗锯齿过滤器"改为"Catmull-Rom",如图 10-71 所示。

图 10-69　粗调 V-Ray 渲染器

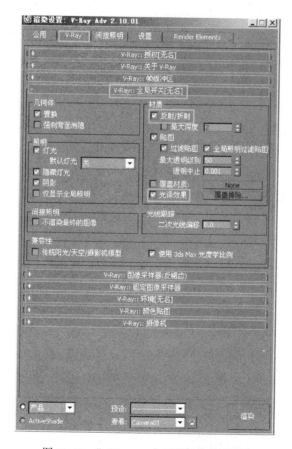

图 10-70　"V-Ray∷全局开关"卷展栏

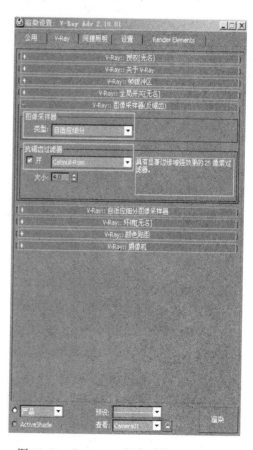

图 10-71　"V-Ray∷图像采样器"卷展栏

3）"V-Ray∷发光图"卷展栏,"当前预置"为"高",如图 10-72 所示。

4）"V-Ray∷灯光缓存"卷栏展,设置"细分"为 1200,如图 10-73 所示。

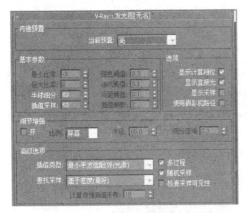

图 10-72 "V-Ray∷发光图"卷展栏

图 10-73 "V-Ray∷灯光缓存"卷展栏

10.4.4 渲染

1）选择"渲染"→"环境"命令，如图 10-74a 所示。弹出"环境和效果"对话框，如图 10-74b 所示。在"公用参数"一栏中加载一张夜晚的图片作为背景贴图，如图 10-74c 所示。

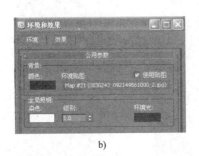

a)   b)   c)

图 10-74 "渲染"命令

a) 选择"环境"命令   b)"环境和效果"对话框   c)"选择位图图像文件"对话框

2）单击"渲染"按钮，最终效果如图 10-75 所示。大效果已经出来，但仍需要微调。

图 10-75 细调 V-Ray 渲染器渲染

10.4.5 后期处理

V-Ray 渲染器的渲染效果还是很不错的，由于使用了全局照明，场景的光照和阴影都非常自然，只需将渲染后的效果图在后期处理软件 Photoshop 中打开，进行简单地明暗和饱和度的微调，就得到了如图 10-76 所示的效果。

图 10-76　小餐厅最终效果

10.5　思考与习题

1．安装 V-Ray 渲染器后，"渲染设置"对话框中有几个与 V-Ray 有关的选项卡，分别是什么？

2．"V-Ray：：间接照明（GI）"卷展栏有几个参数组，分别有什么作用？

3．"V-Ray：：发光图"卷展栏中，渲染草图时"内建预设"参数组中的"当前预设"应选择哪个选项？

4．"V-Ray 的材质"有哪些优点？

5．"V-Ray 材质包裹器"有什么作用？

6．可以创建的 V-Ray 灯光类型有哪些？

第三篇 综合应用

　　本篇将以两个案例的形式详细讲解利用 3ds Max 软件进行室内设计表现图制作的全过程。在这个过程中，将综合应用第一篇中的室内设计相关知识和第二篇中 3ds Max 软件各种操作技能。对于不同的空间和设计内容，选择正确的操作技巧也是设计师需要掌握的技能。

第 11 章　午后阳光下的客厅

客厅是家中承载功能最多的一个空间，也是整个居室的灵魂，聚会、休闲、影音等功能都在这里进行。本章的客厅设计给人以复简有度、色彩鲜明，怡情悦心的感觉。客厅采用大面积落地窗，有着很好的采光和观景效果。电视背景墙运用了点、线、面的设计手法，将功能性与艺术性完美地结合在一起，丰富了空间界面的视觉感受。电视墙、沙发墙以及顶棚呼应设计，互为图底关系，在强调韵律的同时体现出一种和谐美。在软装方面，红色基调的现代家居为整个客厅增添一份舒适与暖意。配饰在样式和色彩上巧妙的搭配与呼应，给人一种精致的美。浅色实木地板也为整个空间带来自然的气息。整个空间在午后的阳光下尽显温馨、舒适。客厅效果图如图 11-1 所示。

图 11-1　客厅效果图

本章重点
- 模型的建立
- 主要材质的编辑制作
- 创建摄影机与部分灯光
- 使用 V-Ray 渲染器渲染场景

11.1　客厅模型的建立

在 3ds Max 效果图表现中，无论是多么复杂的图形，都是由一个或多个基本对象组成的，用户可通过基本命令创建基本对象，因此应熟练地掌握这些基本命令的绘制方法和技巧，这些命令对在后面章节中复杂图形的绘制和三维图形的表现有着非常重要的作用。另外，还要注意模型的细节，使效果图更加精美。

11.1.1 理解图纸统筹建模程序

先进行简单的界面设置，然后将 AutoCAD 户型图导入 3d Max 软件中，由二维线条生成三维空间。然后利用基本建模命令创建电视背景墙和吊顶以及室内的各部分构件。制作完成后，将模型库中的家具以及陈设品合并到本场景中，完成建模。

11.1.2 创建模型

1. 对界面进行设置

1）在 AutoCAD 中将户型图写入块，将它保存在桌面上。打开 3ds Max2012 操作界面，将系统单位和显示单位都设置为毫米。

2）选择"自定义"→"单位设置"命令，在弹出的"单位设置"对话框中将"公制"设为"毫米"模式，则建立的模型后缀单位将是毫米，如图 11-2 所示。

3）单击"系统单位设置"按钮，弹出"系统单位设置"对话框，把"系统单位比例"改为毫米，如图 11-3 所示，然后单击"确定"按钮。

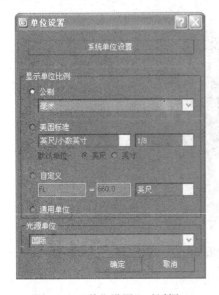

图 11-2 "单位设置"对话框

图 11-3 "系统单位设置"对话框

2. 将 AutoCAD 户型图导入 3D

1）选择"文件"→"导入"命令，将 AutoCAD 户型图导入 3d Max 中，如图 11-4 所示。

2）选择所有图形成组，把该图形的坐标归为（0，0，0），如图 11-5 所示。

3）按〈G〉键，取消网格，便于以后操作。

4）打开"捕捉"选项卡，勾选"垂足"、"顶点"、"端点"、"中点"4 个复选框，如图 11-6 所示。

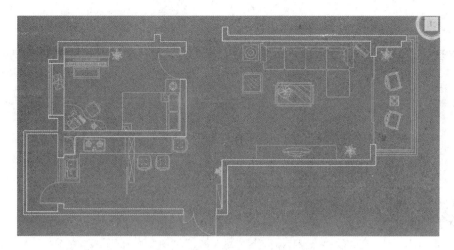

图 11-4　导入 AutoCAD 户型图

图 11-5　设置坐标

5）打开"选项"选项卡，勾选"捕捉到冻结对象"、"使用轴约束"、"显示橡皮筋" 3 个复选框，如图 11-7 所示。

图 11-6　"捕捉"选项卡

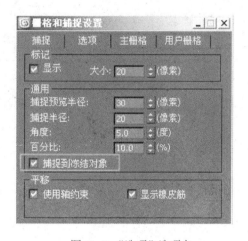

图 11-7　"选项"选项卡

6）设置的选项基本已经完成，右击，从弹出的快捷菜单中选择"冻结当前选择"命令，如图 11-8 所示。

3．墙体生成

1）这时我们开始用线建模，在 ■ "创建"面板中单击"线"按钮 ■ ，沿着导入的 AutoCAD 户型图，描一遍客厅内墙，遇到窗户或门的地方记得布点。

2）在"修改器列表"右击，找出"配置修改器集"，调出"挤出"命令，描到最后的时候，会出现一个是否闭合样条线对话框，单击"是"按钮，效果如图 11-9 所示。选择"工具"→"克隆"命令复制绘制的样条线以备吊顶建模使用。现在将其中一条样条线"挤出"

2800，如图 11-10 所示。

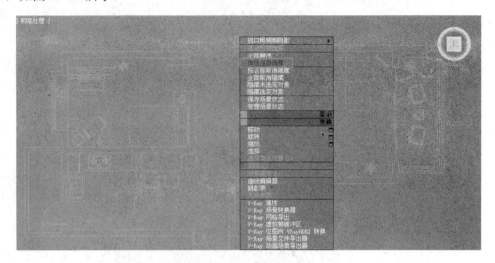

图 11-8 右键菜单

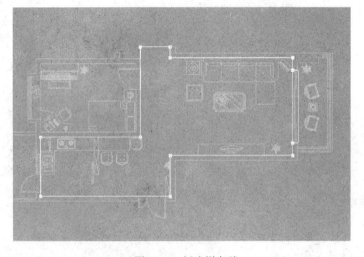

图 11-9 创建样条线

图 11-10 "挤出"命令

3）选中需要编辑的物体，在"配置修改器集"中选择调出"法线"命令，如图 11-11 所示，操作和上例中的"挤出"命令一样。然后再次选中需要编辑的物体，单击右键，在弹出的快捷菜单中选择"转换为"→"可编辑多边形"命令将其转换为可编辑的多边形。

图 11-11 "法线"命令

4．窗户的建立

1）选择落地窗的面，选中"可编辑多边形"子集下面的"多边形"面板，勾选"忽略背面"复选框，如图11-12所示。

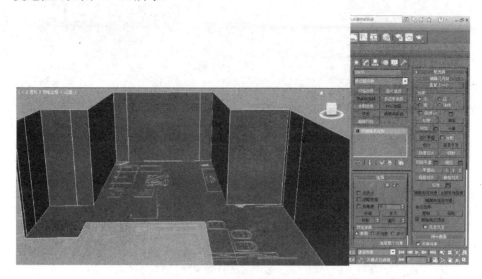

图11-12　选择窗户所在的面

2）在下拉菜单中，选择"挤出"命令，挤出高度-240，单击"确定"按钮。如图11-13所示。

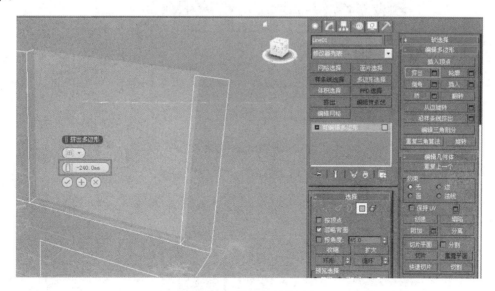

图11-13　挤出窗户的厚度

3）在下拉菜单中选择"分离"命令，分离为"对象001"，单击"确定"按钮，如图11-14所示。

4）右击，从弹出的快捷菜单中选择"孤立当前选择"命令，对此面独立为单独的元素，如图11-15所示。

5）利用"连接"命令，分段为2，如图11-16所示，单击"确定"按钮。

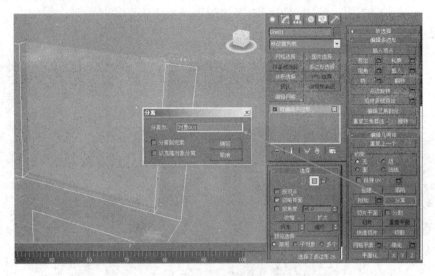

图 11-14　分离窗户

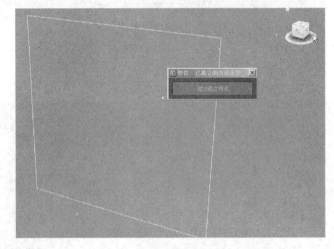

图 11-15　将窗户独立为单独的元素

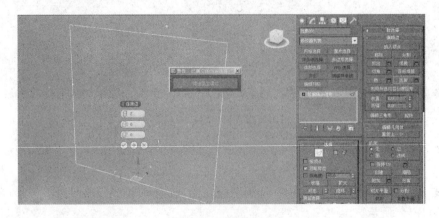

图 11-16　分段为 2

6）利用"挤出"命令设置挤出高度与挤出基面宽度，参数如图 11-17 所示。

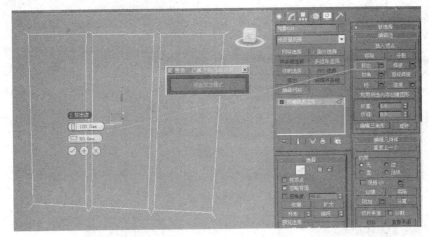

图 11-17 挤出高度

7）选择指定的 3 个面，直接删除，窗的框架就形成了，如图 11-18 所示。

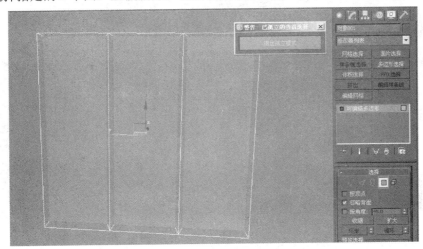

图 11-18 窗的框架

8）给现在的模型统一赋予一个材质，称其为白模或者素模，如图 11-19 所示。

5. 窗帘的建立

1）在顶视图中画一条线，进入子集"边"，进行编辑，如图 11-20 所示。

2）进入对点进行编辑状态，拆分点为 15，如图 11-21 所示。在进入子集"点"命令右击，使用贝塞尔工具对点进行编辑。对编辑好的线进行轮廓，轮廓为 3，然后再"挤出"，挤出的数量为 2700。将其进行复制一个。窗纱进行同样的操作，这里不再赘述。如图 11-22 所示。

6. 吊顶的建立

1）绘制一个矩形，长度为 2600，宽度为 3000，将矩形置于客厅中心，右击从弹出的快捷菜单中选择"转换为可编辑样条线"命令，然后与前面复制的另一样条线通过右键快捷菜单中的"附加"命令附加到一起。设置"挤出"数量为 80，如图 11-23 所示。

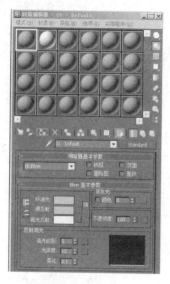

图 11-19　赋予一个材质

图 11-20　编辑子集"边"

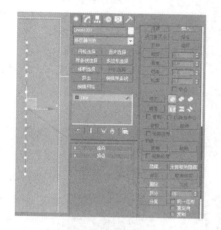

图 11-21　拆分点为 15

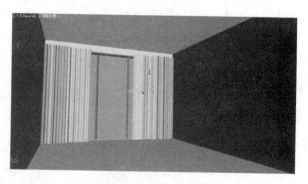

图 11-22　创建窗帘

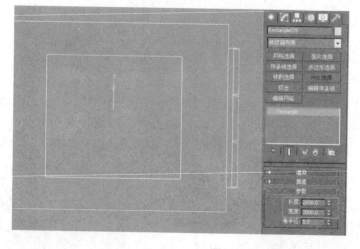

图 11-23　创建吊顶

2）吊顶离顶面的距离是 100，将其沿 "Y" 轴平移 "-100"，如图 11-24 所示。

3）再绘制一大一小两个矩形，用上面同样的方法附加到一起，如图 11-25 所示。

 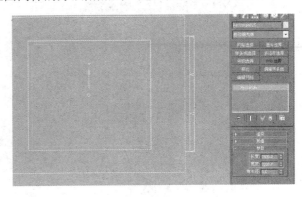

图 11-24　平移吊顶　　　　　　　　　　　　图 11-25　创建吊顶造型

4）将附加好的矩形挤出，数量为 40，形成第二层吊顶，移动到第一层吊顶上方，形成阶梯式双层吊顶，如图 11-26 所示。

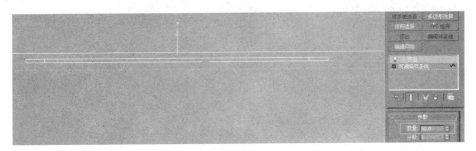

图 11-26　挤出 40

5）整体观看效果如图 11-27 所示。

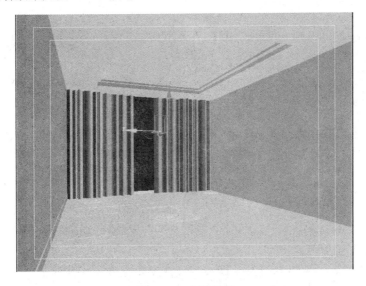

图 11-27　初期效果

6）现在制作电视背景墙上方吊顶镂空位置的造型。创建矩形，如图 11-28 所示。

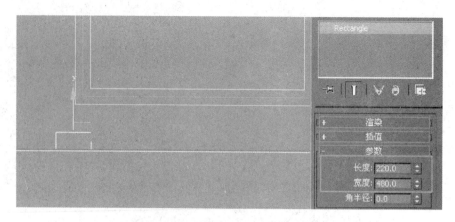

图 11-28　电视背景墙吊顶镂空位置的造型

7）再复制两个矩形，3 个的间距为 1100，如图 11-29 所示。

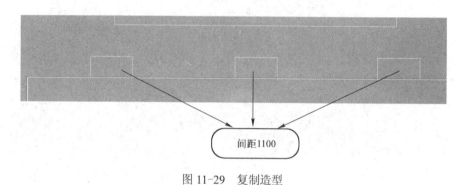

图 11-29　复制造型

8）将 3 个矩形进行附加，挤出数量为 500，如图 11-30 所示。

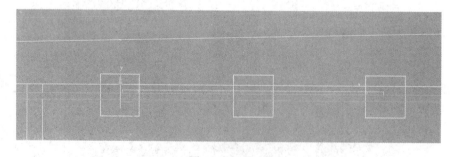

图 11-30　挤出

9）现在使用布尔工具，在 ■ "创建"面板中单击 ■，选择"复合对象"→"布尔"→
"拾取操作对象"命令，单击第一层吊顶，吊顶被剪出 3 个洞口，如图 11-31 所示。

7. 踢脚线的建立

1）制作踢脚线。沿着内墙绘制一圈线，设置基本参数。轮廓 10，挤出数量 100，如
图 11-32 所示。

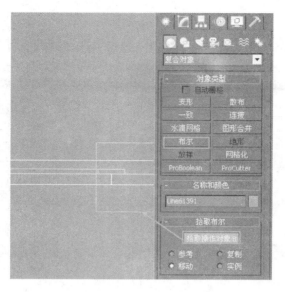

图 11-31　布尔运算

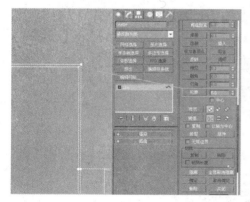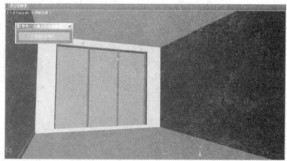

图 11-32　制作踢脚线

2）创建一个和窗一样宽度的矩形，并使其穿过踢脚线，使用"复合对象"→"布尔"
→"拾取操作对象"命令将门前多余的踢脚线减去，效果如图 11-33 所示。

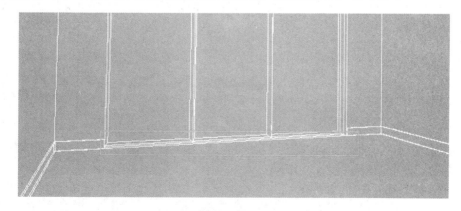

图 11-33　减去多余的踢脚线

8. 筒灯的制作

1）使用"圆"工具，半径为30，轮廓10，挤出数量为20，如图11-34所示。

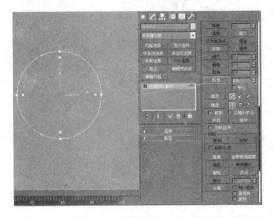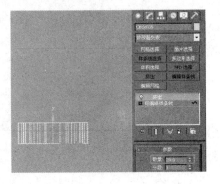

图 11-34　制作筒灯圆边

2）沿着内圆使用"圆"工具绘制一个圆，挤出数量为10，效果如图11-35所示。

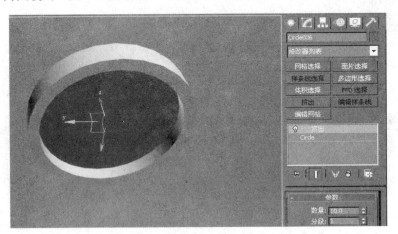

图 11-35　模拟筒灯灯体

3）物体成组，组合为"筒灯"如图11-36所示。

4）实例复制3个，如图11-37所示。

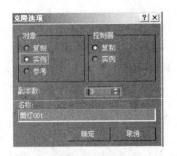

图 11-36　成组　　　　　　　　　图 11-37　实例复制

9．筒灯背景墙木质结构的制作

1）利用"矩形"命令创建筒灯背景墙的木质结构，设置参数如图 11-38 所示，挤出数量为 550。

2）使用 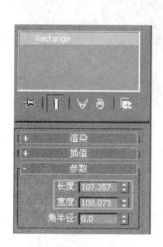 来绘制圆，参数如图 11-39 所示。

图 11-38　背景墙的木质结构　　　　　　图 11-39　绘制圆

3）对圆进行编辑，挤出 100。然后使用布尔工具，在木质结构上开一个洞，如图 11-40 所示。

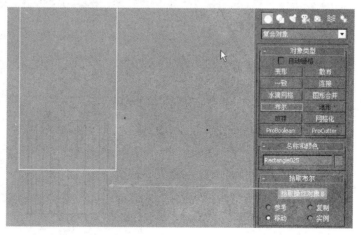

图 11-40　木质结构上开洞

10．筒灯金属材料部分的制作

1）现在来做一下筒灯外面的金属材料，创建与上一步合适大小的圆，然后转换成可编辑样条线，在线段层级上单击"轮廓"按钮，将数值改为 10，挤出数量为 20，将筒灯移至如图 11-41a 所示位置。

2）现在将其进行复制出 3 个，效果如图 11-41b 所示。

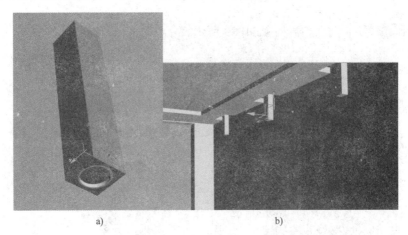

图 11-41　组合筒灯

a) 确定位置　b) 复制 3 个

11．电视背景墙和电视柜的制作

1）创建电视背景墙。绘制一个矩形，设置其基本参数，长度为 32，宽度为 3200。挤出数量为 1150。效果如图 11-42 所示。

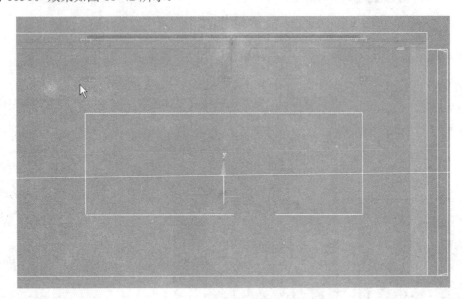

图 11-42　电视背景墙

2）电视柜的做法。电视柜下面是木制的。绘制一个矩形，设置其基本参数，长度为 450，宽度为 3200，挤出数量为 100。电视柜上面是一块大理石石材，同理绘制一个矩形，其基本参数是长度为 20，宽度为 3200。效果如图 11-43 所示。

3）隔板制作方法。绘制一个矩形，其基本参数是长度为 60，宽度为 730。然后往两边复制一组。如图 11-44 所示。

图 11-43　电视柜

12．沙发背景墙的制作

创建沙发背景墙。绘制一个矩形，设置其基本参数，长度为 2130，宽度为 1000，挤出数量为-12。实例复制两个，效果如图 11-45 所示。

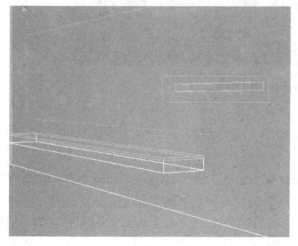

图 11-44　隔板

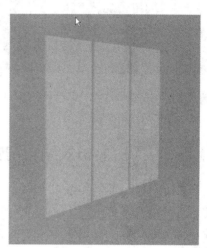

图 11-45　沙发背景墙

11.1.3　并入可利用构件

现在阶段开始倒入模型，选择"文件"→"合并"→"合并文件"→"模型库"命令，把模型导入到场景中来，如图 11-46 所示。调好模型位置，现阶段将其所有的物体统一材质，可以用渲染器渲染，测试一下效果，效果如图 11-47 所示。

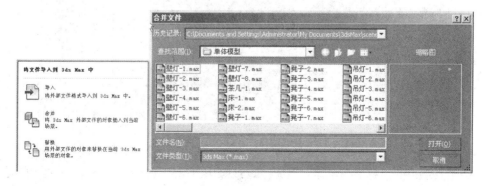

图 11-46　合并文件

图 11-47　测试效果

11.2　客厅主要材质编辑制作

　　本节将以墙面、地板、金属、透明材质为重点，学习场景中各种纹理材质的设置方法。首先，在这先简单介绍一下当前渲染器的设置。在开始工作之前，需要对工作界面进行基本的设置。首先如图 11-48 所示，将安装完成的 **V-Ray Adv2.10.01** 设置为当前渲染器。

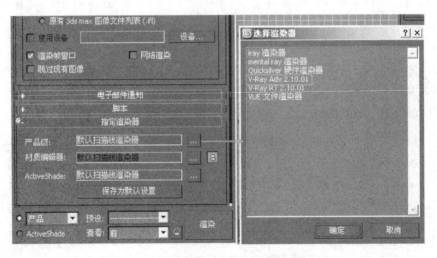

图 11-48　选择渲染器

　　单击工具栏中的"材质编辑器"按钮 ，或按下〈M〉键打开窗口，默认显示的是 3×2 示例窗，在这里改成 6×4 示例窗。如图 11-49 所示。

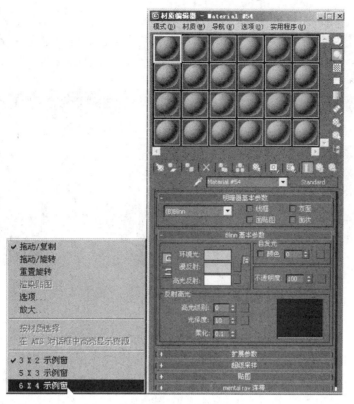

图 11-49　6×4 示例窗

11.2.1　墙面材质

1）在主工具栏中单击"渲染场景"按钮 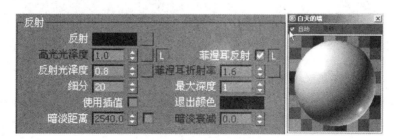，在弹出的渲染设置面板的指定渲染器卷展栏中添加产品级别的 V-Ray 渲染器。

2）单击"Standard"按钮，设置材质为"VR 材质"类型。

3）在主工具栏中单击"材质编辑器"按钮，选择空白材质球并设置名称为"墙体"，设置反射颜色为深灰色，漫反射为白色，反射光泽度为 0.8，细化为 20，最后将完成的材质赋予墙面，如图 11-50 所示。

图 11-50　墙面材质

11.2.2　地板材质

1）在主工具栏中单击"材质编辑器"按钮，选择空白材质球并设置名称为"地板"。

2）单击"Standard"按钮，设置材质为"VR 材质"类型。

3）设置反射颜色为浅灰，勾选"菲涅耳反射"复选框反射光泽度为 0.88，细化为 8，如图 11-51 所示。再为凹凸项目赋予随书光盘中提供的地板凹凸贴图。

4）最后将完成的材质赋予地面模型。

5）在 V-Ray 贴图浏览器中打开 VR 材质包裹器，设置生成全局照明为 0.6。效果如图 11-52 所示。

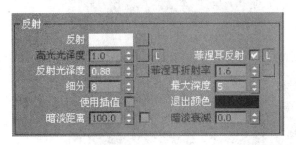

图 11-51　反射参数组

图 11-52　地板材质

11.2.3　金属材质

1）在主工具栏中单击"材质编辑器"按钮🔘，选择空白材质球并设置名称为"金属"。

2）单击"Standard"按钮，设置材质为"VR 材质"类型。

3）设置"漫反射"颜色为白色，"反射"颜色为深灰色，"高光光泽度"为 0.8、"反射光泽度"为 0.75，"细化"为 8。如图 11-53 所示。

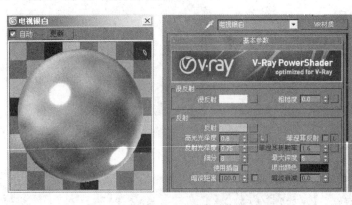

图 11-53　金属材质

11.2.4　布纹材质

1）单击"Standard"按钮，设置材质为 V-RayMtl 类型。在主工具栏中单击"材质编辑器"按钮🔘，选择空白材质球并设置名称为"布纹"。

2）单击"Standard"按钮，设置材质为"VR 材质"类型。然后设置漫反射颜色为红色，细化为 8，再为凹凸项目赋予随书光盘中提供的布纹贴图。

3）最后将完成的材质赋予抱枕、沙发，如图 11-54 所示。

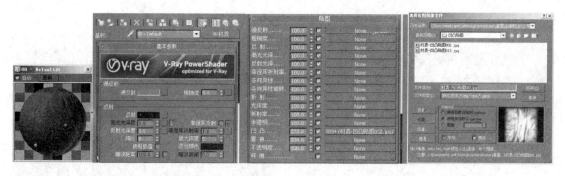

图 11-54　布纹材质

11.2.5　透明材质

1）在主工具栏中单击"材质编辑器"按钮，选择空白材质球并设置名称为"透明窗帘"，设置漫反射颜色为白色，不透明度调整为 52，最后将完成的材质赋予透明窗帘，如图 11-55 所示。

2）在主工具栏中单击"材质编辑器"按钮，选择空白材质球并设置名称为"窗帘"，单击"漫反射"按钮，设置材质为"衰减"材质类型，衰减参数，环境光和漫反射光为红褐色，如图所示。最后将完成的材质赋予窗帘，如图 11-56 所示。

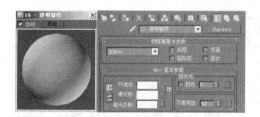

图 11-55　透明窗帘

图 11-56　窗帘材质

11.3　创建摄影机与部分灯光

本节将以摄影机和灯光做为学习重点，学习摄影机的设置及灯光的布置。首先讲述摄影机的基本设置及调整，然后介绍室内布置灯光的特点。

11.3.1　创建摄影机

1）在 "创建"面板的 摄影机中单击目标按钮，在顶视图窗口中拖拽建立目标摄影机。

2）沿着"Y"轴向上平移 1750。单击摄影机，进入"修改"面板，修改备用镜头为 35。

3）修改剪切平面，调整近距剪切为 1570、远距剪切为 10000。如图 11-57 所示。

4）调整标准摄影机的视野范围，然后进行摄影机校正，选择"修改器"→"摄影机"→"摄影机校正"命令，效果如图 11-58 所示。对场景进行测试渲染。在标准相机 Camera01

视图中，单击 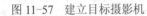 按钮，对摄影机视图进行渲染。

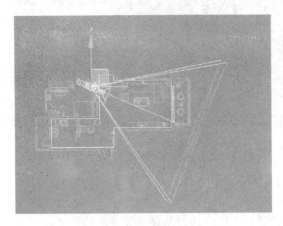

图 11-57 建立目标摄影机

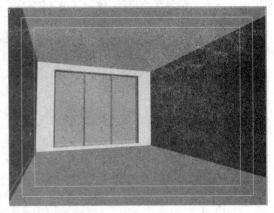

图 11-58 摄影机校正

11.3.2 创建部分灯光

1）在 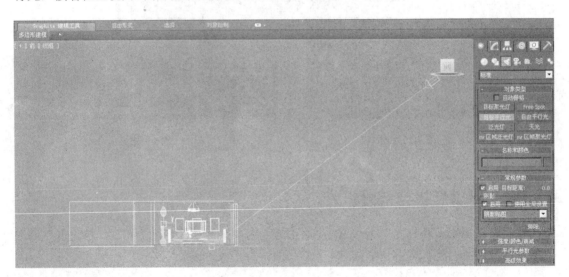 "创建"面板的灯光中单击"目标平行光"按钮，在顶视图当中拖动建立平行光，接着在左视图当中调整其高度至合适位置。如图 11-59 所示。

图 11-59 建立目标平行光

2）在主工具栏中单击"渲染"按钮，渲染目标平行光的效果，如图 11-60 所示。

3）在 "创建"面板的灯光中单击光度学中的目标灯光按钮，在前视图窗口的位置建立目标灯光，在左视图中调整其位置，效果如图 11-61 所示。

4）制作筒灯，在这使用的是"VR 灯光材质"，颜色为淡蓝色，数值为 5。如图 11-62 所示。

图 11-60　目标平行光的效果

图 11-61　渲染目标灯光效果

图 11-62　设置"VR 灯材质"

11.4　使用 V-Ray 渲染器渲染场景

本节主要学习 V-Ray 渲染器渲染场景的设置，怎样使制作的空间能模仿出真实效果，除了之前的灯光及材质之外，Vray 渲染器的设置也是至关重要的，它是整个空间接近真实的关键。

11.4.1　粗调材质

1）单击工具栏中"渲染场景对话框"按钮，在弹出的"渲染场景"对话框中选择"公用"选项卡，指定渲染器改为 V-Ray Adv 2.10.01，如图 11-63 所示。

2）选择"V-Ray"选项卡，对其进行设置。"V-Ray 间接照明"卷展，勾选"开"，"二次反弹"中的"全局照明引擎"选择为"灯光缓存",如图 11-64 所示。

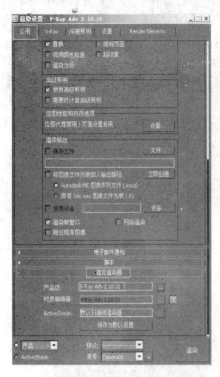

图 11-63 指定渲染器

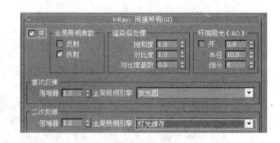

图 11-64 "V-Ray 间接照明"卷展

3)"V-Ray::发光贴图"卷展栏中,"当前预置"选择为"自定义","半球细分"为 80,"插值采样"为 50,勾选"显示计算单位"和"显示直接光"复选框。"V-Ray::全局 开关"卷展栏中,"默认灯光"选择"关",如图 11-65b 所示。"V-Ray::灯光缓存","细 分"为 300,如图 11-65c 所示。

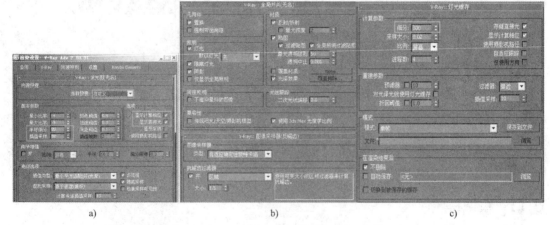

a)   b)   c)

图 11-65 "V-Ray::发光贴图""V-Ray::灯光缓存"和"V-Ray::全局开关"

4)"V-Ray::系统"区域排序从上到下,"VRay 日志"取消勾选。"V-Ray::图像采样 器"类型为固定,抗锯齿过滤器改为区域,如图 11-66 所示。

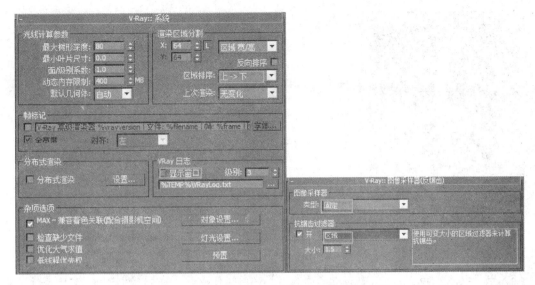

图 11-66 "V-Ray::系统"和"V-Ray::图像采样器"

11.4.2 布置面光源图

1）在室外打一个 V-Ray 灯，作为主光源。在 ![按钮]"创建"面板的 ![按钮]灯光中单击 V-Ray 灯光按钮。在"修改"面板中设置灯光的"类型"为平面，"颜色"为乳白色，"倍增器"为 0.7，如图 11-67 所示。

2）创建电视背景墙灯光。在 ![按钮]"修改"面板中开启阴影项目的 V-Ray 阴影类型，然后设置"颜色"为淡黄色，"倍增器"为 1.78，勾选 V-Ray 阴影，选中区域阴影复选框、UVW 分别为 120，"细分"为 12。在"创建"面板的 ![按钮]灯光中单击 V-Ray 灯光按钮，然后在电视背景墙中暗藏灯带，建立 V-Ray 灯光，如图 11-68 所示。

图 11-67 创建主光源

图 11-68 建电视背景墙灯光

3）在 ![按钮]"修改"面板中设置灯光的"类型"为平面、"颜色"为淡黄色、"倍增器"为 3.5，如图 11-69 所示。

4）在主工具栏中单击 ![按钮]渲染工具，在灯光修改面板中修改参数，再对场景进行总体的测试。渲染 V-Ray 灯光的效果如图 11-70 所示。

图 11-69　设置灯光参数

图 11-70　灯光效果

11.4.3　细调材质

1）在工具栏中单击"渲染场景"按钮，在弹出的"渲染场景"对话框中选择"V-Ray"选项卡，在"V-Ray∷全局开关"卷展栏中，勾选"反射/折射"和"光泽效果"复选框，如图 11-71 所示。

2）"V-Ray∷图像采样器"卷展栏中，"类型"为改为"自适应细分"，"抗锯齿过滤器"中选择"开"复选框，设为 Catmull-Rom，如图 11-72 所示。

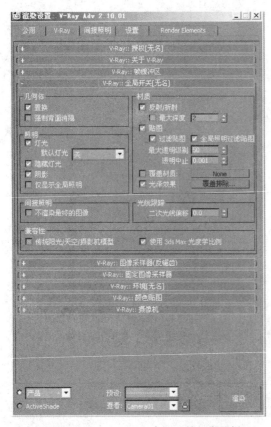

图 11-71　"V-Ray∷全局开关"卷展栏

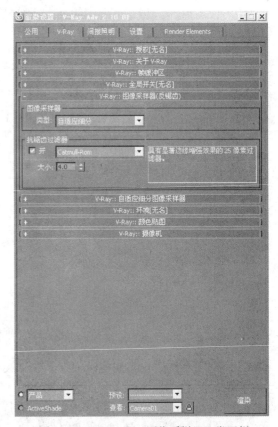

图 11-72　"V-Ray∷图像采样器"卷展栏

3）"V-Ray：：发光图"卷展栏，"当前预置"为"高"，如图 11-73 所示。

4）"V-Ray：：灯光缓存"卷展栏，"细分"为 1200，如图 11-74 所示。

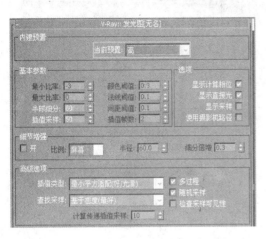

图 11-73 "V-Ray：：发光图"卷展栏　　　　图 11-74 "V-Ray：：灯光缓存"卷展栏

11.4.4 渲染

1）设置渲染基本界面，如图 11-75 所示。最后，按〈Shift+F〉键，勾选"显示安全框"，让视窗正确显示出最终的渲染尺寸。

2）渲染的最终结果如图 11-76 所示。

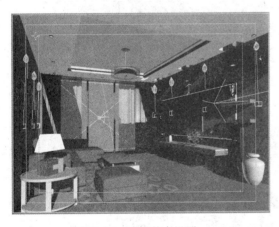

图 11-75　渲染基本界面　　　　　　　　　图 11-76　渲染的最终结果

11.4.5 后期处理

1）打开 Photoshop 软件，在 PS 操作界面中打开另存的 JPG 格式的文件，现在用 Photoshop 对效果图进行完善。

2）双击背景图层，图层面板显示图层 0，单击"确定"按钮。

3）单击"创建新的填充或调整图层" ⊘，在色阶中调节亮度，如图 11-77 所示。

4）复制一层，再调"曲线"，调整其明暗，使暗的更暗，亮的更亮，增加其明暗对比度。如图 11-78 所示。

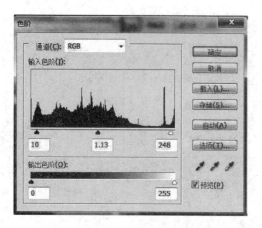

图 11-77 "色阶"面板

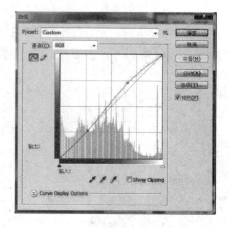

图 11-78 "曲线"面板

5）调整它的"亮度/对比度"，如图 11-79 所示。

6）调整"色彩平衡"，参数如图 11-80 所示。

图 11-79 "亮度/对比度"面板

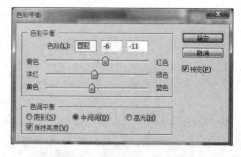

图 11-80 "色彩平衡"面板

7）完善后的效果如图 11-81 所示。

图 11-81 完善后的效果

11.5　思考与习题

1. 打开 3ds Max 2012 操作界面，需要设置哪些内容？
2. 在客厅建模过程中，如何创建墙体模型？
3. 在客厅材质的编辑中，如何制作地板材质？
4. 打灯光后要想室内变亮，如何设置 VR 渲染器？
5. 在后期处理过程中，怎样使效果图整体提亮以及对比度加强？
6. 制作卧室效果图，如图 11-82 所示。

图 11-82　卧室效果图

第 12 章 温馨的银行营业厅

在 3ds Max 效果图表现中，运用光影、线条、空间比例的和谐变化可以营造出具有审美品位与互动式体验的建筑空间。本章的银行营业厅采用框架结构，在满足空间功能需求的前提下，运用了现代、简约的设计语言，体现了建筑空间的时代特质。设计上采用序列的手法，减弱空间的单调和呆板，增强了空间的表现力和视觉冲击力。重视材质、灯光和色彩的运用，细节精细，高雅大方，符合可持续发展的设计理念。场景中功能齐全，不仅满足服务对象的个性化要求，拉近与客户的距离，同时体现出金融机构的安全便利。整个设计将流动的空间艺术升华为一场商务与生活的对话，如图 12-1 所示。

图 12-1　银行营业厅

本章重点
- 模型的建立
- 主要材质的编辑制作
- 创建摄影机与部分灯光
- 使用 V-Ray 渲染器渲染场景

12.1　银行营业厅模型的建立

在一些复杂场景的建模中，可以通过对个体模型的复制，穿插组合搭建出大型的空间形式。在这里需要注意的是比例的准确、形式的美感以及化繁为简的协调能力，这些都需要设计者在不断地练习中掌握其中的技能。

12.1.1　理解图纸统筹建模程序

先进行简单的界面设置，将大厅 AutoCAD 图纸导入 3ds Max 中，然后勾出主要轮廓，将其挤出，由二维生成三维的空间。根据平面图创建和修改出建筑室内空间的各部分构件。最后将本场景中所需模型导入，布置到相应的位置，完成建模。

12.1.2　创建模型

1．对界面进行简单的设置

1）按〈W〉键，将户型图写入块，将它保存在桌面上。现在打开 3ds Max 操作界面，置系统单位和操作界面单位，将 3ds Max 2012 操作界面系统单位和显示单位都设置为毫米。

2）在菜单栏选择"自定义"→"单位设置"命令，在弹出的对话框中设置"公制"为"毫米"模式，则建立的模型后缀单位将是毫米，如图 12-2 所示。

3）单击"系统单位设置"按钮，在弹出的"系统单位设置"对话框中将"系统单位比例"设为"毫米"，如图 12-3 所示，单击"确定"按钮。

图 12-2　"单位设置"面板

图 12-3　"系统单位设置"面板

2．将 AutoCAD 户型图导入 3d Max 中

1）选择"文件"→"导入"→"导入"命令，将 AutoCAD 户型图导入 3d Max 中，如图 12-4 所示。

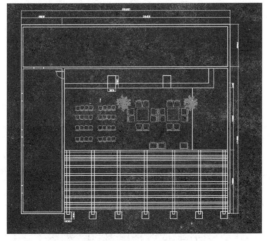

图 12-4　导入 AutoCAD 户型图

2）选择所有图形，把该图形的坐标归为（0，0，0）
点，如图 12-5 所示。

3）按〈G〉键，取消网格，便于以后操作。选择
"捕捉"选项卡，勾选"垂足"、"顶点"、"端点"和"中点"4 个复选框，如图 12-6 所示。

图 12-5 制定坐标

4）选择"选项"选项卡，勾选"捕捉到冻结对象"、"使用轴约束"和"显示橡皮筋"3
个复选框，如图 12-7 所示。

图 12-6 "捕捉"选项卡

图 12-7 "选项"选项卡

5）所有应该设置的选项基本已经设置完成，右击，从弹出的快捷菜单中选择"冻结当
前选择"命令，如图 12-8 所示。

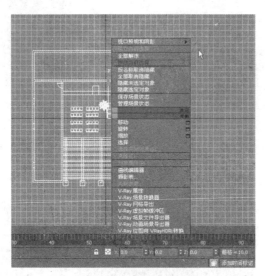

图 12-8 冻结当前选择

3. 墙体的建立

1）用线建模，在 "创建"面板的 中单击"线"命令，沿着导入的 AutoCAD 户型
图，描一遍营业厅墙体，遇到窗户或门的地方可以选择布尔运算。

2）首先在"创建"面板的"图形"按钮 下拉列表中选择"线"命令，沿着墙体画
线，画到结束的时候，会弹出询问"是否闭合样条线"的提示框，单击"是"按钮，效果如
图 12-9 所示。然后在"修改器列表"中单击右键，在弹出的快捷菜单中选择"配置修改器
集"命令，调出"挤出"命令，将所画的线挤出 1000，如图 12-10 所示。

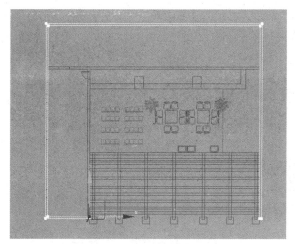
图 12-9　绘制闭合样条线

图 12-10　"挤出"命令

3）按以上相同方法将其他墙体依次挤出，如图 12-11 所示。需要注意的是在建立二层楼板时注意其高度和厚度，如图 12-12 所示。

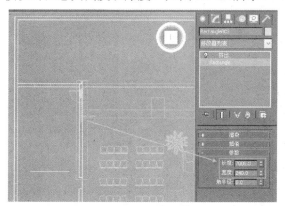
图 12-11　创建其他墙体

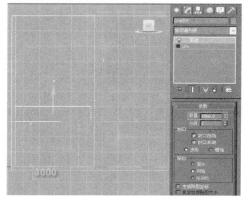
图 12-12　创建有二层楼板的墙体

4）最终将墙体全部挤出，墙体高度为 10000，厚度为 240，效果如图 12-13 所示。

图 12-13　墙体创建完成后效果

4．柱子的建立

1）营业厅前的几个柱子，在 ![icon] "创建"面板的 ![icon] 中单击"线"命令，沿着柱子的外框勾出线框。在"修改器列表"右击鼠标，找出"配置修改器集"，调出"挤出"命令，"数量"设为10000，如图12-14所示。

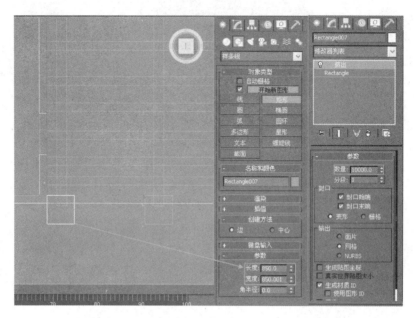

图12-14　创建柱子

2）将柱子复制，选中物体，按住〈Shift〉键，拖动鼠标，弹出"克隆选项"对话框，如图12-15所示，选框对象，选中"复制"复选框，在"副本数"微调框中输入需要复制的数量6。

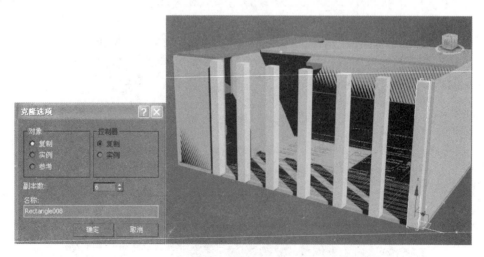

图12-15　复制柱子

3）营业厅的木质顶棚首先用线建模，在 ![icon] "创建"面板的 ![icon] 中单击"线"命令，沿着顶棚单根木头的外轮廓构线，然后挤出，如图12-16所示。

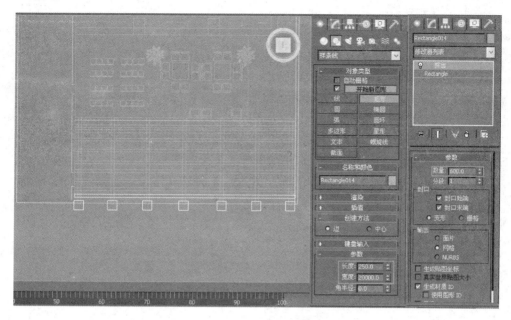

图 12-16　创建木质顶棚

4）通过复制排列柱子，将吊顶搭建完成。完成之后将整个吊顶成组，如图 12-17 所示。便于在后面作图中减少不必要的麻烦。

5. 制作灯具

1）为木质顶棚设置灯具，需要对其中一条木质顶棚进行单独处理，使用"孤立当前选择"命令。选中要编辑的物体，右击，从弹出的快捷菜单中选择"孤立当前选择"命令，如图 12-18 所示。

图 12-17　成组

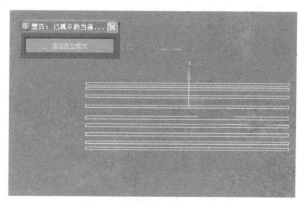

图 12-18　"孤立当前选择"命令

2）先做出灯具的模型，尺寸如图 12-19 所示，选中灯具右击，从弹出的快捷菜单中选择"转换为可编辑多边形"命令，选择"选择"中的"边" ◿，然后选中对称的两条边进行连接，如图 12-20 所示。

3）连接好之后，选择"切角"如图 12-21 所示。创建好灯具的外观后，再选中选择选项中的"面"进行编辑，按住〈Alt〉键多选，选中灯罩里面的灯，将其分离，如图 12-22 所示。

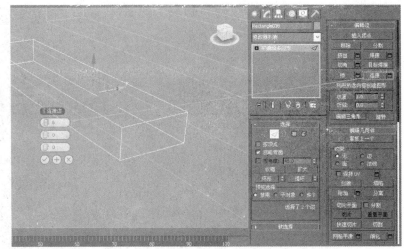

图 12-19　灯具的模型尺寸　　　　　　　　　图 12-20　连接边

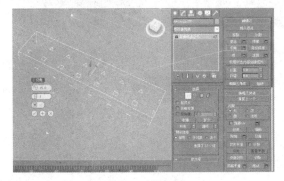

图 12-21　"切角"命令　　　　　　　　　图 12-22　分离面

4）为灯具贴一组自发光图，如图 12-23 所示，将其成组复制，如图 12-24 所示。

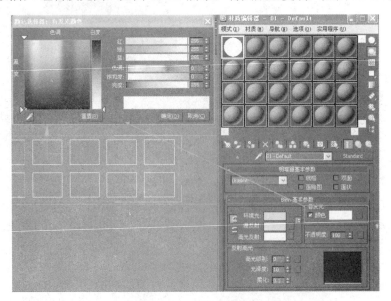

图 12-23　自发光贴图

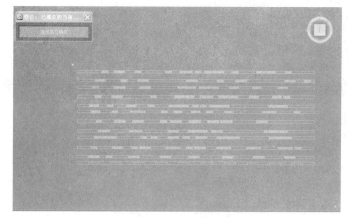

图 12-24　成组复制

6. 处理立面墙体

1）在最终效果图中可以看到，在立面墙体的部分中间是镂空的，这样就需要用到布尔运算。首先在墙体中间建一个几何体，选中墙体，在 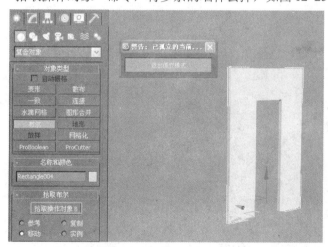 "创建" 面板中单击 ，选择 "复合对象" → "布尔" → "拾取操作对象" 命令，将多余的墙体去掉，如图 12-25 所示。

图 12-25　布尔运算

2）退出孤立当前选择，给所有物体一个赋予统一的材质，如图 12-26 所示。

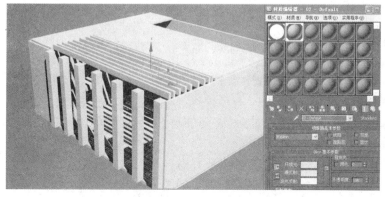

图 12-26　赋材质

12.1.3　并入可利用构件

现在阶段开始导入模型。选择"文件"→"导入"→"合并"→"模型库"命令，把模型导入到场景中，调好位置。如图 12-27 所示，"合并文件"对话框如图 12-28 所示。现阶段将其所有的物体赋予统一材质，可以用渲染器渲染，效果如图 12-29 所示。

图 12-27　导入命令

图 12-28　"合并文件"对话框

图 12-29　测试效果

12.2　银行大厅主要材质编辑制作

1）对工作界面进行基本的设置，如图 12-30 所示，将安装完成的 V-Ray Adv2.10.01 设置为当前渲染器。单击工具栏中的"材质编辑器"按钮，或按〈M〉键打开窗口。

2）在弹出的"材质编辑器"面板上显示的是 Slate 材质编辑器，将其切换为精简材质编辑器，如图 12-31 所示。

3）界面中显示 3×2 示例窗，右击其中任意一个示例窗，在弹出的菜单中选择"6×4 示例窗"选项，将编辑器显示改为 6×4 示例窗，如图 12-32 所示。

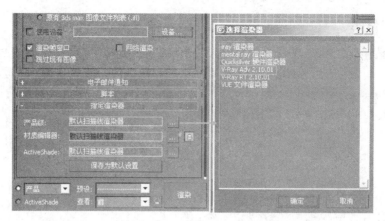

图 12-30　指定渲染器

图 12-31　切换为精简材质编辑器

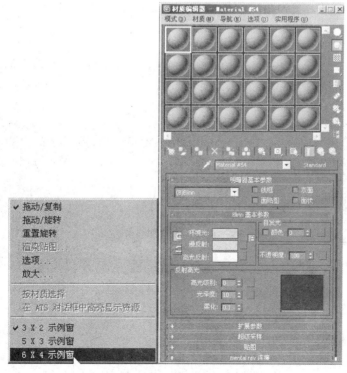

图 12-32　6×4 示例窗

12.2.1 地面材质

1）在工具栏中单击"渲染场景"按钮，在弹出的渲染设置面板的指定渲染器卷展栏中添加产品级别的 V-Ray 渲染器。单击"Standard"按钮，设置材质为"VR 材质"类型。

2）在工具栏中单击"材质编辑器"按钮，选择空白材质球并设置名称为"地面"，设置漫反射给予贴图，"反射"颜色为灰色，"反射光泽度"为 0.94，"细分"为 8。如图 12-33 所示。

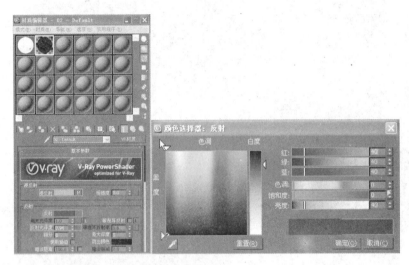

图 12-33　地板材质

3）为了防止地面黑色大理石颜色产生溢色，影响整体画面效果，单击"VR 材质包裹器"按钮，为其赋予材质包裹器，调节"生成全局照明"为 0.6，"接收全局照明"为 1.0。

4）将完成的材质赋予地板，单击"显示"按钮，如图 12-34 所示。

图 12-34　VR 材质包裹器

12.2.2 大理石材质

1）在工具栏中单击"材质编辑器"按钮，选择空白材质球并设置名称为"大理石"，单击"Standard"按钮，设置材质为"VR 材质"类型，在"漫反射"选项中选择大理石贴图。

2）将反射调为灰色。

3）单击"反射"后的方形按钮，选择"衰减"，将完成的材质赋予大理石墙砖模型，单击"显示"按钮，如图 12-35 所示。

图 12-35　大理石材墙砖质

4）在主工具栏中单击"材质编辑器"按钮，选择空白材质球并设置名称为"白色大理石"，单击"Standard"按钮，设置材质为"VR 材质"类型，将"反射"颜色更改为白色，"高光光泽度"为 0.95，"反射光泽度"为 1.0，勾选"菲涅耳反射"复选框，使材质更加接近真实。

5）将完成的材质赋予白色大理石，单击"显示"按钮，如图 12-36 所示。

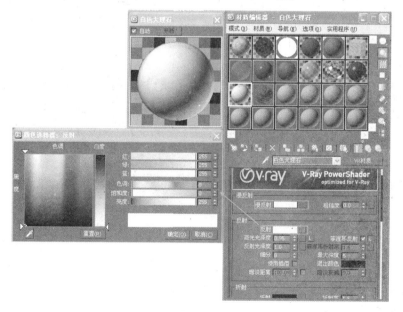

图 12-36　白色大理石材质

12.2.3　木质顶棚

1）在主工具栏中单击"材质编辑器"按钮，选择空白材质球并设置名称为"木质顶棚"，单击"Standard"按钮，设置材质为"VR 材质"类型。

2）设置漫反射添加木材贴图，设置"反射"颜色为深灰色，"高光光泽度"为 0.78，"反射光泽度"为 0.8，"细分"为 8，如图 12-37 示。

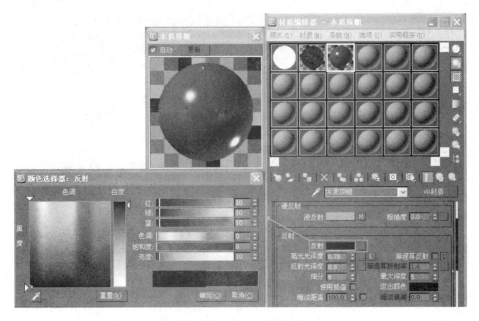

图 12-37　木质顶棚材质

3）为防止木材材质影响整体色彩，运用"VR 材质包裹器"，调节"生成全局照明"为 0.6。如图 12-38 示。将材质赋予木质顶棚。

图 12-38　材质包裹器

12.2.4　布纹材质

1）在工具栏中单击"材质编辑器"按钮，选择空白材质球并设置名称为"地毯"。

2）单击"漫反射"后的贴图通道按钮，赋予布纹材质，在"贴图"卷展栏中选择"凹凸"，选中之后，单击"贴图类型"，找到与布纹所对应的凹凸贴图，如图 12-39 所示。

3）将材质赋予椅面。

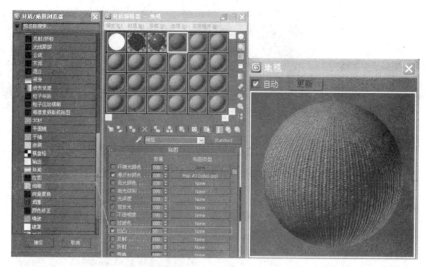

图 12-39　布纹材质

12.2.5　透明材质

1）在工具栏中单击"材质编辑器"按钮 ，选择空白材质球并设置名称为"透明窗玻璃"，单击"漫反射"，将"漫反射"颜色调节接近白色，"不透明度"调整为 15，最后将完成的材质赋予透明窗玻璃，如图 12-40 所示。

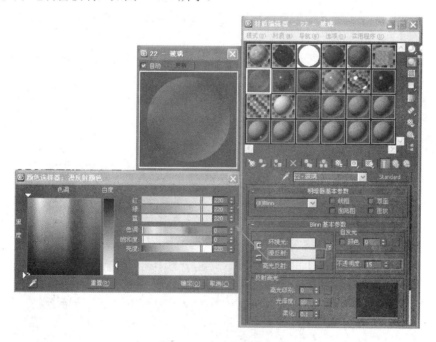

图 12-40　透明窗玻璃

2）在工具栏中单击"材质编辑器"按钮 ，选择空白材质球并设置名称为"塑钢玻璃"，单击"漫反射"，设置"漫反射"颜色为蓝白色，将"不透明度"改为 60，"高光级别"为 58，"光泽度"为 59，将完成的材质赋予二楼围栏，如图 12-41 所示。

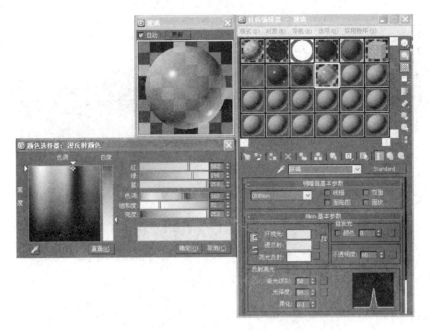

图 12-41　塑钢玻璃

12.2.6　植物贴图

在做植物过程中除了导入模型外还可以通过不透明贴图，也就是通过材质的形式作出植物来。

1）首先建立一个单面，在工具栏中单击"材质编辑器"按钮，选择空白材质球并设置名称为"植物"。

2）单击"漫反射"，将"漫反射"赋予植物贴图。

3）在"贴图"卷展栏中勾选"不透明度"复选框，在"贴图类型"栏中插入植物贴图的黑白贴图，最后将完成的材质赋予建立的单面，如图 12-42 所示。

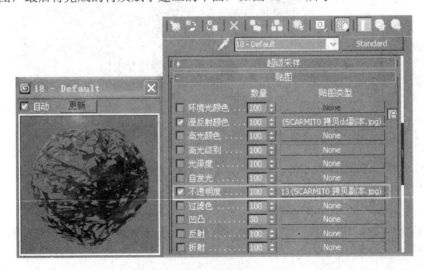

图 12-42　植物贴图

12.3 创建摄影机与部分灯光

公共空间因为自身的特点在摄影机的设置以及灯光布置上与居室空间有许多不同之处，怎样才能将大空间的气势体现出来，是此节所需要学习的内容。

12.3.1 创建摄影机

1. 创建摄影机

1）在 ▨ "创建"面板的 ▨ 摄影机中单击"目标"按钮，在顶视图窗口中拖动建立目标摄影机，沿着"Y"轴向上平移1750。

2）点击摄影机，进入"修改"面板，修改相机的镜头，"备用镜头"为15，再选中"剪切平面"选项组中的"手动剪切"复选框，调整"近距剪切"为4151、"远距剪切"为45516，如图12-43所示。

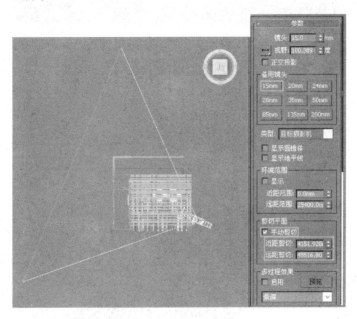

图12-43 建立目标摄影机

2. 进行摄影机校正

1）调整标准摄影机的视野范围，选择"修改器"→"摄影机"→"摄影机校正"命令，效果如图12-44所示，对场景进行测试渲染。

2）在标准相机Camera01视图中，单击"渲染"按钮 ▨，对摄影机视图进行渲染。

12.3.2 创建部分灯光

1）在 ▨ "创建"面板的 ▨ 灯光中选择"标准"，单击"目标平行光"按钮，在顶视图当中拖拽建立平行光，在左视图当中调整其高度至合适位置。"灯光强度"为1.0，平行光参数设置如图12-45所示。

2）在阴影选框中选中VR阴影，这时在主工具栏中会多出一个"VRay阴影参数"选项，在对话框中勾选"区域阴影"复选框，将"U大小""V大小""W大小"都设为254。

图 12-44　摄影机视图

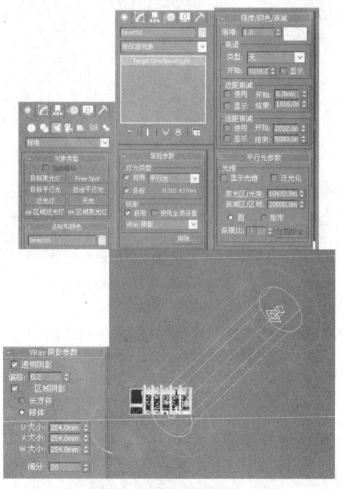

图 12-45　建立目标平行光

3）在工具栏中单击"渲染"按钮，渲染目标平行光的效果如图 12-46 所示。

图 12-46　目标平行光的效果

4）在"创建"面板的灯光中单击光度学中的"目标灯光"按钮，在前视图窗口的位置建立目标灯光，在工具栏中阴影启用"VR 阴影"，调整 VR 阴影参数，勾选区域渲染，"灯光分布（类型）"中选择"光度学 Web"，这时在工具栏中会出现"分布光度学 Web"一栏，在此栏选择光度学文件，找到适合的目标灯光，在调节强度过程中，如果灯光强度不够就翻倍调节，效果如图 12-47 所示。

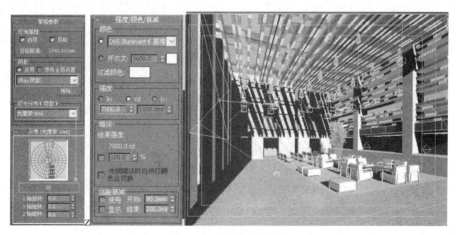

图 12-47　创建目标灯光

12.4　使用 V-Ray 渲染器渲染场景

本节需要表现银行营业厅的自然温馨的氛围，下面就来设置 V-Ray 渲染器窗口里的各项参数，然后渲染出想要的场景效果。

12.4.1　粗调材质测试渲染参数

1）在工具栏中单击"渲染场景"按钮，在弹出的"渲染场景"对话框中选择"公用"选项卡，指定渲染器为 V-Ray Adv 2.10.01，如图 12-48 所示。

2）选择"V-Ray"选项卡，对其进行设置，"V-Ray∷间接照明"卷展栏，勾选"开"复选框，"二次反弹"选项组中的"全局照明引擎"为"灯光缓存"，如图 12-49 所示。

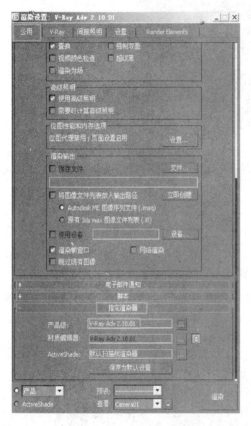

图 12-48　指定渲染器

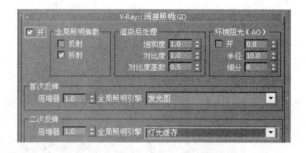

图 12-49　设置"V-Ray 间接照明"卷展栏

3）"V-Ray∷发光图"卷展栏，"当前预置"为"自定义"，"半球细"分为 80，"插值采样"为 50，勾选"显示计算单位"与"显示直接光"复选框。"V-Ray∷灯光缓存"卷展栏，细分为 300。"V-Ray∷全局开关"卷展栏，将"默认灯光"关闭。如图 12-50 所示。

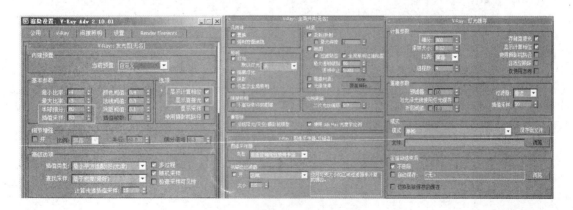

图 12-50　"V-Ray∷发光图"卷展栏"V-Ray∷全局开关"卷展栏"V-Ray∷灯光缓存"卷展栏

"V-Ray：：系统"卷展栏，区域排序从上到下，"VRay 日志"取消勾选。"V-Ray：：图像采样器"类型为固定，抗锯齿过滤器改为区域。

12.4.2　布置面光源

1）在营业厅打一个 V-Ray 灯，作为主光源。在 ■ "创建"面板的 ◀ 灯光中选择"VR 灯光"。

2）在"修改"面板中设置灯光的"类型"为"平面"，"颜色"为乳白色，"倍增器"为1.5，"细分"为8，如图 12-51 所示。

3）在选项菜单栏中勾选"投影阴影""不可见""忽略灯光法线""影响漫反射""影响高光反射"5 个复选框，如图 12-51 所示。

图 12-51　布置面光源

12.4.3　细调材质

1）在工具栏中单击"渲染场景"按钮 ■，在弹出的"渲染场景"对话框中选择"V-Ray"选项卡。

2）打开"V-Ray：：全局开关"卷展栏，其设置如图 12-52 所示。

3）"V-Ray：：图像采样器"卷展栏中，"图像采样器"的"类型"为改为"自适应细分"，"抗锯齿过滤器"改为"Catmull-Rom"，如图 12-53 所示。

4）"V-Ray：：发光图"卷展栏，具体设置如图 12-54 所示。

5）"V-Ray：：灯光缓存"卷展栏，具体设置如图 12-55 所示。

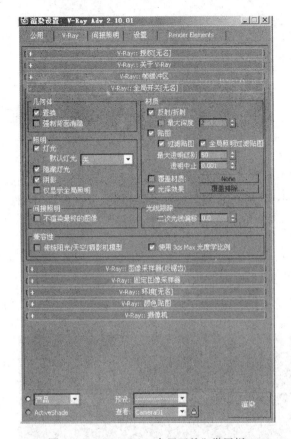

图 12-52 "V-Ray∷全局开关"卷展栏

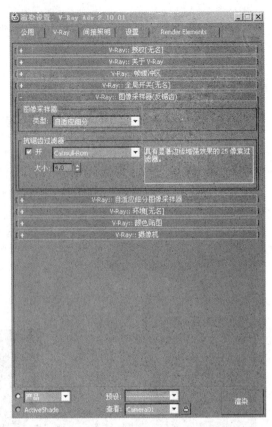

图 12-53 "V-Ray∷图像采样器"卷展栏

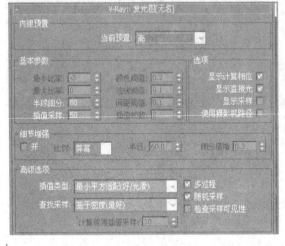

图 12-54 "V-Ray∷发光图"卷展栏

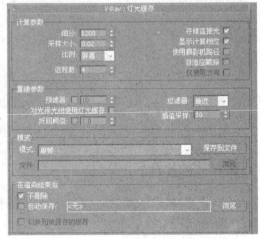

图 12-55 "V-Ray∷灯光缓存"卷展栏

12.4.4 渲染

1) 单击左上角,在弹出的菜单栏中勾选"显示安全框",让视窗正确显示出最终的渲染尺寸,如图 12-56 所示。

2）渲染的最终结果如图 12-57 所示，大效果已经出来，但仍需要微调。

图 12-56　显示安全框　　　　　　　　　　　　　　图 12-57　渲染的最终结果

12.4.5　后期处理

1. 在 Photoshop 里面调整一下大体的效果

1）打开 Photoshop CS3 软件，在 Photoshop 操作界面中打开另存的 JPG 格式的文件。现在用 Photoshop 对效果图作进一步的完善，打开后双击背景图层，图层面板显示图层 0，单击"确定"按钮。单击"创建新的填充或调整图层"，在色阶中调节亮度，如图 12-58 所示。

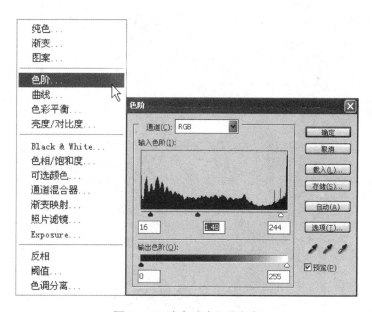

图 12-58　在色阶中调节亮度

2）复制一层，再调"曲线"，调整其明暗，使暗的更暗，亮的更亮，增加其明暗对比度，如图 12-59 所示。接着调整它的亮度对比度。

3）调整其色彩平衡，参数如图 12-60 所示，完善后的效果如图 12-61 所示。

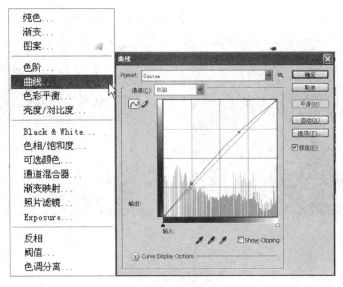

图 12-59　调整曲线

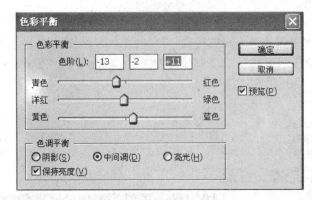

图 12-60　调整色彩平衡

图 12-61　完善后效果

2．进行局部调整

1）使用"多边形套索"工具 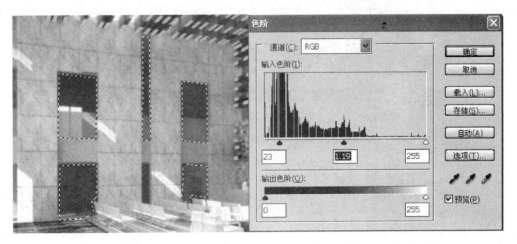 ，圈选需要调整的局部进行单独调整，如图 12-62 所示。

图 12-62　局部进行单独调整

2）这个步骤可以多次进行，直到将所有瑕疵部分校正。

3．在效果图中放置人物

1）首先打开一张带有人物的图片，采用魔术棒工具 ，选中空白部分。

2）右击，从弹出的快捷菜单中选择"选择反向"命令，用移动工具，将人物拖到效果图中，按住〈Ctrl+T〉进行缩放，对人物色调进行调整，使其融入到整个画面中，如图 12-63 所示。

图 12-63　在效果图中放置人物

3）将人物图层复制，按住〈Ctrl+T〉变形作出其倒影，对倒影进行虚实调整，先给其加个"蒙版"，然后拖动鼠标进行渐变 。选择"模糊"→"高斯模糊"命令，在弹出的

"高斯模糊"对话框中设置"半径"为2，如图12-64所示。

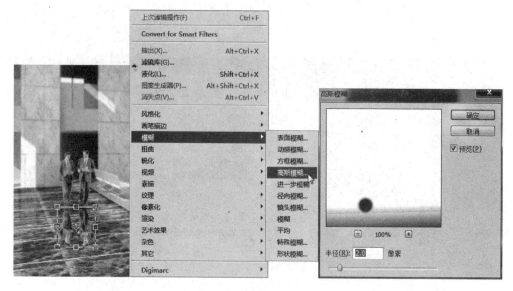

图 12-64　制作人物倒影

4）其他人物场景按着相同方法进行操作，最终完善效果如图12-65所示。

图 12-65　最终完善效果

12.5　思考与习题

1．在银行营业厅吊顶部分的建模中，灯具的模型是如何创建的？

2．在给模型附材质时，大理石墙砖材质的调节与其他材质有哪些不同？

3．怎样使用不透明贴图类型制作场景中的植物？

4. 对于大的场景，怎样调节摄影机的备用镜头以及微调摄影机？

5. 在渲染阶段，"V-Ray：：发光图"卷展栏里的参数是如何设置的？

6. 制作休闲会所效果图，如图 12-66 所示。

图 12-66　休闲会所

参 考 文 献

[1] 吴家骅. 环境设计史纲[M]. 重庆：重庆大学出版社，2002.

[2] 张绮曼，郑曙旸. 室内设计资料集[M]. 北京：中国建筑工业出版社，1991.

[3] 杨公侠. 视觉与视觉环境(修订版) [M]. 上海：同济大学出版社，2002.

[4] 施淑文. 建筑色彩环境设计[M]. 北京：中国建筑工业出版社，1991.

[5] 褚振文，高冠群. 建筑工程施工图快速识读技巧[M]. 合肥：安徽科学技术出版社，2006.

[6] 柯达峰. 建筑徒手画与设计进阶[M]. 北京：化学工业出版社，2009.

[7] 田敬，韩凤元. 设计素描[M]. 石家庄：河北美术出版社，2002.

[8] 田原. 设计表现与技法基本表现[M]. 北京：中国建筑工业出版社，2011.

[9] 董青，王哲，董江，等. 3ds Max 2012 中文版效果图制作标准教程[M]. 北京：机械工业出版社，2012.

[10] 贾少政. 渲染巨星 3ds Max+VRay[M]. 北京：人民邮电出版社，2006.

[11] 杨一菲，张海华. 3ds Max/VRay 时尚家居效果图制作与表现技法[M]. 北京：人民邮电出版社，2008.

[12] 周宏，郑勇群，吴静波. 3ds Max/VRay 全套家装效果图表现技法[M]. 北京：人民邮电出版社，2009.